# LA RECHERCHE
en paléontologie

# LA RECHERCHE
# en paléontologie

Articles de

E. Boureau D. Briggs N. Eldredge
P. Forey R. Hoffstetter Ph. Janvier
Z. Kielan-Jaworowska A. de Ricqlès
A. S. Romer B. Senut P. Tassy
H. Thomas P. Thuillier T. D. White

choisis et présentés par Philippe Janvier
et Pascal Tassy

Éditions du Seuil
La Recherche

*En couverture*: cette reconstitution plus ou moins imaginaire nous montre un trilobite et son empreinte fossile. Disparus il y a plus de 250 millions d'années, les trilobites étaient de petits animaux arthropodes munis d'une carapace, de nombreuses pattes et d'yeux semblables à ceux des insectes. Ils représentaient l'une des espèces les plus florissantes vivant dans les fonds marins à l'ère primaire (dessin de Fernando Cunha).

ISBN 2-02-010483-0

# Introduction

*C'est à la paléontologie, science des fossiles, que l'on doit, au XIXe siècle, une véritable révolution dans la pensée : grâce à elle, en effet, on apprenait que les êtres vivants avaient été, dans le passé, différents de ce qu'ils sont aujourd'hui. Une fois acceptée, cette contradiction avec les Écritures fut interprétée comme la preuve de l'existence de « créations » successives ; puis on a admis que les faunes et flores éteintes présentaient des relations, des caractères communs avec les faunes et flores actuelles, venant ainsi à l'appui des théories de l'évolution qui naissaient de la biologie et de la biogéographie. La paléontologie est alors devenue « évolutionniste » et même, parfois, a été considérée comme fournissant empiriquement les principales preuves de l'évolution. Enfin, plus récemment, il a été admis que la géographie a profondément changé au cours de l'histoire du globe, et les données de la paléontologie ont souvent corroboré, voire guidé les découvertes de la géologie mobiliste.*

*Traditionnellement, la paléontologie se présente sous une forme événementielle. Cette science n'a-t-elle pas pour but de restituer l'image dynamique de l'enchaînement des êtres organisés au cours du temps ? Ce recueil de textes n'échappe pas à la règle. Toutefois, le choix que nous proposons est extrêmement lacunaire, en raison même de la richesse des archives de la Terre depuis l'apparition des premières formes de vie, ainsi que de la complexité des problèmes posés. C'est pourquoi ce livre n'a aucune prétention à l'exhaustivité, ni même à être un condensé équilibré des différentes disciplines que l'on englobe dans la paléontologie. Cependant, depuis la naissance de* la Recherche, *on peut suivre à travers de nombreux articles la succession des découvertes paléontologiques les plus significatives ou les grands remaniements méthodologiques, conceptuels et théoriques de cette science. Mais il est aussi intéressant de reconsidérer ces articles avec un certain recul et de voir les prolongements inattendus de certaines découvertes. La relative abondance des articles concernant la paléontologie des vertébrés s'explique en partie par le choix de la rédaction de* la Recherche *de privilégier cette discipline plus appréciée du grand public, en donnant une place prépondérante à la paléontologie humaine. Toutefois, les articles de E. Boureau et de D. Briggs montrent que des fossiles peu spectaculaires pour le public peuvent devenir le sujet d'articles passionnants.*

*Si les grandes découvertes n'ont pas manqué au cours de ces quinze dernières années, les débats d'idées sur les modèles évolutifs ont été particulièrement animés. Celui sur les mécanismes évolutifs est l'un des plus fondamentaux. Auteur en 1972 avec le paléontologue américain S.J. Gould de la désormais fameuse théorie des équilibres ponctués, N. Eldredge propose une nouvelle interprétation de ce qu'il nomme la « macroévolution ». A partir de l'idée d'Eldredge et de Gould, selon laquelle l'évolution procède par accélérations rapides entrecoupées de longues périodes de stase — autrement dit selon un tempo plus heurté que graduel —, N. Eldredge s'élève contre le réductionnisme de la théorie synthétique de l'évolution et admet l'existence de mécanismes propres à une macroévolution qui agiraient à un niveau supérieur à celui des variations intrapopulationnelles (microévolution). Ce point de vue, encore marginal, est néanmoins représentatif d'une mise en question actuelle de nombreux aspects du néodarwinisme.*

*La construction de la phylogénie — l'histoire de la descendance des êtres organisés — pourrait paraître un sujet moins polémique. « Le cladisme », par P. Janvier, P. Tassy et H. Thomas, tend à prouver le contraire. A partir de la constatation que la ressemblance morphologique générale et la ressemblance due à la filiation ne sont pas identiques, une nouvelle forme d'analyse des caractères, d'abord conçue par l'entomologiste allemand W. Hennig, vise à construire des arbres (cladogrammes) sensiblement diffé-*

*rents des arbres phylétiques traditionnels. Cette remise en question des méthodes de construction phylogénétique a aussi comme conséquence de bouleverser les classifications zoologiques et botaniques les plus éprouvées. Selon les cladistes, bien des groupes taxinomiques familiers et « évidents » n'existent pas, dès lors que l'on veut leur trouver une dimension historique et les définir par des caractères qui leur sont uniques. Depuis la rédaction de cet article, le cladisme a gagné à sa cause des opposants de la première heure. D'autres sont restés irréductibles. Au total, il ressort de l'examen de la littérature spécialisée que les différentes écoles de systématique sont à peu près également représentées. Par ailleurs, c'est désormais entre cladistes dits hennigiens et cladistes dits structuraux (voir p. 225) que la controverse est la plus vive. Il reste que, malgré les prévisions optimistes, l'argument d'autorité n'a pas totalement disparu de la littérature, même cladistique. Peut-être est-ce là un péché de jeunesse.*

*Les recherches sur les tout premiers fossiles, vieux de 0,6 à 3,8 milliards d'années, ont connu des progrès considérables au cours de ces dernières années. L'article de E. Boureau offre une synthèse des connaissances acquises dans ce domaine et présente d'étranges organismes sphériques découverts dans le Précambrien d'Afrique et qui sont attribués à des procaryotes. Pour E. Boureau, les bactéries sont les organismes les plus primitifs, et il n'y aurait pas eu d'eucaryotes au Précambrien. L'apparition des cellules à noyau, la diversification des eucaryotes unicellulaires puis pluricellulaires auraient donc eu lieu entre 1 milliard et 600 millions d'années. Il sera intéressant, dans les années à venir, de voir si cette conclusion est corroborée par les données de la biologie moléculaire (horloge moléculaire, par exemple). Enfin, hypothèse provocante, E. Boureau n'exclut pas une origine multiple des premières formes de vie dans les conditions particulières de l'atmosphère précambrienne. Cela semble toutefois peu probable, compte tenu de la complexité de l'ADN, support fondamental de la vie.*

*L'article de D. Briggs illustre un aspect de la paléontologie des invertébrés malheureusement trop peu développé en*

*France : la paléoanatomie et l'analyse phylogénétique. Se fondant sur la diversité des premiers arthropodes du Cambrien, D. Briggs suggère que l'« arthropodisation », c'est-à-dire l'apparition de certaines spécialisations considérées comme propres aux arthropodes (appendices spécialisés, pièces mandibulaires, etc.), aurait eu lieu à plusieurs reprises indépendamment chez les crustacés, les chélicérates (limules, scorpions et araignées) et les uniramés (insectes et mille-pattes). Cela n'exclut pas, bien sûr, que les arthropodes dans leur ensemble constituent un groupe monophylétiques, c'est-à-dire issu d'un ancêtre commun qui lui est propre.*

*A.S. Romer est l'un des plus grands noms de la paléontologie des vertébrés, et cet article — l'un des derniers qu'il ait écrits avant sa mort en 1973 — méritait d'être inclus dans ce recueil tant en raison de sa clarté que de son contenu annonçant la problématique cladistique en matière de classification. En effet, Romer avait déjà ce souci de la recherche des groupes monophylétiques. Dans cet article, il démontre la nature artificielle de la classe des poissons et réfute les hypothèses sur l'origine multiple, c'est-à-dire polyphylétique, de certains groupes tels que les amniotes ou les mammifères. Toutefois, ici, la notion cladistique de groupe paraphylétique, c'est-à-dire de « non-groupe », dont les membres ne partagent que des caractères primitifs, n'apparaît pas. Ainsi Romer considère-t-il les « reptiles » comme un taxon monophylétique — ce qu'ils étaient avant l'émergence des oiseaux et des mammifères *.*

* Depuis la rédaction de cet article, de nombreuses découvertes sont venues modifier certains aspects de la phylogénie des vertébrés présentée par A.S. Romer. En ce qui concerne les agnathes, ou vertébrés sans mâchoires, il existe maintenant un quasi-consensus sur le fait que ce groupe est paraphylétique (voir l'article de Ph. Janvier p. 165) et, donc, ne constitue pas une « bonne classe de vertébrés primitifs ». Quant à l'éventualité, envisagée par Romer, d'un diphylétisme des chondrichtyens (requins, raies, chimères), c'est-à-dire d'une apparition indépendante des requins et raies d'une part et des chimères d'autre part, à partir de deux groupes ancestraux différents, elle est maintenant écartée. En effet, si les placodermes (poissons cuirassés fossiles) sont peut-être proches des chondrichthyens, on ne retient plus l'hypothèse d'une origine des chimères à partir des placodermes ptyctodontes [1]. Enfin, il faut signaler que l'on connaît

*Une partie de l'article de Romer se trouve complétée par l'article de Ph. Janvier sur les plus anciens vertébrés connus. Si la nature exacte des fragments de carapace attribués à des vertébrés dans le Cambrien est encore douteuse, certains paléontologues les considérant comme des fragments d'arthropodes [7], les années 1975-1987 ont enrichi la paléontologie de deux nouveaux vertébrés ordoviciens — les plus anciens vertébrés connus —* Arandaspis *et* Sacabambaspis *[8] [9], respectivement découverts en Australie et en Bolivie. Dans cet article, les céphalaspidomorphes, c'est-à-dire les lamproies et deux groupes fossiles (anaspides et ostéostracés), sont considérés comme formant un groupe naturel, monophylétique. Toutefois, depuis lors, la possibilité d'une relation plus étroite entre les ostéostracés et les gnathostomes, ou vertébrés à mâchoires, a été évoquée [10]. Enfin, les galéaspides, un groupe d'agnathes découvert dans le Dévonien de Chine et du Viêt-nam, ne sont pas mentionnés dans cet article [11].*

*L'article de P. Forey sur l'origine des tétrapodes, volontairement provocateur, est particulièrement intéressant, car il montre comment, petit à petit, s'est imposée l'idée d'une descendance des tétrapodes à partir des « crossoptérygiens » et comment les dipneustes, d'abord considérés comme des précurseurs des tétrapodes, furent peu à peu relégués dans les osteichthyens primitifs, voire dans les chondrichthyens. P. Forey démontre comment les paléontologues ont fondé les relations tétrapodes-crossoptérygiens en grande partie sur des caractères généraux de poissons osseux (dont font partie ces deux groupes), donc sans signification particulière sur le plan phylogénétique. En revanche, les ressem-*

maintenant des poissons osseux (osteichthyens) dès le Silurien [2]. Quant aux relations de parenté des tétrapodes, ou vertébrés à quatre membres, elles ont été l'objet de débats récents (voir l'article de P. Forey, p. 173) et on s'accorde maintenant sur l'idée que les dipneustes (poissons à poumons) — et non le cœlacanthe — sont le groupe frère actuel des tétrapodes. D'autre part, les relations de parenté entre les principaux groupes de tétrapodes sont encore en pleine élaboration et ont même été le sujet d'un colloque international à Londres en 1987 [3]. Parmi les phylogénies les plus récentes qui ont été proposées pour ces vertébrés, le lecteur pourra se référer à celles de B. Gardiner [4], J. Gauthier *et al.* [5] et S. Løvtrup [6].

*blances entre dipneustes et tétrapodes, reposant le plus souvent sur des parties molles, la physiologie ou la biochimie, seraient, selon P. Forey, de plus convaincants témoins de relations de parenté étroites. Peu après la publication de cet article, la découverte d'un dipneuste primitif,* Diabolepis *(d'abord nommé* Diabolichthys*), dans le Dévonien inférieur de Chine a montré que les choanes, ou narines internes, des dipneustes et des tétrapodes étaient vraisemblablement le résultat d'une convergence [12], ce qui ne réfute cependant pas les autres caractères communs à ce groupe et aux tétrapodes.*

*Dans son article sur la vie au Secondaire, A. de Ricqlès expose la nature et la diversité des questions que posent les faunes et les flores mésozoïques. Cet article est un compte rendu détaillé du premier symposium international sur les écosystèmes mésozoïques en 1978, symposium qui connut un tel succès qu'il fut renouvelé en 1981, 1983 et 1986. On notera que, dès 1978, la question des extinctions « catastrophiques », comme celles de la fin du Crétacé, était de rigueur. C'est là un sujet qui, depuis, a connu un grand succès médiatique : à chacun sa théorie ! Tout récemment, une solution particulièrement originale vient d'être proposée [13] : le problème de la simultanéité des extinctions à la fin du Crétacé ne serait qu'un faux problème fondé en partie sur les artefacts de la taxinomie évolutionniste. Il n'est pas douteux que cette nouvelle pièce apportée au dossier alimentera les controverses à venir.*

*Dans l'article suivant, A. de Ricqlès retrace les débats survenus au cours du colloque international d'Eichstätt (1984) consacré à* Archaeopteryx, *le plus ancien oiseau fossile connu. Il y présente la diversité des hypothèses émises non seulement quant au mode de vie possible d'*Archaeopteryx, *mais aussi quant aux processus qui ont présidé à la différenciation des oiseaux par rapport à certains dinosaures ou « thécodontes » primitifs. Au cours de ce colloque, une seule idée ne fut « pas sérieusement prise en considération » : l'hypothèse, déjà ancienne mais reprise récemment par le zoologiste anglais B. Gardiner [4], selon laquelle les oiseaux seraient, dans la nature actuelle, les plus proches parents des mammifères. L'article de Ph. Janvier présente* *cette hypothèse quelque peu « hérétique », mais étayée par des faits qu'il faudra bien expliquer tôt ou tard, sans les réduire* a priori *à de simples conséquences de l'homéothermie. Ce problème des relations de parenté des oiseaux a récemment été l'objet d'une analyse très poussée par T.S. Kemp [14] qui conclut à la classique relation oiseaux-crocodiles. Enfin, l'article de Ph. Janvier aborde, à cette occasion, un nouvel aspect des constructions systématiques, le « cladisme structural », qui vise à éviter l'évaluation* a priori *de l'état des caractères utilisés, sauf à la lumière de l'ontogénie.*

*Bien que ce soit l'ère tertiaire qui passe, à juste titre, pour être l'ère des mammifères, ces derniers sont néanmoins apparus à l'ère secondaire et ont connu alors leurs premières phases de différenciation. Au cours de ces quinze dernières années, la connaissance des premiers mammifères, petits animaux de la taille d'une souris, s'est considérablement enrichie. L'article de Z. Kielan-Jaworowska fait le point sur les caractéristiques de ces mammifères très anciens où l'on décèle déjà un véritable foisonnement de lignées évolutives. Il convient de signaler qu'après la publication de cet article le premier représentant mésozoïque des monotrèmes (ornithorynque et échidné) a été découvert dans le Crétacé inférieur d'Australie [15]. En outre, selon les dernières hypothèses émises par Z. Kielan-Jaworowska et ses collègues [16], la dichotomie entre monotrèmes et thériens pourrait se situer au Jurassique, soit à une date un peu plus récente que celle envisagée ici.*

*La mise en évidence du lien existant entre l'histoire des faunes terrestres et l'histoire des continents est le but de ce que l'on appelle désormais la biogéographie historique. Ce thème, abordé dans l'article précédent, est développé par R. Hoffstetter, toujours à partir de l'exemple de l'histoire des mammifères, dont certains aspects importants ne peuvent s'expliquer que dans le cadre d'une géographie mobiliste. Depuis la rédaction de l'article de R. Hoffstetter, certains points, alors du domaine de l'hypothèse, ont été confirmés sur pièces, comme le rôle essentiel joué par le continent antarctique dans la radiation des marsupiaux [17, 18] ; par ailleurs, de nouveaux marsupiaux fini-*

*crétacés ont été découverts en Amérique du Sud [19]. D'autres demeurent controversés, comme l'attribution aux deux grands groupes de thériens (marsupiaux et placentaires) de mammifères crétacés nord-américains (Albien, environ 100 millions d'années), plutôt qu'à des mammifères plus primitifs encore [20] (opinion défendue par Z. Kielan-Jaworowska dans l'article précédent). En outre, J.-Y. Crochet a fait connaître une dent découverte dans l'Éocène inférieur d'Algérie, premier témoin de la présence de marsupiaux primitifs en Afrique [21, 22, 23]. Ces animaux auraient donc persisté sur le continent africain bien après le Crétacé supérieur, date de la séparation de la lignée à laquelle appartenait le marsupial africain de celle des marsupiaux américains.*

*La paléoprimatologie et la paléoanthropologie ont connu une décennie prodigieuse. Il y a dix ans, les ramapithèques étaient tenus pour les ancêtres des hominidés. Aujourd'hui, on les situe avec les sivapithèques dans la lignée de l'orang-outan [24, 25, 26]. Par ailleurs, on a appris que les tout derniers néandertaliens d'Europe occidentale, découverts en Charente, taillaient des outils que l'on croyait l'œuvre du seul homme moderne [27]. Mais ce sont évidemment les recherches sur les premiers hominidés, les australopithèques, qui ont focalisé le plus d'énergie tant chez les scientifiques que dans les médias : qui n'a pas entendu parler de « Lucy » ? T.D. White présente sa conception des australopithèques en général et de « Lucy » en particulier, ainsi qu'un historique des recherches menées intensivement en Afrique orientale depuis les années soixante. Alors que T.D. White voit dans « Lucy » — l'australopithèque de l'Afar dont il est le père scientifique avec D. Johanson et Y. Coppens — un véritable bipède, B. Senut nuance ce point de vue dans l'article suivant. La bipédie de « Lucy », quoique réelle, serait moins achevée qu'il n'y paraît et les australopithèques de l'Afar auraient mené une vie partiellement arboricole. Ces controverses ne sont pas près de s'éteindre. La récente découverte au Kenya, au bord du lac Turkana, d'un crâne d'australopithèque de type robuste datant de 2,5 millions d'années environ vieillit l'âge de l'origine des australopithèques robustes et, par conséquent, l'âge de la transition envisagée entre forme gracile* (Australopithecus africanus) *et forme robuste [28].*

*Ce recueil serait incomplet si, parallèlement à l'évocation des grands débats d'idées à propos des modèles évolutifs, une place n'était pas faite aux répercussions, peut-être inattendues, que peuvent avoir de tels débats méthodologiques dans le grand public. Avec l'exemple du « scandale » du British Museum, P. Thuillier montre comment la présentation d'expositions paléontologiques sous une forme cladistique a pu soulever des tempêtes. Les enjeux ne sont pas les mêmes quand il s'agit d'éducation du public en général et non plus seulement de polémiques limitées au cercle fermé des seuls spécialistes. La conclusion de P. Thuillier (qui sera celle du présent recueil) démontre que la science fondamentale ne peut se concevoir sans passion !*

*Les théories de l'évolution*

# 1. La macroévolution

*Niles Eldredge*

La théorie de l'évolution des espèces est entrée en ébullition. Après presque cinquante années de calme relatif, nous nous trouvons une fois de plus devant une pléthore de théories évolutives, et par moments il semble qu'il n'y ait pas deux biologistes capables de tomber d'accord sur plus de quelques points au sujet des mécanismes de l'évolution.

De tous les secteurs de la biologie (génétique moléculaire, biologie du développement...), de nouvelles conceptions sont avancées en matière d'évolution [29]. Mais il n'y a peut-être pas de domaine plus agité que celui de la macroévolution. En fait, les opinions que l'on professe dans ce domaine sont un excellent révélateur de la manière dont on envisage la théorie de l'évolution, en général.

Qu'entend-on par macroévolution ? Ce terme se comprend mieux si l'on considère d'abord son opposé : la microévolution. Celle-ci désigne l'apparition incessante de petites modifications dans les populations sauvages ou domestiques ou dans les populations d'animaux de laboratoires : des mouches drosophiles peuvent naître avec des ailes plus courtes que la normale, ou bien avec plus de soies sur les pattes ; des poules naissent meilleures pondeuses ; des chevaux naissent avec des crinières plus longues... Ce sont des modifications à petite échelle. Il est clair, cependant, qu'il se produit des modifications de bien plus grande ampleur, lorsqu'on parcourt l'arbre généalogique des espèces. Par exemple, les baleines ou les chauves-souris descendent d'espèces ancestrales de mammifères qui vivaient sur le sol et étaient munis de quatre pattes : les premières ont développé des nageoires ; les secondes ont développé des ailes. Les baleines ou les chauves-souris comprennent des espèces regroupées dans des ordres différents au sein de la classe des mammifères : les premières appartiennent à l'ordre des cétacés ; les secondes à l'ordre des chiroptères. Les ordres sont des niveaux élevés au sein de la classification hiérarchique des espèces. Celle-ci, rappelons-le, procède de la manière suivante : elle range les espèces voisines en genres, les genres voisins en familles, les familles voisines en ordres, les ordres voisins en classes, etc. La plupart des biologistes admettent que la macroévolution concerne la genèse des groupes taxinomiques de rang élevé (famille, ordre, classe...). Le problème fondamental de la macroévolution est alors d'expliquer comment se produisent les modifications de grande ampleur dans les traits anatomiques des espèces, de telle sorte que les systématiciens sont obligés de ranger celles-ci à des niveaux de classification de plus en plus élevés. En particulier, la question cruciale est de savoir si les mécanismes biologiques responsables de la microévolution au sein des populations sont suffisants pour expliquer les modifications de grande ampleur de la macroévolution.

Autrement dit, est-ce que les mécanismes de modification des espèces classiquement étudiés, par exemple, dans les populations expérimentales de mouches drosophiles (nombre de soies sur les pattes, taille des ailes...) suffisent à expliquer la naissance, par exemple, de la classe des mammifères ou de l'ordre des rongeurs ?

Traditionnellement jusqu'ici, la théorie de l'évolution en vigueur, c'est-à-dire la théorie synthétique ou théorie néodarwinienne, a répondu oui à ces questions. Mais depuis une dizaine d'années, un nombre croissant de biologistes remettent en question cette manière de voir. Des discussions de ce genre ont déjà eu lieu par le passé, notamment dans les années quarante au moment où était fondée la théorie synthétique de l'évolution (voir encadré). Mais les discussions présentes ne sont pas qu'une simple répétition de celles du passé : il se dessine véritablement de nos jours une nouvelle manière de considérer la théorie de l'évolution, et ceci est un point original de grande importance.

## Une théorie réductionniste : la théorie néodarwinienne de l'évolution

La théorie de l'évolution, appelée « synthèse moderne » par ses artisans (et connue aussi sous le nom de « théorie néodarwinienne »), a été construite de la fin des années vingt jusqu'au début des années cinquante. Elle repose sur des milliers d'articles scientifiques et un grand nombre de livres majeurs. Il est toujours risqué de résumer succinctement une doctrine de si vaste proportion, mais je crois qu'on peut en admettre le message fondamental suivant, énoncé à peu près comme suit par Ernst Mayr [30] : le terme « synthèse évolutive », introduit par Julian Huxley en 1942 dans son livre *Evolution, the Modern Synthesis*, désigne le consensus réalisé sur deux conclusions : l'évolution graduelle des espèces peut être expliquée au moyen de la survenue de petits changements génétiques aléatoires (mutations) et de leur tri par la sélection naturelle ; en outre, tous les phénomènes évolutifs, y compris la macroévolution et la spéciation (acte de naissance des espèces), sont explicables par ces mêmes mécanismes génétiques. Ainsi, la synthèse consiste, selon Ernst Mayr, essentiellement en deux choses : une théorie du changement génétique et une extrapolation de cette théorie à tous les aspects de l'évolution, y compris la macroévolution.

Mais voyons ce qu'il en est de plus près. La théorie du changement génétique reconnue par les artisans de la synthèse évolutive admet, en premier lieu, que les espèces sont adaptées à leur milieu grâce à des organes et à des fonctions physiologiques ou biochimiques particuliers : par exemple, les poissons sont adaptés à la vie dans l'eau et ont des branchies, une forme du corps généralement hydrodynamique (fuselée), etc. Les taupes sont adaptées à la vie fouisseuse sous terre, sont aveugles, et ont des pattes modifiées en sorte de pelles... Ces dispositifs adaptatifs sont héritables et caractéristiques de l'espèce : autrement dit, ils sont déterminés par une collection de gènes particuliers (les gènes sont les unités élémentaires de l'hérédité). La théorie néodarwinienne du changement génétique est alors la suivante : il se produit constamment dans les populations des modifications accidentelles du patrimoine héréditaire, c'est-à-dire des mutations de gènes. Par exemple, chez le chat, une mutation d'un gène contrôlant la pigmentation des poils a donné la variété « siamoise » (d'autres exemples ont déjà été signalés plus haut : les petites modifications dont nous avons dit qu'elles apparaissent constamment dans les populations de mouches, de poules, de chevaux sont dues, en fait, à des mutations).

Mais, en général, les mutations ont un effet désastreux : par exemple, dans l'espèce humaine de nombreuses maladies du sang (comme la thalassémie) sont dues à des mutations affectant les gènes contrôlant la synthèse de l'hémoglobine. Les individus porteurs de ces mutations délétères mourront bien souvent avant d'avoir atteint l'âge de la reproduction, ou même s'ils l'atteignent ne vivront pas assez longtemps pour laisser beaucoup de descendants. Les individus porteurs de ces mutations tendront à devenir moins nombreux au fil des générations, et même disparaîtront. Néanmoins, certaines mutations ont un effet favorable et permettent à leur porteur de vivre mieux, plus longtemps et de se reproduire beaucoup : leurs descendants seront plus nombreux, et les populations de l'espèce tendront alors à n'être constituées que des individus porteurs des variétés génétiques favorables. C'est cette survie différentielle des mutations favorables et défavorables qui constitue l'action de la sélection naturelle : c'est, selon la théorie synthétique, grâce à ce tri que les populations tendent à être optimalement adaptées à leur milieu et que les espèces tendent à s'insérer chacune dans une niche écologique qui leur est propre. Pour Theodosius Dobzhansky, par exemple, l'énorme diversité des organismes vivants peut être corrélée à l'immense variété des environnements et des niches écologiques qui existent sur la Terre. Telle espèce d'insectes (dotée d'une collection particulière de gènes) se nourrit de feuilles de chêne ; telle autre espèce d'insectes (dotée d'une autre collection de gènes) se nourrit d'aiguilles de pin...

Dans ce cadre, si les conditions du milieu changent, les espèces changent par remplacement progressif des caractères génétiques initiaux de l'espèce par de nouveaux caractères génétiques (gènes mutés) plus adaptés aux nouvelles conditions. Pour la théorie synthétique néodarwinienne, la naissance des nouvelles espèces n'est rien d'autre que la modification progressive de la composition génétique des populations. Et la macroévolution, c'est-à-dire l'apparition d'espèces graduellement de plus en plus différenciées par leurs caractères génétiques, ne fait que traduire cette modification progressive de la composition génétique des populations adaptant de nouvelles espèces à toute une gamme de niches écologiques distinctes mais voisines.

Theodosius Dobzhansky illustre cela par une image [31] : chaque espèce occupe un pic adaptatif, dans le sens où elle est caractérisée par la collection des gènes les plus adéquats à son milieu propre (niche écologique). Le regroupement des espèces en genres, familles, ordres, classes, etc., par les systématiciens correspond alors au fait que les pics adaptatifs ne sont pas distribués au hasard. Pour poursuivre l'image des reliefs « montagneux », les pics adaptatifs forment des chaînes où les différents sommets sont, certes, séparés par des creux, mais par des creux moins profonds que ceux qui séparent les chaînes... En fait, la niche écologique occupée par l'espèce lion est relativement plus proche de celle occupée par le tigre, le puma et le léopard, que de celle occupée par le loup, le coyote ou le chacal. Cela revient à dire, dans l'image de Th. Dobzhansky, que les pics adaptatifs des félins forment une « chaîne » de pics différente (et donc séparée par un fossé) de celle des canins. De même, les chaînes de pics des canins, des ursidés, des mustélidés et d'autres encore forment ensemble la chaîne des pics adaptatifs des carnivores. Celle-ci est séparée par de profonds fossés des chaînes de pics adaptatifs des rongeurs, des ongulés, des chiroptères, des primates, etc. A leur tour, ces chaînes de pics adaptatifs constituent le système de pics adaptatifs des mammifères, lequel est biologiquement et écologiquement distinct du système adaptatif des oiseaux, des reptiles, etc.

Pour Th. Dobzhansky, la nature hiérarchique de la classification des espèces reflète donc la gamme des niches adaptatives. Donc, dans le cadre de la théorie synthétique, la même théorie du changement génétique (mutations et tri par la sélection naturelle) explique, d'une part, la transformation progressive d'une espèce ancestrale en une espèce nouvelle adaptée à un nouveau milieu et, d'autre part, l'apparition d'espèces de plus en plus différenciées, formant des catégories taxinomiques de rang de plus en plus élevé.

Ainsi, selon moi, la synthèse est une explication élégante, simple et dans son essence extrêmement réductionniste : elle ramène tous les aspects de l'évolution à ceux rencontrés dans les populations de mouches drosophiles étudiées en laboratoire. En fait, la macroévolution n'est vue dans ce cadre que comme une microévolution soutenue pendant des milliers ou millions d'années. Les modifications de grande ampleur qu'on observe en parcourant l'échelle des espèces ne seraient rien d'autre que le résultat de l'accumulation de petites modifications au long des périodes géologiques, conduisant à diversifier énormément les adaptations des organismes à des milieux différents.

Ces dernières années c'est précisément cette conception réductionniste de la théorie synthétique qui a été remise en question. Nous allons voir qu'il se fait jour actuellement une conception selon laquelle l'évolution procède sur plus d'un niveau phénoménologique. Selon cette conception nouvelle, les mécanismes changeant la composition génétique des populations ne sont pas les mêmes que ceux qui président à la macroévolution. (En fait, certaines des idées modernes relatives à la macroévolution avaient déjà été émises dans les années quarante, c'est-à-dire au moment où était en train d'être fondée la théorie synthétique.)

Comme le biologiste américain W.J. Bock l'a récemment rappelé [32], la conception réductionniste selon laquelle la macroévolution est simplement la microévolu-

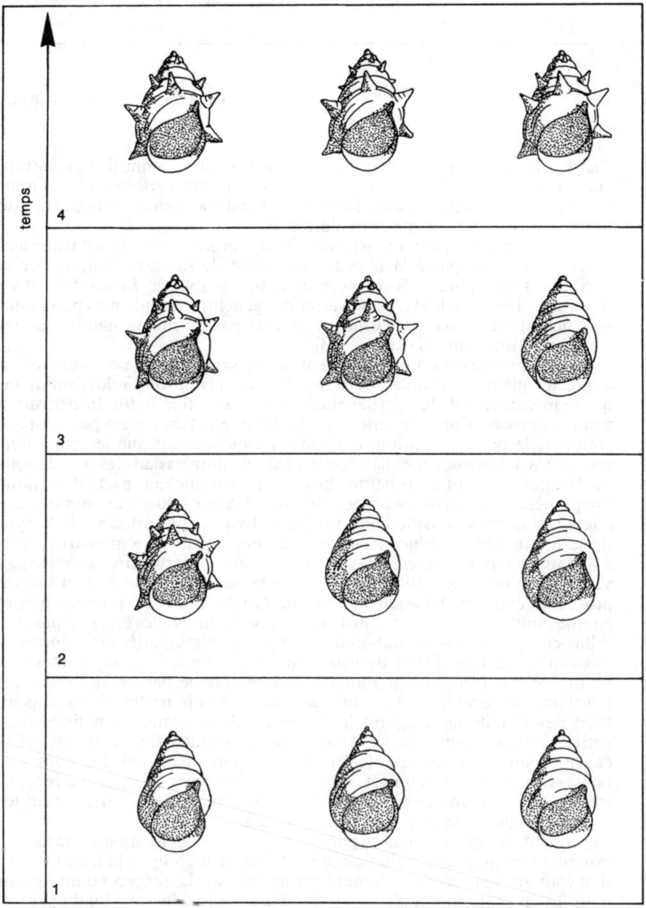


*Fig. 1.* Ce schéma hypothétique illustre la manière dont la théorie néodarwinienne conçoit le passage d'une espèce à une autre (= macroévolution) au moyen de modifications minimes affectant graduellement les populations (= microévolution). On a représenté quatre populations d'escargots fossiles, les plus anciennes étant au bas du dessin, les plus récentes en haut. Dans la strate n° 1, la population n'est représentée que par des individus à coquille lisse. Puis apparaissent au cours du temps des individus à coquille épineuse, qui progressivement deviendront majoritaires dans les populations les plus récentes. Dans ce cadre, le systématicien pourra reconnaître une espèce dans la strate n° 4, nettement distincte de l'espèce représentée dans la strate n° 1. Cependant, de nombreux paléontologistes font remarquer à présent que les stades de transition (ici strates n$^{os}$ 2 et 3) n'existent pas dans les séries fossiles, et que, loin de représenter une lacune de fossilisation, cela traduit le mécanisme réel de la spéciation.

## Les précurseurs des idées

Tandis que la synthèse moderne (ou théorie néodarwinienne de l'évolution) était en train d'être fondée dans les années quarante, certaines idées furent avancées, qui rompaient avec la doctrine néodarwinienne de la continuité parfaite entre micro et macroévolution.

Ainsi, le généticien allemand Richard Goldschmidt (qui émigra ensuite aux États-Unis) avait passé la plus grande partie de sa carrière à étudier la variation géographique de l'espèce de papillon appelée *Lymantria.* Il en conclut en 1940 que les types de variations génétiques et phénotypiques qui se rencontrent au sein des espèces ne sont pas de même nature que les différences séparant les espèces [33].

C'était une observation extrêmement intéressante, qu'on ne commence à apprécier pleinement qu'aujourd'hui. La conclusion de Goldschmidt fut que le mécanisme de la microévolution, où la sélection naturelle agit sur la gamme des variations présentes au sein des populations, n'est pas celui qui gouverne la macroévolution. Il sembla à Goldschmidt que les mutations ordinaires, telles que celles habituellement rencontrées dans les populations de *Drosophila,* sont trop petites pour conduire quelque part. Il fit donc l'hypothèse qu'il existe des macromutations, c'est-à-dire des mutations à effets instantanés considérables sur les individus. Les artisans de la synthèse, à cette époque, objectèrent, avec raison, que de tels « monstres pleins d'avenir » hypothétiques, n'ayant aucun autre partenaire avec lequel s'accoupler, pouvaient difficilement espérer mener quelque part au sein du processus évolutif. Ils soulignèrent que Goldschmidt ne pouvait rendre compte ainsi, avec sa théorie, de la naissance des nouvelles espèces, puisque celles-ci supposent la formation de nouvelles communautés reproductives. Discréditée et tournée en dérision par les champions de la synthèse, la notion de macromutation soutenue à cette époque par Goldschmidt est pourtant très semblable à ce qu'avancent de nos jours les généticiens au sujet des mutations touchant les systèmes de régulation génétique (une petite mutation dans ces systèmes peut théoriquement avoir des effets énormes sur le phénotype de l'adulte pleinement formé). Et, pour sûr, l'observation de Goldschmidt, selon laquelle les types de variation rencontrés au sein des espèces paraissent être différents de ceux qui séparent les espèces, a une résonance tout à fait moderne.

Cependant, les idées avancées par Goldschmidt avaient aussi un caractère essentiel commun avec celles de la synthèse, sa théorie de la macroévolution était une approche résolument réductionniste. La macroévolution était pour lui un changement phénotypique à grande échelle sous-tendu par des changements génétiques, eux aussi à grande échelle, c'est-à-dire des remaniements chromosomiques. Et cela était tout aussi réductionniste comme type d'explication que l'invocation des mutations génétiques ponctuelles par la théorie synthétique.

Vers la même époque, le paléontologiste allemand Schindewolf était également intéressé par les phénomènes séparant les espèces ; mais ce qui l'intéressait, lui, était les lacunes qu'il voyait dans les séries de fossiles. Bien avant Darwin, les paléontologistes savaient déjà que les nouveaux groupes (par exemple, les coraux tabulaires et les divers ordres de bryozoaires du Paléozoïque) tendent à apparaître soudainement dans les séries de fossiles. Darwin et ses partisans expliquaient que les lacunes entre espè-

**modernes sur la macroévolution**

ces étaient dues à l'imperfection de la fossilisation et à l'insuffisance de la recherche des fossiles. Schindewolf rejeta cette vue [34] : il admit que la manière dont apparaissent soudainement ou disparaissent tout aussi soudainement les grands groupes (par exemple l'extinction des ammonites et des dinosaures à la fin de la période crétacée) reflétait le processus réel de l'évolution et n'était pas un artefact. Schindewolf admit alors qu'il y avait développement soudain de nouveaux types — de nouveaux plans d'organisation du corps définissant de nouveaux groupes d'espèces, comme dans le cas des trilobites, par exemple — apparaissant par un processus qui n'était pas compatible avec la modification régulière et lente des lignées par la sélection naturelle.

Le paléontologiste américain G.G. Simpson, qui fut responsable de la jonction de la paléontologie avec la synthèse moderne, considéra lui aussi que les lacunes dans les séries de fossiles étaient le principal problème posé à la paléontologie par la théorie évolutive. Dans son livre de 1944 *Tempo and Mode in Evolution* [35], il affirma cependant que les lacunes entre les espèces et les genres étaient essentiellement des artefacts dus à des problèmes de fossilisation et que les séries de fossiles montraient que 90 % de toute l'évolution se faisait sur un mode phylétique, c'est-à-dire linéaire, reflétant la modification adaptative progressive des lignées en rapport avec les changements des conditions du milieu. Néanmoins, Simpson pensait à cette époque que l'apparition soudaine de nouveaux grands groupes (tels que les trilobites au Cambrien ou les mammifères au Mésozoïque) requérait une explication particulière. Il avança alors les termes de « microévolution » (différenciations minimes au sein des espèces), de « macroévolution » (types de changements génétiques qui se manifestent quand on passe d'une espèce à l'autre ou d'un genre à l'autre quand ils sont étroitement apparentés) et de « mégaévolution » (terme supplémentaire recouvrant l'origine des familles et des catégories hiérarchiques de rangs encore supérieurs).

La contribution originale la plus connue de Simpson à la théorie évolutive reste la notion d'« évolution quantique ». Dans ses conceptions originales, l'évolution quantique était le mécanisme sur lequel reposait la mégaévolution : l'évolution quantique impliquait des changements génétiques rapides se produisant dans des populations relativement petites au cours desquels les organismes rejetaient les vieilles adaptations, traversaient une phase préadaptative et finalement atteignaient rapidement un état adaptatif nouveau et bien différent. De telles phases d'évolution rapide se produisant dans de petites populations ne pouvaient guère laisser de traces dans la documentation fossile.

Plus tard, en 1953, Simpson laissa tomber le terme « mégaévolution » et modifia sa conception de l'évolution quantique, qu'il considéra alors comme un cas limite et plus ou moins extrême de l'évolution phylétique [36]. Ainsi, à partir de 1953, les phases préadaptatives et inadaptatives de l'évolution quantique furent tranquillement abandonnées et la sélection naturelle apparut, comme dans presque tous les écrits de la théorie synthétique dans les années cinquante, comme le seul mécanisme gouvernant tous les changements génétiques. Autrement dit, à partir de 1953, le réductionnisme de Simpson fut plus radical qu'il ne l'était en 1944.

tion soutenue sur de longues périodes géologiques implique une conception très particulière de la nature des espèces. Dans la conception réductionniste, si l'évolution qui engendre les familles, les ordres, les classes, etc., n'est pas différente en nature de l'évolution qui modifie les caractères adaptatifs au sein des populations, c'est qu'elles œuvrent toutes deux sur les mêmes entités biologiques de base : les populations. Des populations peuvent être reconnues comme distinctes à tout moment et cependant, à mesure que le temps passe, une population initiale subit des changements, se transforme progressivement. Si suffisamment de temps s'est écoulé, les changements se seront tellement accumulés qu'un systématicien (ou un paléontologiste, pour les espèces fossiles) diagnostiquera une nouvelle espèce. Par exemple, une espèce d'escargot fossile sera d'abord représentée par des populations de coquilles lisses dans les couches géologiques les plus anciennes ; puis, en remontant le long des strates, le paléontologiste trouvera au même endroit des populations de coquilles de même forme mais munies d'épines *(fig. 1)*. Il dira alors que la population initiale se sera transformée en une nouvelle population à laquelle il donnera un nom d'espèce nouveau.

La théorie synthétique prédit que, si les séries de fossiles étaient totalement conservées, on pourrait suivre ainsi la transformation sur place des populations, de telle sorte que des espèces, de plus en plus éloignées par leurs caractères de l'espèce initiale, seraient reconnaissables. Autrement dit, dans une série de fossiles parfaite, le paléontologiste serait en mesure de nommer des espèces, des genres, des familles, des ordres... distincts. Or, il est vrai que, pour tous les biologistes, les entités utilisées par les systématiciens tels que genres, familles, ordres, classes... sont des catégories « abstraites », créées par les biologistes pour leur permettre de classer les espèces selon un ordre logique de voisinage. Mais, dans le cadre du raisonnement réductionniste sur la macroévolution, les espèces elles-mêmes sont aussi considérées comme des catégories de classification. Selon ce raisonnement, l'évolution produit un changement continu, une transformation continue des populations, et les taxinomistes ne font que subdiviser abstraitement ce flot continu de manière arbitraire, voire capricieuse. En théorie, pour le taxinomiste néodarwinien, si une lignée change d'un état A vers un état B de telle façon que des échantillons de A et de B apparaissent aussi différents que deux espèces contemporaines, disons par exemple le lion et le tigre, alors il est en droit de délimiter dans la lignée évolutive deux espèces A et B. Pour peu que la lignée subisse encore de nouveaux changements, l'amenant d'un stade C à un stade D, il sera peut-être en mesure de reconnaître quatre espèces regroupées en deux genres : un genre 1 comprenant les espèces A et B et un genre 2 comprenant les espèces C et D. Cette conception est la conséquence logique de la vue selon laquelle tous les changements évolutifs sont une simple fonction de changement adaptatif au fil des générations à l'intérieur des populations.

Mais, en opposition radicale à cette conception « abstraite » de l'espèce, figure une conception « naturaliste », selon laquelle les espèces sont des entités biologiques réelles. Cette conception est en fait très ancienne, bien antérieure au néodarwinisme et même à Darwin : elle était connue des premiers naturalistes du XVIIIe siècle. Comme preuve de la réalité objective de l'espèce, on cite souvent l'observation suivante faite par les ethnologues : des indigènes de Nouvelle-Guinée, complètement ignorants de la biologie moderne, reconnaissent dans leur île des « sortes » d'animaux et de plantes exactement identiques aux espèces reconnues par les systématiciens.

Mais les naturalistes du XVIIIe siècle, s'ils avaient bien reconnu la notion de l'espèce, comme entité réelle et discrète (bien délimitée), voyaient aussi les espèces comme des entités immuables. C'est précisément contre cette fixité des espèces que s'éleva Darwin. Et pour établir la notion de l'évolution des espèces, il en vint à nier que l'espèce fût délimitée de manière tranchée dans l'échelle du temps. Cela revenait à nier l'espèce comme entité biologique réelle (dès lors, cela explique que Darwin, comme on l'a souvent fait ironiquement remarquer, s'est beaucoup occupé dans son livre l'*Origine des espèces* de la manière dont les espèces se transforment, mais n'a rien dit sur leur origine, c'est-à-dire sur le mécanisme de leur naissance : si les espèces n'existent pas, leur origine proprement dite n'a guère besoin d'être expliquée !).

## L'évolution par équilibres ponctués

La conception de Darwin au sujet de l'espèce a été reprise par les artisans de la théorie synthétique. Ernst Mayr, chef de file de la théorie de la spéciation dès 1942, au sein de la synthèse, fut ambigu. D'un côté, il a reconnu que les espèces sont des entités objectives, puisqu'il avait reconnu le besoin d'une théorie particulière pour expliquer la naissance des espèces (c'est le modèle de la population fondatrice, dans lequel un petit contingent d'individus d'une espèce donnée se détache par hasard de la population mère et, colonisant un nouveau milieu, subit une profonde transformation de son patrimoine génétique, conduisant ainsi à la naissance d'une nouvelle espèce). Mais d'un autre côté, il a défendu la notion darwinienne de transformation permanente et continue des populations, notion qui revient à considérer l'espèce comme une catégorie abstraite de classification.

Dans les dix dernières années, la conception selon laquelle l'espèce est une entité biologique réelle a fait sa réapparition. Le biologiste américain Michael Ghiselin ou le philosophe David Hull, par exemple, ont soutenu ce point de vue. Pour eux, les espèces ont une existence distincte en ce sens que chacune joue un rôle particulier dans l'économie de la nature. En outre, elles sont des entités individuelles dans le sens où, comme tout individu, elles ont une origine, une histoire et une fin.

La même conception de l'espèce comme entité individuelle s'est imposée à Stephen Jay Gould et à moi-même lorsque nous avons développé, dès le début des années soixante-dix, la notion d'évolution par équilibres ponctués *(punctuated equilibria)* [37]. Cette notion est basée sur l'observation simple, connue depuis longtemps par les

paléontologistes, que chaque espèce nouvelle apparaît brusquement dans les séries fossiles, puis persiste inchangée sur de longues périodes (5 à 10 millions d'années, ou même davantage). Puis une espèce donnée est brusquement, sans transition, remplacée par une autre espèce. Dans les séries fossiles, l'évolution des espèces se présente donc comme de longues phases où les espèces sont établies de manière stable durant de longues périodes, phases interrompues, ponctuées de brusques épisodes où de nouvelles espèces remplacent les anciennes.

Cette permanence et cette stabilité des espèces, une fois qu'elles sont apparues, vont à l'encontre du modèle néo-darwinien classique, selon lequel les changements minimes modifient constamment et graduellement les populations représentatives de l'espèce (selon ce modèle, par exemple, une espèce d'escargot à coquille lisse se transformerait en espèce à coquille garnie d'épines, par envahissement progressif de la population par des individus munis d'épines). En outre, cette évolution par équilibres soutient bien l'idée que chaque espèce est une entité individuelle, délimitée dans le temps par une origine, une histoire et une fin.

## L'espèce : une communauté de reproduction

La notion de l'espèce comme entité individuelle délimitée dans l'espace et dans le temps est corroborée par des arguments génétiques : une espèce est une communauté de reproduction, sexuellement isolée des autres communautés reproductives qui forment les autres espèces (c'est la définition biologique de l'espèce d'Ernst Mayr). Cela veut dire qu'un individu d'une espèce ne s'accouple habituellement qu'avec un individu appartenant à son espèce. C'est précisément le réseau des croisements à l'intérieur de la communauté reproductive qui assure à l'espèce sa stabilité dans l'espace et le temps. La naissance d'une nouvelle espèce à partir d'une ancienne espèce consiste, en fait, en la formation de deux communautés reproductives, là où il n'y en avait d'abord qu'une. C'est un processus de scission analogue à celui qui se déroule lorsqu'une paramécie se divise en deux, donnant deux individus paramécie, là où il n'y en avait d'abord qu'une. (Cette comparaison de l'espèce avec la paramécie souligne une fois de plus le caractère d'individualité de l'espèce. Il est remarquable que cette comparaison ait d'ailleurs été employée par Ernst Mayr lui-même, ce qui souligne de nouveau l'ambiguïté de ses conceptions au sujet de l'espèce !).

Et nous en arrivons ainsi au point crucial, généralement ignoré des artisans de la synthèse : si la sélection naturelle a bien pour effet de changer les caractères adaptatifs des espèces, ce n'est pas elle qui crée les communautés reproductives nouvelles. Dit d'une autre façon, la constitution de l'isolement reproductif d'une population d'organismes par rapport à une communauté reproductive initiale ne représente pas une adaptation. C'est un événement dû au hasard ; ce peut être par exemple la conséquence d'un bouleversement de l'environnement physique d'une espèce, bouleversement qui fragmente le continuum antérieur de l'espèce. Ainsi lorsque l'isthme de Panama s'est érigé, séparant la mer des Caraïbes de l'océan Pacifique, une espèce de mollusques marins, par exemple, se trouva, de fait, être fragmentée en deux communautés reproductives, une sur chaque côté de l'isthme : dès lors, leurs destins pouvaient devenir indépendants et, notamment, elles pouvaient acquérir des adaptations différentes, sous l'action de la sélection naturelle, dans leurs milieux respectifs.

Il existe aujourd'hui de nombreuses théories de la spéciation (genèse des espèces), dans lesquelles l'origine de l'isolement reproductif est considérée en soi, distinctement de la classique modification adaptative des populations *via* la sélection naturelle. Par exemple, le cytogénéticien M.J.D. White a montré qu'une espèce peut naître par modification brusque des chromosomes, ce qui crée une barrière de stérilité immédiate entre les individus porteurs du remaniement chromosomique et ceux qui ne le portent pas. Là non plus, l'isolement sexuel ne représente pas une adaptation et n'est pas promu par la sélection naturelle. En résumé, et quels que soient les détails, les théories modernes de la spéciation [38] admettent que la sélection naturelle ne crée pas les espèces — au sens où elle n'agit pas pour créer deux communautés reproductives à partir d'une.

Les conséquences de cette conclusion sont vraiment de grande portée, car nous voici maintenant munis d'une théorie du changement génétique et d'une théorie de l'origine des nouvelles espèces. Les deux théories sont liées mais ne sont pas identiques ; la première porte sur la modification des adaptations des espèces ; la seconde porte sur la succession des espèces, succession qui engendre les genres, les familles, les ordres... existant aujourd'hui ou ayant existé dans le passé. Darwin avait défini l'évolution comme une « descendance avec modification ». La théorie synthétique, avec son approche réductionniste, avait confondu modification et descendance. Dans ce cadre, la modification (les adaptations) des espèces était devenue le seul sujet d'intérêt, la descendance n'étant vue que comme une simple conséquence de la modification. Maintenant, nous sommes en mesure de voir que « descendance » et « modification » sont deux sujets distincts à considérer dans la théorie évolutive.

Une fois cela admis, la question qui se pose est de savoir ce que cela change dans l'explication de l'évolution des espèces. Or, cela change énormément de choses. Considérons par exemple le problème des taux évolutifs. Les paléontologistes, en observant les séries de fossiles, sont en mesure d'apprécier les vitesses d'évolution de certains caractères dans des lignées évolutives, par exemple la vitesse à laquelle a grandi la hauteur de la couronne dentaire dans la lignée des ancêtres du cheval ou la vitesse à laquelle a augmenté l'ornementation de tel coquillage, ou encore la vitesse à laquelle a augmenté le diamètre de la carapace siliceuse d'un protozoaire radiolaire *(fig. 2A)*. Ils sont en mesure aussi d'apprécier les taux taxinomiques, c'est-à-dire les vitesses d'apparition de nouvelles espèces, de nouveaux genres, de nouvelles familles, etc., par unités de temps géologique *(fig. 2B)*. D'après la théorie synthétique, les taux évolutifs des caractères devraient être exacte-

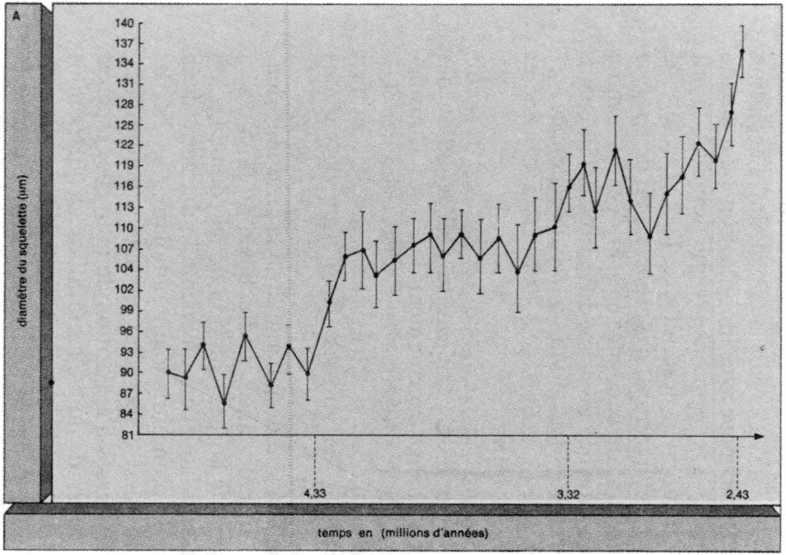


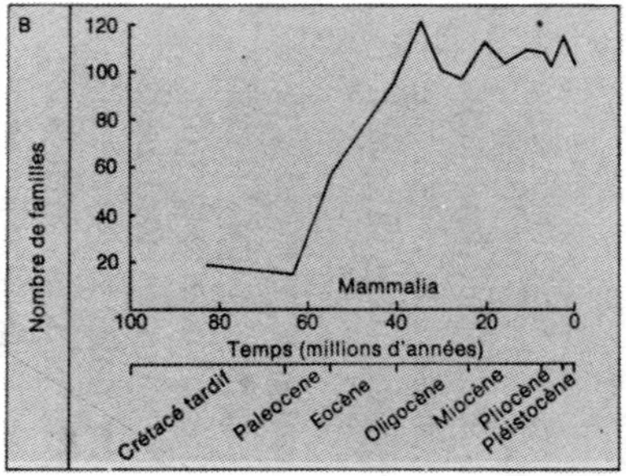


*Fig. 2.* Les paléontologistes utilisent diverses méthodes quantitatives et mesurent par exemple les taux évolutifs ou bien les taux taxinomiques dans les lignées. *A.* Ce diagramme illustre le taux évolutif d'un caractère chez une espèce de protozoaire radiolaire : il s'agit d'un animalcule unicellulaire doté d'une espèce de squelette siliceux sphérique. Le caractère dont l'évolution a été suivie ici au cours du temps est précisément le diamètre du squelette. (Remarquer que cette évolution se fait sur le modèle des équilibres ponctués : deux paliers de longue durée sont nettement visibles dans la dimension du squelette et la transition entre les deux est brutale.) (D'après D.E. Kellog.) *B.* La mesure des taux taxinomiques permet d'apprécier l'intensité des phases de spéciations dans une lignée donnée. Pour rendre compte de cela, on peut porter sur un graphique le nombre de catégories taxinomiques d'un niveau donné apparaissant en fonction du temps. Ici, on a pris le cas de la classe des mammifères et on a porté le nombre des familles apparues depuis le Crétacé tardif jusqu'à aujourd'hui. (D'après J.A. Lillegraven.) Si la théorie néodarwinienne était exacte, on devrait avoir, dans une lignée, corrélation exacte entre les taux évolutifs des caractères et les taux taxinomiques. Mais c'est loin d'être le cas.

ment superposables aux taux taxinomiques, puisque selon cette théorie l'apparition des nouvelles espèces est simplement la conséquence des changements adaptatifs. Mais si la spéciation est un phénomène distinct du changement adaptatif, comme je le soutiens avec d'autres biologistes, alors les taux évolutifs des caractères et les taux taxinomiques ne sont pas étroitement corrélés. Par exemple, on connaît des lignées où se sont produits des taux élevés de spécialisation. Or, dans certaines de ces lignées, les nombreuses nouvelles espèces diffèrent peu morphologiquement les unes des autres (taux faible d'évolution des caractères morphologiques). C'est par exemple le cas de la lignée du vairon (un poisson d'eau douce) de l'Amérique de l'Ouest. Au contraire, d'autres lignées, à taux élevés de spéciation, peuvent présenter des taux élevés de changement morphologique : c'est le cas des poissons cichlidés du genre *Haplochromis* des grands lacs de l'Afrique de l'Est. Mais l'inverse est aussi vrai : des lignées montrant des taux faibles de spécialisation peuvent néanmoins présenter une grande variation anatomique (cas de la perche-soleil américaine) ou au contraire très peu de variations morphologiques (cas des limules, famille d'arthropode existant depuis le début de l'ère secondaire, qui n'a jamais compris beaucoup d'espèces).

## Le découplage de la micro et de la macroévolution

Il est donc clair que le processus de la spéciation et celui du changement adaptatif sont « découplés » (pour reprendre l'expression du paléontologiste américain S.M. Stanley). Cette notion est tout à fait centrale pour tous ceux qui à présent essaient d'expliquer la macroévolution autrement que dans le cadre classique de la théorie synthétique. En effet, si les espèces sont des entités objectives, et si la spéciation est un processus à considérer en tant que tel dans la théorie évolutive, alors le problème de la genèse des groupes taxinomiques de haut rang se pose de manière différente : il s'agit d'expliquer maintenant comment des lignées à haut ou bas taux de spéciation peuvent présenter des changements rapides ou lents des caractères. Il s'agit de savoir comment les séquences de spéciation et les séquences de changements adaptatifs se sont combinées dans les lignées évolutives pour produire les phénomènes caractéristiques de la macroévolution, par exemple les radiations adaptatives : il s'agit de l'observation dans les séries de fossiles de la prolifération rapide d'espèces à partir d'un groupe ancestral, accompagnées de leur différenciation de plus en plus prononcée, et de l'envahissement de niches écologiques très variées. Les mammifères, par exemple, ont réalisé une radiation adaptative au début de l'ère tertiaire : en moins de 30 millions d'années, tous les ordres actuellement connus de mammifères étaient apparus, colonisant des milieux extrêmement variés : air (chauves-souris), mer (cétacés), terres désertiques ou polaires, etc.

Un phénomène fréquemment rencontré en macroévolution permet de voir comment peuvent, dans certains cas, se combiner séquences de spéciation et séquences de changements adaptatifs : c'est celui des tendances évolutives. Par exemple dans la lignée des ancêtres du cheval, le nombre de doigts des pattes va constamment en se réduisant (de cinq chez les ancêtres les plus lointains, il passe à trois chez les ancêtres intermédiaires, puis à un chez le cheval moderne). Par ailleurs, toujours dans cette lignée, la couronne des dents devient de plus en plus haute, et le dessin de la surface dentaire de plus en plus complexe *(fig. 3)*. L'explication classique, avancée par G.G. Simpson, a été que les ancêtres du cheval sont passés d'un milieu forestier à un milieu ouvert, et qu'ils sont devenus de plus en plus adaptés à la course (réduction du nombre des doigts) et de plus en plus adaptés à manger de l'herbe (et non plus des feuillages). L'idée de Simpson était que la sélection naturelle au sein des populations d'équidés ancestraux imposait une direction aux changements adaptatifs au sein d'une espèce *et* d'une espèce à l'autre. Autrement dit, le

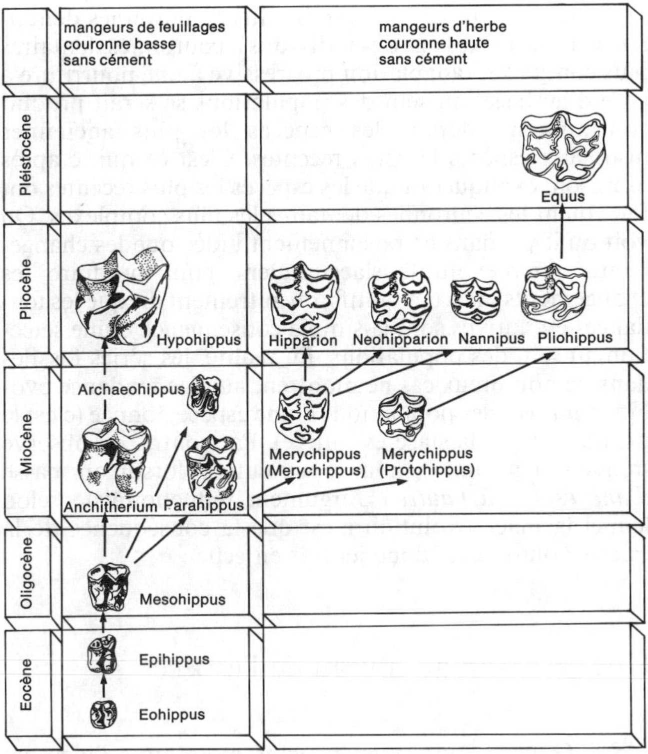


*Fig. 3.* L'une des lignées évolutives les mieux connues est celle des ancêtres du cheval. Cette lignée montre de nombreuses tendances évolutives. L'une d'entre elles est la complexification du dessin de la surface des molaires (en même temps que l'élévation de la couronne dentaire et de la dimension des dents). Sur ce diagramme, les surfaces dentaires des différentes espèces d'ancêtres du cheval sont représentées dans l'ordre chronologique et avec leur ordre de filiation probable. (D'après G.G. Simpson.) L'explication classique d'une telle tendance chez les ancêtres du cheval a été de dire qu'il s'agissait d'une adaptation croissante à une alimentation à base d'herbe (et abandon de l'alimentation à base de feuillages). Mais on voit aujourd'hui que d'autres explications sont possibles pour rendre compte des tendances évolutives.

remplacement progressif d'individus à couronnes dentaires peu complexes par des individus à couronnes dentaires plus complexes (adaptation progressive à une nourriture à base d'herbage) au sein des populations se serait produit continûment, depuis les espèces les plus anciennes jusqu'aux espèces les plus récentes. C'est ce qui, d'après Simpson, expliquerait que les espèces les plus récentes ont forcément les couronnes dentaires les plus complexes. On voit qu'il y a dans ce raisonnement l'idée que les changements microévolutifs s'accumulent pour produire les changements macroévolutifs, ou autrement dit que les tendances évolutives sont la simple conséquence d'une sélection au sein des populations. En réalité, les séries fossiles dans de nombreux cas ne montrent aucune tendance évolutive *au sein* des populations d'une espèce donnée (c'est le phénomène de la stase évolutive). Par contre, on observe fréquemment une tendance évolutive lorsqu'on passe *d'une espèce à l'autre.* L'argument réductionniste selon lequel la macroévolution n'est que la conséquence de la microévolution est donc ici mis en échec.

## Une sélection au niveau de l'espèce

S.J. Gould et moi-même avons alors émis l'idée, en 1972, qu'au moment où une espèce va être remplacée par une autre espèce dans la lignée évolutive, plusieurs nouvelles espèces filles sont candidates à la succession. Chacune d'entre elles possède des adaptations particulières à des environnements distincts et ces adaptations ne sont pas « orientées » par rapport à quelque tendance évolutive que ce soit, mais distribuées au hasard. Si, cependant, un milieu donné se révèle plus favorable à l'expansion d'une espèce particulière dotée d'une adaptation correspondante, une seule espèce persistera durablement tandis que les autres s'éteindront rapidement. Si ce processus se répète à chaque nouvelle étape de spéciation, et si c'est toujours le même type de milieu qui se révèle plus favora-

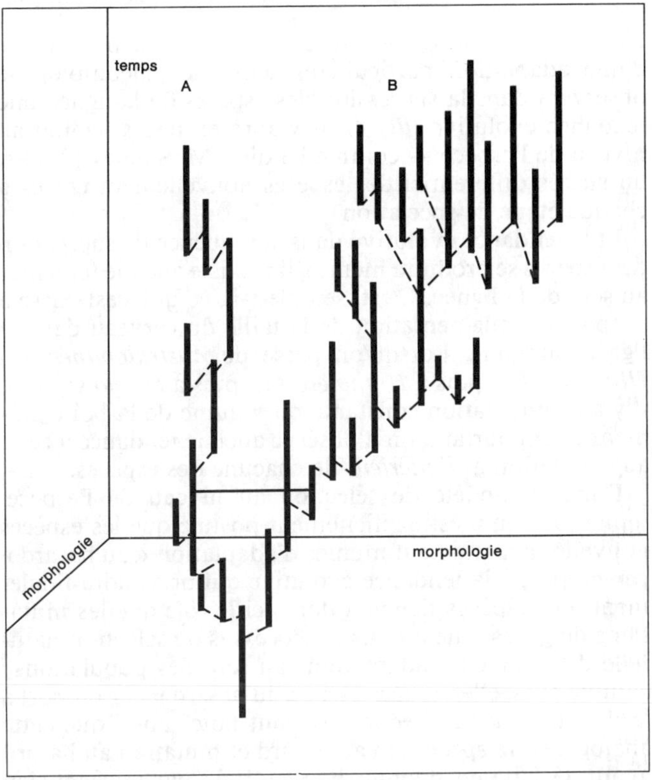


*Fig. 4.* Pour expliquer l'existence des tendances évolutives des lignées, S.J. Gould et moi-même avons proposé l'idée d'un succès différentiel des phases de spéciation (sélection au niveau des espèces selon S.M. Stanley). Cette idée est concrétisée par ce graphique où chaque espèce est représentée par une barre, à longueur proportionnelle à la durée comprise entre sa naissance et son extinction. Outre l'axe du temps, il est représenté deux axes pour l'évolution des espèces, l'un pour l'infléchissement des caractères morphologiques vers la gauche, l'autre vers la droite. Chaque espèce est stable morphologiquement durant toute la durée de son existence, d'où le caractère vertical du trait qui la représente. Chaque espèce donne naissance à une espèce fille par une phase de spéciation indiquée par le pointillé. Dans ce graphique, une espèce ancestrale est à la base de deux lignées évolutives *(A)* et *(B)*. La lignée A ne montre aucun infléchissement net (ou un très faible infléchissement) des caractères morphologiques après neuf phases de spéciation. La lignée B présente une tendance évolutive en ce sens que les caractères morphologiques sont de plus en plus infléchis vers la droite : c'est que les phases de spéciation se sont faites majoritairement vers la droite. Ainsi, il peut y avoir des tendances évolutives dans les lignées même si chaque espèce en particulier est stable.

ble à l'expansion d'une espèce (et donc à la persistance d'une adaptation particulière), alors, le paléontologiste observera dans la succession des espèces de la lignée une tendance évolutive *(fig. 4)*. Il y aura eu une sélection au niveau de l'espèce — comme l'a dit S.M. Stanley [39] —, un succès différentiel des espèces nouvellement créées à chaque étape de spéciation.

Et la tendance évolutive dans la séquence de succession des espèces se produira même s'il n'existe aucune tendance au sein de la lignée. C'est, semble-t-il, ce qui s'est passé à propos de l'augmentation de la taille du cerveau dans la lignée humaine. Lorsqu'on passe de *Australopithecus* à *Homo habilis*, puis à *Homo erectus*, puis à *Homo sapiens*, il y a augmentation constante du volume de la boîte crânienne ; et pourtant, on n'observe aucune tendance à cette augmentation à *l'intérieur* de chacune des espèces.

Dans le modèle de sélection au niveau de l'espèce, remarquez qu'il est explicitement postulé que les espèces nouvelles apparaissent munies d'adaptation « au hasard » par rapport à la tendance évolutive qui prévaudra finalement. Les espèces tiennent donc ici le rôle que les mutations de gènes jouent dans le processus de sélection naturelle des nouvelles adaptations au sein des populations : comme elles, elles apparaissent « au hasard » par rapport à la direction de la sélection. (Il faut noter aussi que cette analogie entre spéciation au hasard et mutation au hasard avait été faite en premier lieu en 1967 par le généticien Sewall Wright [40], bien connu comme l'un des fondateurs de la théorie mathématique de la génétique des populations utilisée dans la synthèse moderne.)

## De multiples niveaux existent dans l'évolution

Dans les cinq dernières années, il y a eu d'autres tentatives pour expliquer la manière dont s'articulent les séquences de spéciations et les séquences de changements adaptatifs pour créer les phénomènes observés en macroévolution. Quelle relation y a-t-il entre spéciation et changement adaptatif ? J'ai émis l'hypothèse que, dans certains cas, des stratégies d'exploitation de la niche écologique pouvaient en rendre compte. Il existe des espèces, comme des poissons cichlidés du genre *Tilapia*, habitant les grands lacs de l'est de l'Afrique, qui sont des généralistes écologiques : les poissons du genre *Tilapia* vivent dans des conditions de milieu très variées et sont omnivores, se nourrissent de toutes sortes de proies de très petite taille de quelque nature qu'elles soient. Ce genre de poissons comprend un très petit nombre d'espèces différant d'ailleurs peu morphologiquement ; au contraire, les poissons cichlidés du genre *Haplochromis*, vivant d'ailleurs eux aussi dans les grands lacs africains, dans des conditions de milieu très définies, ont des régimes alimentaires très spécialisés (les uns se nourrissent d'insectes ; les autres, de poissons ; les autres encore, de mollusques...). Ce sont des « écologistes spécialisés ». Ce genre comprend plus de cent espèces, différant d'ailleurs fortement par leurs adaptations et morphologies. Il paraît donc vraisemblable que les lignées de « généralistes écologiques » ont tendance à réaliser moins de phases de spéciations, et moins de changements adaptatifs que les spécialistes écologiques. La paléontologiste sud-africaine E.S. Vrba du Transvaal Museum a d'ailleurs émis l'idée, sur la base même de l'étroitesse ou de la largeur de la niche des espèces, que cela pouvait fournir une explication de la manière dont se forment les tendances évolutives en macroévolution [41]. Si l'on admet, dit-elle, que les « espèces spécialistes » sont issues de phases de spéciation plus fréquentes que les espèces « généralistes », alors l'arbre évolutif sera incliné par leur poids plus grand *(fig. 5)*.

Par exemple, les ancêtres du cheval à couronnes dentaires élevées ont finalement prévalu peut-être sur ceux à couronnes basses, parce qu'ils ont donné plus fréquemment des épisodes de spéciation en raison de leur caractère de « spécialistes écologiques ». Il n'y a pas ici à se demander si les ancêtres du cheval à couronnes dentaires élevées étaient supérieurs adaptativement à ceux à couronnes bas-

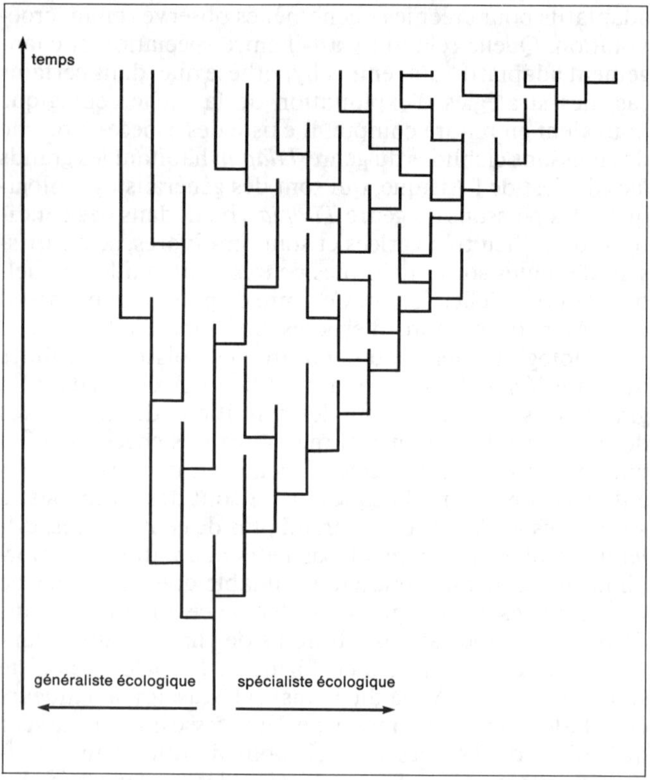


*Fig. 5.* E.S. Vrba a proposé une autre explication de la genèse des tendances évolutives, qui ne fait pas appel à la sélection au niveau de l'espèce. Son modèle repose sur l'hypothèse suivante : les espèces « spécialistes écologiques » (adaptées à des milieux très bien définis, avec des nourritures très spécifiques) seraient issues de phases de spéciation nécessairement plus fréquentes que les espèces « généralistes écologiques » (adaptées à des milieux et des alimentations très divers). Par conséquent, l'arbre évolutif des spéciations aura plus de branches du côté des « spécialistes », et cela donne une tendance évolutive.

ses : dans le modèle présenté par E.S. Vrba, il n'est pas besoin de recourir au concept de sélection au niveau de l'espèce.

Il y a donc aujourd'hui tout un lot d'hypothèses diverses relatives aux mécanismes propres à la macroévolution. Il est encore trop tôt pour savoir lesquelles finalement seront retenues. Ce qui est sûr, par contre, c'est que la vision de l'espèce comme entité individuelle objective, bien délimitée dans l'espace et dans le temps, rompt la continuité théorique qui était envisagée par la théorie synthétique entre changements au sein des espèces et changements d'une espèce à l'autre. La macroévolution apparaît plus comme une question de redistribution dans la gamme des espèces au sein des lignées évolutives que comme la conséquence du changement adaptatif graduel. Il y a donc au moins deux niveaux semi-indépendants dans l'évolution des espèces : la macroévolution et la microévolution. Mais il y en a encore d'autres. Par exemple, il y a un niveau plus élevé encore que la macroévolution : c'est celui où se réalisent la prolifération ou l'extinction de plusieurs lignées évolutives indépendantes (comme, par exemple, la prolifération simultanée des ammonites et des reptiles au début de l'ère secondaire et leur extinction simultanée à la fin de cette même ère).

Des phénomènes de ce genre sont bien connus des paléontologistes, mais jusqu'ici la théorie synthétique n'en rendait pas bien compte, ou du moins était mal équipée pour les expliquer. La nouvelle manière de voir la macroévolution devrait permettre de mieux envisager ces phénomènes.

On peut encore reconnaître un autre processus de l'évolution, opérant à un niveau inférieur à celui des populations : celui de la biologie du développement, qui se situe à l'échelle de l'individu (il s'agit de voir comment les voies du développement sont modifiées de telle sorte que les structures adultes montrent des changements évolutifs : par exemple, le bébé chimpanzé a une morphologie de la face beaucoup plus proche de la morphologie humaine que ne l'est celle du chimpanzé adulte).

Ce qu'il est important de reconnaître, c'est donc qu'il

existe de nombreux niveaux d'évolution semi-indépendants. Chaque niveau possède sa propre catégorie de phénomènes : ceux-ci doivent être expliqués par eux-mêmes, on ne doit pas chercher à les réduire aux termes des niveaux sous-jacents.

Les tentatives antérieures pour distinguer la macro de la microévolution, comme celles de Goldschmidt (voir encadré), avaient pris la forme d'une alternative à la théorie du changement adaptatif, mais cette alternative restait réductionniste. La vraie nouveauté qui s'est fait jour récemment, et qui n'a pas d'équivalent dans les discussions qui ont eu lieu ces dernières cinquante années, est, on l'a vu, la conception d'une évolution qui se déroule de manière complexe, à plusieurs niveaux semi-indépendants.

Dès lors que les recherches récentes en macroévolution ont mis l'accent sur la notion d'espèce et sur l'importance des catégories hiérarchiques de niveau supérieur, j'estime que la théorie de l'évolution va enfin pouvoir espérer rendre mieux compte de l'origine de la diversité du monde vivant.

POUR EN SAVOIR PLUS

Bock W.J., « The synthetic explanation of macroevolutionary change. A reductionistic approach », *in* J.H. Schwartz, H.B. Rollins (*eds*), *Models and Methodologies in Evolutionary Theory, Bull. Carnegie Mus. Natural History*, p. 20, 1979. Une argumentation solide (mais technique) en faveur des vues réductionnistes de la « synthèse moderne », au sujet de la macroévolution.

Chaline J. (dir.), *Modalités, Rythmes, Mécanismes de l'évolution biologique*, coll. Int. CNRS, n° 330, 1983. Un recueil d'articles illustrant les modèles évolutifs concurrents : gradualisme phylétique et équilibres ponctués, avec une nette prépondérance du premier.

Eldredge N., *Unfinished Synthesis*, Oxford University Press, 1985. Dans cet ouvrage, l'auteur approfondit sa réflexion sur les niveaux d'évolution semi-indépendants et leur hiérarchie.

Eldredge N., Cracraft J., *Phylogenetic Patterns and the Evolutionary Process. Method and Theory in Comparative Biology*, Columbia University Press, 1980. Ce livre examine d'un point de vue technique et critique la structure réductionniste de la théorie de la macroévolution dans la « synthèse moderne » et développe les conceptions nouvelles sur la macroévolution esquissées dans le présent article.

Eldredge N. et Tattersall I., *The Myths of Human Evolution*, Columbia University Press, 1982. Un livre qui s'attaque au mythe de l'évolution lente et graduelle, et examine comment le modèle des équilibres ponctués rend compte de l'évolution humaine.

Mayr E., Provine W.B. (*eds*), *The Evolutionary Synthesis : Perspectives on the Unification of Biology*, Harvard University Press, 1980. Ce livre, qui réunit les contributions de nombreux auteurs, a pour but de retracer l'histoire de la fondation de la théorie synthétique de l'évolution, et ce faisant il dévoile très bien ce qu'est exactement cette théorie.

Stanley S.M., *The New Evolutionary Timetable*, Basic Books, 1981. Un livre de vulgarisation qui développe de manière exhaustive les idées de l'auteur en faveur du modèle d'évolution par équilibres ponctués.

— *Macroevolution,* Freeman W.H., 1979. Un livre qui développe des idées proches de celles défendues par N. Eldredge.

Les périodiques *Evolution* et *Paleobiology*, surtout ce dernier, ont publié des articles pour ou contre la vue réductionniste de la théorie synthétique en matière de macroévolution, aussi bien que des articles en faveur des nouvelles approches de la macroévolution.

*La Recherche,* mai 1982

# 2. Le cladisme

*Philippe Janvier, Pascal Tassy*
*et Herbert Thomas*

**1. Le vocabulaire du systématicien**

*Systématique :* science des classifications des êtres vivants. G.G. Simpson en donne une définition dans un sens plus large : étude scientifique des différents organismes, de leur diversité et de leurs relations.
*Classification :* en zoologie, action d'ordonner les animaux en groupes, c'est-à-dire de les distribuer par catégories en fonction de leurs relations de parenté.
*Taxonomie* (ou *taxinomie*) : Simpson en donne la définition suivante : « Étude théorique des bases, principes, règles et lois de la classification. » Le terme *taxonomie* a été créé par le botaniste de Candolle en 1813.
*Nomenclature zoologique :* application de différents noms à chacun des groupes reconnus dans la classification zoologique.
*Taxon :* Simpson en donne la définition suivante : « Un taxon est un groupe d'organismes reconnus en tant qu'unité formelle à chacun des niveaux d'une classification hiérarchique. » Par exemple, *Canis lupus* (le loup) est un taxon de rang spécifique ; les Canidae (chien, loup, chacal) forment également un taxon de rang familial.
*Phylogénie :* histoire du développement paléontologique des espèces organiques (créée et définie par Haeckel en 1866).

Si le besoin de classer les formes animales remonte à Aristote, on peut considérer que le *Systema Naturae* du naturaliste suédois Linné représente le point de départ de la nomenclature zoologique moderne. La classification linnéenne était conçue comme un système hiérarchique où les espèces animales (et végétales) étaient regroupées en catégories qui s'emboîtaient les unes dans les autres : les espèces dans les genres, les genres dans les ordres, les ordres dans les classes, les classes dans les embranchements. Considéré comme immuable, ce type de classification permet de s'y référer comme on se réfère à un dictionnaire : chaque animal y figure « à sa place ». Plus deux animaux se ressemblent, plus on a de chance de les rencontrer regroupés dans la même case.

Mais ce système de classification fixiste apparut sous un jour nouveau quand Lamarck, au début du XIXe siècle, et surtout Darwin, un peu plus tard, commencèrent à admettre l'évolution des espèces. La ressemblance, qui avait amené Linné à classer les animaux dans une même catégorie, n'était-elle pas due au fait que ces animaux descendaient d'un même ancêtre commun ? Pour Darwin, seule la connaissance de la phylogénie, c'est-à-dire l'histoire du développement des espèces, pouvait donner un sens à nos classifications et permettre d'établir une classification zoologique non arbitraire. Mais, malgré les mises en garde de Darwin, phylogénie et classification s'ignorèrent le plus souvent pendant la seconde moitié du XIXe siècle et dans certains cas jusqu'à nos jours. Si Darwin avait prédit que nos « classifications deviendraient des généalogies », nous sommes encore loin du compte.

L'histoire de l'ancien ordre des Pachydermata illustre assez bien le constant réajustement de la classification. Sur la base de l'épaisseur de leur peau, on avait créé au XVIIIe siècle — et Cuvier l'avait entériné — l'ordre des pachydermes pour réunir notamment éléphants, hippopotames et rhinocéros. L'anatomie comparée de ces animaux, la découverte de formes éteintes apparentées à chacun de ces groupes, prouvèrent que ceux-ci ont en fait des affinités bien différentes. Les éléphants appartiennent à l'ordre des proboscidiens, les hippopotames sont plus proches des cochons et des cerfs (ongulés à nombre pair de doigts : ordre des artiodactyles) et les rhinocéros sont apparentés aux chevaux (ongulés à nombre impair de doigts : ordre des périssodactyles). D'un point de vue évolutionniste, on peut dire que la peau épaisse des pachydermes n'est héritée de nul ancêtre commun. Cet ordre n'a donc pas de signification phylogénétique. Cet exemple montre comment la classification zoologique peut changer à mesure que s'améliore la compréhension du monde vivant et de son évolution. Des essais tout à fait louables de réajustement entre classification et phylogénie ont d'ailleurs été tentés à plusieurs reprises, notamment par Cope à la fin du siècle dernier, et plus récemment par Huxley et par le paléontologiste américain Simpson. Mais, ce n'est qu'avec l'avènement de ce que l'on appelle aujourd'hui la systématique phylogénétique, ou « cladisme », que l'on en vient à bousculer sérieusement la classification traditionnelle. Tenue par certains pour révolutionnaire, cette méthode se propose de construire la phylogénie des animaux selon des critères sensiblement différents de ceux employés, à la suite des travaux de Simpson et Mayr [42, 43, 44], par la majorité des zoologistes et paléontologues. Dans la première partie de cet article, nous nous attacherons à exposer les grandes lignes de cette méthode. Puis nous essaierons de montrer comment notre connaissance de la phylogénie s'améliore grâce à l'analyse cladistique, et les répercussions que cela entraîne dans la classification. Il apparaît ainsi que, à l'instar des pachydermes, de nombreuses catégories de classifications réunissent différentes espèces parce qu'elles se ressemblent alors qu'elles ne possèdent pas toujours un ancêtre commun propre. Par exemple, les cinq classes traditionnelles de vertébrés, à savoir les poissons, les amphibiens, les reptiles, les oiseaux et les mammifères, sont souvent tenues pour naturelles et éternelles. Pourtant, comme nous le verrons à partir de quelques exemples, certaines de ces classes se révèlent artificielles.

## Des ressemblances trompeuses

On peut affirmer, sans offenser quelque obscur précurseur, que la méthode cladistique fut conçue en 1950 par l'entomologiste allemand Hennig [45], puis ignorée pendant quinze ans. En revanche, la parution en anglais de *Phylogenetic Systematics* en 1966 [46] — qui n'est toujours pas traduit en français — provoqua aussitôt des prises de position très vives dans tout le monde anglo-saxon. La méthode est aujourd'hui de plus en plus utilisée en systématique zoologique, celle des insectes et des poissons notamment. Il n'est pas de discussion phylogénétique qui n'aboutisse à un débat d'idées concernant l'approche hennigienne de la systématique. Mais pour des raisons très diverses, peu d'auteurs de langue française avaient abordé jusqu'à présent ces questions. L'affrontement entre les partisans de Simpson et ceux de Hennig donne parfois à leurs discussions des allures de querelles des Anciens et des Modernes. En témoigne l'importance des débats sur la classification zoologique aux entretiens du Muséum en mai 1979 ou bien encore la polémique qui s'est engagée dans la revue britannique *Nature* l'année dernière [47].

La méthode de Hennig de construction de la phylogénie consiste à établir le degré de parenté entre plusieurs espèces (ou groupes d'espèces). En d'autres termes, on cherche à découvrir le degré d'ancienneté de leur ascendance commune. Si deux espèces A et B sont plus étroitement apparentées entre elles qu'à une troisième espèce C, on considère que l'ancêtre (espèce fossile) des espèces A et B est moins ancien dans le temps que l'ancêtre commun aux trois. Représenté sous forme d'un schéma graphique, cela donne une succession de dichotomies : c'est le cladogramme.

La recherche du degré de parenté fait appel à la ressemblance des caractères morphologiques. Mais ces ressemblances peuvent être de trois types et leurs significations phylogénétiques sont très différentes. Comme nous le verrons à partir de quelques exemples, ne pas faire la distinction entre ces types de ressemblances est une source importante d'erreurs.

La ressemblance peut être superficielle, due à un phénomène de convergence apparu au cours de l'évolution. Par exemple, il n'est pas question de regrouper les oiseaux et les chauves-souris sous prétexte que le membre antérieur est transformé en aile. L'aile des oiseaux et l'aile des chauves-souris ne sont pas homologues. Elles sont construites différemment, en fonction d'une même adaptation au vol. Le caractère convergent (l'aile), apparu indépendamment, n'est hérité d'aucun ancêtre commun. Ce serait une erreur de classer ensemble oiseaux et chauves-souris. Un tel groupe non naturel serait dit *polyphylétique (fig. 1).* Cet exemple caricatural était, bien entendu, connu depuis longtemps. Mais la ressemblance morphologique peut être due à la possession en commun de caractères primitifs qui sont demeurés pratiquement inchangés depuis l'ancêtre initial. Ce sont, par exemple, les cinq doigts de la tortue et de l'homme. Ce caractère est hérité d'un ancêtre qui n'est pas propre au groupe tortue + homme. Par exemple, l'ancêtre commun à la tortue et à l'homme est aussi celui du cheval, qui, lui, ne possède plus qu'un doigt (caractère évolué, autrement dit dérivé par rapport à l'état initial). Or, l'homme est plus étroitement apparenté au cheval qu'à la tortue (ce sont deux mammifères). Un groupe réunissant des espèces qui partagent les mêmes caractères primitifs (ou caractères *plésiomorphes*) est nommé *paraphylétique* par Hennig *(fig. 1).* On peut affirmer que Hennig a, le premier, démontré de la façon la plus claire que les caractères primitifs ne sont pas les témoins d'une parenté phylogénétique étroite.

Enfin, la ressemblance peut être due à la possession des mêmes caractères évolués, hérités d'une espèce ancestrale commune. Par exemple, la possession de dents dites carnassières (dernière prémolaire en haut et première molaire en bas) chez les chats (félidés) et les chiens (canidés) peut servir à définir un groupe les réunissant : ce sont des carnivores. Un tel groupe sera nommé *monophylétique,* c'est-à-dire que le caractère « dents carnassières » est hérité d'un ancêtre commun (espèce fossile) aux deux espèces et qui leur est exclusif. Ce n'est pas en même temps l'ancêtre d'un autre groupe situé hors des carnivores *(fig. 1).*

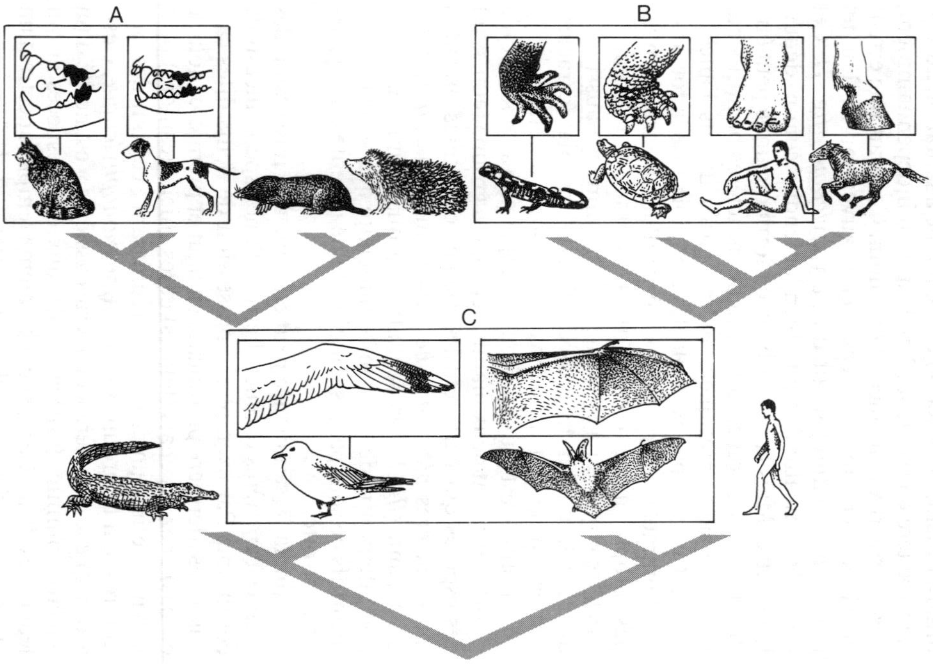
A
B
C

# La vache, le saumon et le dipneuste

Pour Hennig, seul le partage de caractères évolués (ou caractères *apomorphes*) autorise à réunir des organismes dans un même groupe. Ce sont les seuls qui puissent traduire une étroite parenté et qui permettent la construction de groupes monophylétiques. Cette méthode, qui ne prend en compte que les caractères évolués partagés, s'oppose à la pratique traditionnelle que préconisait notamment Simpson selon laquelle les caractères tant primitifs qu'évolués témoignent d'affinités profondes.

Lorsque plusieurs hypothèses de parenté phylogénétique

←

*Fig. 1.* La recherche du degré de parenté fait appel à la ressemblance des caractères morphologiques. Mais ces ressemblances peuvent être de trois types et leurs significations totalement différentes.
*A.* La ressemblance peut être due à la possession des mêmes caractères évolués. Par exemple, la possession de dents dites carnassières chez les chats et les chiens peut servir à définir un groupe les réunissant : ce sont des carnivores. Un tel groupe est *monophylétique,* en ce sens que le caractère « dent carnassière » est hérité d'un ancêtre commun aux deux groupes et qui leur est exclusif. Ce n'est pas en même temps l'ancêtre d'un autre groupe classé hors des carnivores.
*B.* La ressemblance peut être due à la possession en commun de caractères primitifs qui sont demeurés pratiquement inchangés depuis l'ancêtre initial. Par exemple, le groupe qui réunit différentes espèces comme la tortue, la salamandre et l'homme parce qu'ils possèdent cinq doigts (au membre postérieur) est *paraphylétique,* en ce sens que ce caractère est hérité d'un ancêtre qui n'est pas propre au groupe. C'est aussi celui d'autres animaux situés hors du groupe. L'ancêtre commun à la tortue et à l'homme est aussi celui du cheval qui ne possède plus qu'un doigt et l'homme est plus apparenté au cheval qu'à la tortue, puisque ce sont deux mammifères.
*C.* La ressemblance peut être superficielle, due à un phénomène de convergence apparu au cours de l'évolution. Par exemple, l'aile d'oiseau et de chauve-souris est un organe apparu indépendamment dans les deux groupes par adaptation à une même fonction (le vol), selon des modalités différentes. Un tel groupe non naturel est *polyphylétique,* car le caractère convergent n'est pas hérité d'un même ancêtre commun.

*Fig. 2.* La méthode de Hennig pour construire l'arbre phylogénétique consiste à établir le degré de parenté entre plusieurs espèces sur la base de la possession en commun de caractères évolués dits « apomorphes », hérités d'une espèce ancestrale commune. En d'autres termes, elle cherche à découvrir la proximité de leur ascendance commune. Dans cet exemple, les relations phylogénétiques entre trois types de vertébrés, le goujon, le lézard et le bouquetin, ont été examinées. Ces trois vertébrés possèdent des caractères qu'ils ont de toute évidence hérités d'un ancêtre commun A. Ce sont, par exemple, la colonne vertébrale, des membres pairs, une mâchoire, etc.

La première hypothèse consiste à admettre que lézard et bouquetin sont plus étroitement apparentés. Effectivement, malgré une morphologie générale différente, ils partagent un certain nombre de caractères évolués hérités d'un ancêtre commun B : poumons, narines internes, amnios (enveloppe qui protège l'embryon), membres tétrapodes, etc. Une autre hypothèse serait d'envisager au contraire que goujon et lézard sont plus étroitement apparentés, car ils partagent des caractères comme le sang « froid » ou l'oviparité. Mais cette deuxième hypothèse est moins « économique » que la précédente, puisqu'il faudrait admettre que les caractères évolués cités ci-dessus seraient apparus indépendamment deux fois, chez le bouquetin d'une part, chez le lézard d'autre part. Au contraire, sang froid et oviparité sont des caractères primitifs qui ne témoignent pas d'affinités phylogénétiques, et qui ont été perdus par le bouquetin. En conclusion, cette représentation graphique (ou cladogramme) rend compte de tous les caractères envisagés de la façon la plus économique. On en conclut que l'ancêtre commun (B : possesseur de poumons, de narines internes, de membres tétrapodes, etc.) au bouquetin et au lézard est moins ancien dans le temps que celui commun aux trois (A : possesseur d'une colonne vertébrale, de mâchoires, de membres pairs et qui était ovipare et à sang froid).

sont envisagées et sont représentées par autant de cladogrammes, l'hypothèse la plus simple — la plus économique — sera retenue. Prenons par exemple le cas de la figure 2. Choisissons trois types d'animaux actuels, le goujon, le lézard et le bouquetin, et recherchons quels sont les deux qui, parmi les trois, sont les plus étroitement apparentés. Nous pouvons émettre l'hypothèse que le lézard et le bouquetin sont plus étroitement apparentés. En effet, malgré une morphologie générale différente, ils partagent certains caractères évolués tels que l'acquisition des quatre membres (tétrapodes), de poumons, d'amnios (annexe embryonnaire dans laquelle se développe l'embryon, alors que, chez le goujon, l'embryon se développe en milieu aquatique, dans un œuf dépourvu d'amnios), etc. Une autre hypothèse serait d'envisager au contraire que goujon et lézard sont plus étroitement apparentés car ils partagent des caractères primitifs comme par exemple le sang froid ou l'oviparité, caractères perdus par le bouquetin. Mais cette deuxième hypothèse, outre le fait qu'elle est fondée sur le partage de caractères primitifs, est moins « économique » que la précédente puisqu'il faudrait admettre que les caractères évolués se seraient développés deux fois et indépendamment, chez le bouquetin d'une part, chez le lézard d'autre part. Le cladogramme de la figure 2 rend compte, en conclusion, de tous les caractères envisagés de la façon la plus économique. On en conclut que l'ancêtre commun au bouquetin et au lézard est moins ancien dans le temps que celui commun aux trois, ce que les fossiles ultérieurement découverts ne manqueraient pas (et ne manquent pas) de confirmer.

Si cet exemple-là encore est presque caricatural, les choses deviennent moins évidentes lorsqu'on aborde des problèmes de relations de parenté plus délicats. La polémique engagée dans la revue *Nature* [47] à propos de la place du groupe des « poissons » à poumons (dipneustes) dans la classification illustre parfaitement l'opposition entre cladistes et partisans des méthodes plus traditionnelles. Le paléontologue américain Romer a déjà montré comment la classe des poissons était artificielle (voir p. 135). Bien représentés au Dévonien (environ — 370 millions d'années), les dipneustes ne sont plus représentés de nos jours que par trois genres répartis en Amérique du Sud, Afrique et Australie. Au cours d'une discussion consacrée aux méthodes hennigiennes, lors d'un symposium à l'université de Reading en 1978, l'un des participants commenta l'« absurdité » du système hennigien en concluant que si l'on doit en croire les cladistes, un dipneuste était finalement plus proche d'une vache que d'un saumon, ce qui fit rire tout le monde, les cladistes comme les non-cladistes ! Malgré une ressemblance morphologique générale (écailles, nageoires, etc.) qui tend à rapprocher un dipneuste d'un poisson comme le saumon (actinoptérygien), les dipneustes partagent avec les vertébrés tétrapodes (dont la vache) un certain nombre de caractères évolués. Ce sont, en particulier, les deux oreillettes du cœur, le cône artériel sinueux, l'épiglotte, la structure de la ceinture pectorale et du membre antérieur (chez les formes fossiles) et, éventuellement, la présence de narines internes *. Si ces caractères sont bien hérités d'une espèce ancestrale commune aux dipneustes et aux vertébrés tétrapodes (et rien actuellement ne réfute valablement cette hypothèse), ils indiquent effectivement et nécessairement que les dipneustes sont plus apparentés aux tétrapodes qu'aux saumons. De fait, on peut classer dipneustes et mammifères dans le groupe Choanata (porteurs de narines internes). Le groupe « poisson » qui réunit dipneustes et saumons est paraphylétique ; le groupe Choanata est monophylétique.

## La place des fossiles

La méthode de Hennig de construction des arbres phylogénétiques s'est révélée ainsi très différente de celle employée par la majorité des zoologistes. Nous avons vu précédemment que le cladiste cherche à établir des relations de parenté entre espèces (ou groupes d'espèces) sans

* Ce dernier caractère est aujourd'hui exclu, voir p. 12 et [12].

rechercher de relations directes d'ancêtre à descendant. Mais qu'en est-il des fossiles ? Dans le système préconisé par Simpson et Mayr, la phylogénie est essentiellement construite à partir de fossiles ; toute espèce fossile est potentiellement l'ancêtre d'une autre ou d'une espèce actuelle. D'autre part, plus un fossile est ancien, plus ses caractères morphologiques sont tenus pour primitifs. L'arbre phylétique rend ainsi compte de relations d'ancêtre à descendant entre des espèces primitives et des espèces évoluées. De ce fait, la position chronologique d'un fossile sert en grande partie à définir la nature plus ou moins primitive d'un caractère. Hennig, quant à lui, préconise de traiter les fossiles comme les formes actuelles et de ne pas les considérer comme des ancêtres potentiels. La position chronologique du fossile sert uniquement à dater l'époque de l'origine et de la différenciation des divers groupes. Mais elle ne préjuge pas *a priori* de la nature primitive ou évoluée de tel ou tel caractère. En revanche, les fossiles, une fois définie la nature de leurs caractères, se révèlent indispensables pour édifier des regroupements qu'il serait difficile et hasardeux de tenter à partir des seules formes actuelles. Par exemple, l'existence à l'Éocène et l'Oligocène d'espèces fossiles morphologiquement comparables permet de démontrer que les éléphants (proboscidiens) sont apparentés à des animaux qui ne leur ressemblent plus guère aujourd'hui : les siréniens (lamantins et dugongs), étroitement adaptés à la vie aquatique et dont les membres sont transformés en nageoires. Ainsi, les fossiles apportent un complément d'information sur des caractères qui, chez les formes actuelles du même groupe, sont soit oblitérés, soit très dérivés par rapport à leur état primitif.

## Groupes frères et groupes souches

Une dernière opposition sur laquelle nous insisterons entre système hennigien et simpsonien revêt une certaine importance en paléontologie. La notion d'espèce ancestrale fossile a vite abouti à la notion de groupe ancestral ou groupe « souche ». Ces groupes rassemblent de nombreuses espèces fossiles partageant des caractères primitifs et sont à l'origine de plusieurs branches divergentes conduisant aux espèces (ou groupes d'espèces) plus évoluées. Ces groupes sont donc constitués de formes rassemblées faute de connaître les relations de parenté précises définies par des caractères évolués partagés. Ils sont donc paraphylétiques selon la définition de Hennig. Par conséquent, ils ne peuvent pas avoir d'histoire propre d'un point de vue phylogénétique. En effet, un groupe A n'est jamais tout entier l'ancêtre d'un groupe B. C'est toujours une seule espèce de ce groupe A qui est l'ancêtre du groupe B. Ainsi lit-on dans Simpson (et d'autres) que, parmi les primates, les simiens (primates évolués) dérivent des prosimiens (primates primitifs). Autrement dit, les prosimiens forment le groupe souche des simiens, ce qui ne signifie pas que tous les prosimiens sont les ancêtres des simiens.

De même, l'arbre phylétique des amniotes, c'est-à-dire tous les vertébrés quadrupèdes à l'exception des amphibiens, renferme dans sa forme traditionnelle plusieurs groupes souches fossiles *(fig. 3)* : les cotylosaures, groupe souche des amniotes ; les éosuchiens, groupe souche des lépidosauriens (serpents, lézards, etc.) ; les thérapsides, groupe souche des mammifères, etc. Là encore, on considère traditionnellement que c'est le groupe souche qui est ancestral et non une seule espèce de ce groupe. Prenons par exemple le groupe souche des thécodontes dont sont issus, entre autres, les deux grands groupes de dinosaures et les crocodiles. Parmi lesdits thécodontes regroupant des espèces qui ne partagent que des caractères primitifs, il a existé des espèces qui étaient plus étroitement apparentées aux dinosaures et d'autres qui l'étaient plus aux crocodiles *(fig. 3)*.

Les groupes souches masquent ainsi les relations de parenté précises entre les différentes espèces fossiles qui les composent. Mais ils masquent également l'existence de groupes monophylétiques, c'est-à-dire de groupes dont les constituants proviennent d'une espèce ancestrale commune. Pour reprendre l'exemple précédent, si l'on pouvait montrer qu'il existe effectivement des thécodontes exclusivement apparentés aux crocodiles, ils formeraient, avec les véritables crocodiles, un groupe monophylétique.

Pour cette raison, Hennig a proposé de rechercher les « groupes frères » au lieu des « groupes souches ». Selon lui, deux groupes frères sont deux groupes qui dérivent directement d'une espèce ancestrale commune immédiate. Toujours pour reprendre l'exemple précédent, la phylogénie des amniotes de la figure 5 ne nous indique pas quel est le groupe frère fossile des crocodiles. En revanche, lézards et serpents (lépidosauriens) sont deux groupes frères qui dérivent d'un ancêtre commun immédiat, qui n'est pas en même temps l'ancêtre des rhynchocéphales. Ils forment ensemble un groupe monophylétique nommé Squamata. Comme nous l'avons vu précédemment, les groupes monophylétiques ne sont définis que par le partage de caractères évolués hérités de l'espèce ancestrale, qui, seuls, témoignent d'affinités profondes. La phylogénie de Hennig n'est donc représentée que par une hiérarchie de groupes monophylétiques. Cette recherche de groupes frères est radicalement différente de celle des groupes souches qui rassemblent différents fossiles, faute de connaître leurs relations de parenté précises. Ainsi, les phylogénies traditionnelles, fondées en partie sur les groupes souches primitifs, seront nécessairement modifiées en fonction des progrès de l'analyse des relations de parenté et la reconnaissance des groupes frères. Malgré leur démantèlement, les groupes souches primitifs existeront encore longtemps dans les phylogénies, car les fossiles, en raison de leur nature incomplète, ne permettent pas toujours de découvrir les caractères évolués nécessaires à l'établissement des relations de parenté. Quoi qu'il en soit, notre connaissance de la phylogénie des vertébrés s'améliore grâce à l'analyse cladistique. Cela ne va pas sans conséquences sur la classification, comme nous allons le voir à l'aide de quelques exemples.

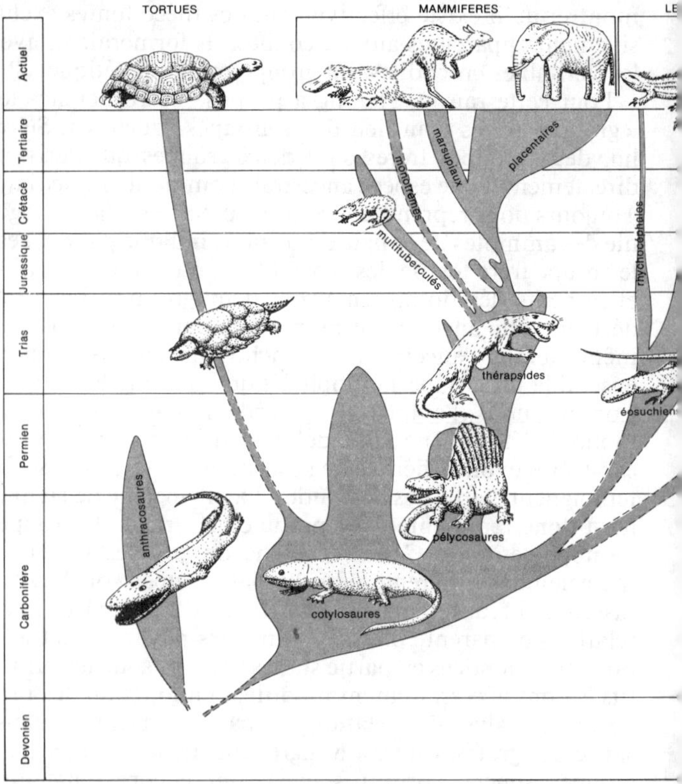


*Fig. 3.* L'arbre phylétique des amniotes, c'est-à-dire tous les vertébrés sauf les poissons et les amphibiens, comprend traditionnellement plusieurs groupes souches primitifs fossiles : les cotylosaures, groupe souche de tous les amniotes ; les éosuchiens, groupe souche des lépidosauriens (serpents, lézards...) ; les thérapsides, groupe souche des mammifères ; les thécodontes, groupe souche des oiseaux et des crocodiles, etc. Ces groupes rassemblent de nombreuses espèces fossiles partageant des caractères primitifs et sont à l'origine de plusieurs branches divergentes conduisant aux espèces (ou groupes d'espèces) plus évoluées. Ces formes sont rassemblées, faute de connaître leurs relations de parenté précises, et n'ont pas d'histoire phylogénétique propre. D'autre part, on distingue dans la nature actuelle des groupes monophylétiques : tortues, mammifères, lépidosauriens, archosau-

riens (ces derniers renferment deux groupes monophylétiques : oiseaux et crocodiles). Chacun de ces groupes s'enracine par une seule espèce fossile ancestrale dans des groupes souches.
Au contraire, Hennig a proposé de rechercher les « groupes frères » au lieu des groupes souches. Deux groupes frères sont deux groupes qui partagent au moins un caractère évolué et dérivent directement d'un ancêtre commun immédiat (une espèce fossile). Par exemple, lézards et serpents sont deux groupes frères. Le terme de « reptile », qui rassemble en fait différents groupes d'espèces aux affinités les plus diverses, n'a aucune signification phylogénétique. Les anthracosaures ne sont pas des amniotes, mais le groupe d'amphibiens peut-être le plus apparenté aux amniotes. Les relations de parenté des plésiosaures et des ichthyosaures sont encore problématiques.

## Lamproies et myxines : la fin d'une vieille association

Les vertébrés sont classiquement subdivisés en vertébrés pourvus de mâchoires (gnathostomes : poissons, amphibiens, reptiles, oiseaux, mammifères) et vertébrés dépourvus de mâchoires (agnathes). Ces derniers, abondants au début du Paléozoïque (environ entre — 500 et — 330 millions d'années), ne sont plus représentés dans la nature actuelle que par les lamproies et les myxines. Les gnathostomes, en revanche, après avoir supplanté les agnathes dans les mers, ont envahi les eaux douces et les continents. Les différents groupes de gnathostomes partagent plusieurs caractères évolués qui attestent de leur ascendance commune. Ce sont, bien sûr, les mâchoires, mais aussi la présence dans l'oreille interne d'un organe de l'équilibration composé de trois canaux semi-circulaires, la présence de myéline dans le système nerveux, etc.

Dans la plupart des manuels de zoologie et de paléontologie, les agnathes sont définis par l'absence de ces différents caractères évolués. Mais en réalité, des recherches récentes ont montré que les lamproies partagent avec les gnathostomes de nombreux caractères évolués que l'on ne retrouve pas chez les myxines [48]. Ce sont, par exemple, la présence de muscles associés aux rayons des nageoires impaires, la présence d'une hypophyse (glande située à la base du cerveau) subdivisée, d'une innervation cardiaque, d'une osmorégulation ou d'un « œil » pinéal sensible à la lumière. Tous ces caractères suggèrent que les lamproies et les gnathostomes possèdent un ancêtre commun qui n'est pas le même que celui des myxines. Ces dernières, en effet, ont encore une immunité rudimentaire, elles sont presque incapables de survivre à une variation de la salinité et ont un cœur sans innervation. La plupart de leurs caractères anatomiques et biochimiques indiquent un état beaucoup plus simple que celui des lamproies et des gnathostomes.

Compte tenu de ces faits, les agnathes actuels semblent bien constituer un groupe paraphylétique au sens de Hennig, ce que confirme l'étude des agnathes fossiles. Ainsi, les ostéostracés, qui vivaient il y a 400 millions d'années, partagent avec les lamproies plusieurs caractères évolués. Mais ils étaient, en plus, pourvus de nageoires paires anatomiquement et fonctionnellement semblables à celles des gnathostomes primitifs. Ces nageoires ont régressé chez les lamproies puisque celles-ci ne possèdent plus que des nageoires impaires. Les ostéostracés forment donc le groupe frère des lamproies et l'ensemble ostéostracés-lamproies constitue le groupe frère des gnathostomes. Ainsi, contrairement à ce qui est souvent admis, il semble bien qu'il a existé, il y a près de 500 millions d'années, un ancêtre commun aux lamproies et aux gnathostomes. Le terme de myoptérygiens a été proposé [48] pour regrouper les lamproies et les gnathostomes. A l'ancienne dichotomie agnathes-gnathostomes se substitue donc la dichotomie myxine-myoptérygiens.

## Tortues, crocodiles et oiseaux

Le cas des reptiles est voisin du précédent à cette différence près que la nature paraphylétique de cet ensemble de vertébrés, qui comprend aussi bien les serpents et les lézards que les crocodiles et les tortues, était connue depuis fort longtemps. Cependant, dans bien des manuels, la notion de « classe des reptiles » subsiste en même temps que celle de classe des oiseaux et classe des mammifères.

Aujourd'hui, l'analyse cladistique permet de reconnaître à l'intérieur de l'ancienne « classe des reptiles » trois groupes monophylétiques : les tortues, les lépidosauriens (lézards, serpents et rhynchocéphales) et les archosauriens *(fig. 3 et 4)*.

Les archosauriens forment un groupe important qui a dominé la Terre durant l'ère secondaire (de – 230 à – 65 millions d'années). Ils comprennent, outre le groupe

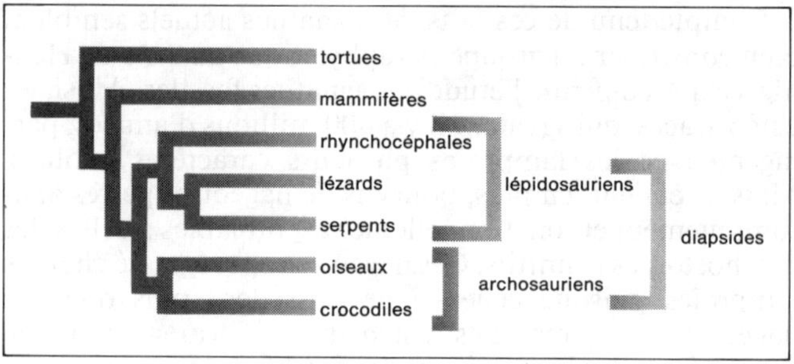


*Fig. 4.* L'analyse cladistique permet de reconnaître à l'intérieur de l'ancienne « classe des reptiles » trois groupes monophylétiques actuels : les tortues, les lépidosauriens (lézards, serpents et rhynchocéphales) et les archosauriens (oiseaux et crocodiles).
En effet, par leur anatomie, les oiseaux sont plus étroitement apparentés aux crocodiles qu'à tout autre groupe de « reptiles » actuels, que ce soient les serpents, les lézards ou les tortues. Dans la classification traditionnelle, on considère que les oiseaux sont tellement éloignés de leur condition ancestrale que l'on doit faire d'eux une classe distincte au sein des vertébrés. Les cladistes, quant à eux, considèrent qu'une classification isolant les oiseaux et réunissant les crocodiles aux lépidosauriens et aux tortues masquerait les relations phylogénétiques existant entre ces groupes. On voit donc comment éclate littéralement la « classe » des reptiles. D'après les récents travaux du paléontologue américain Gaffney, les tortues seraient le groupe frère de tous les autres amniotes. Cette hypothèse (illustrée aussi par la figure 3) est controversée.

souche des thécodontes dont nous avons parlé précédemment, les crocodiles, les dinosaures (probablement polyphylétiques), les ptérosaures (« reptiles volants ») et les oiseaux. Seuls deux sous-groupes d'archosauriens, les crocodiles et les oiseaux, survivent dans la nature actuelle. Or, on sait depuis longtemps que, par leur anatomie, les oiseaux sont plus étroitement apparentés aux crocodiles qu'à tout autre groupe actuel, que ce soient les serpents, les lézards, les rhynchocéphales ou les tortues *(fig. 4)*.

Le groupe monophylétique des Archosauria contient donc des groupes actuels appartenant respectivement à la classe Aves (oiseaux) et à la classe Reptilia. Il y a donc contradiction claire entre les anciennes classifications fixistes et les données phylogénétiques. Il est désormais évident que la dualité Aves-Reptilia est sans signification phylogénétique. La notion d'Archosauria se superpose à la vieille classification sans pouvoir s'y glisser. Il y a un divorce irrépressible entre les deux types de classification. Dans la classification traditionnelle dont Mayr est partisan [44], on considère que les oiseaux sont tellement éloignés de leur condition ancestrale (en particulier par l'acquisition d'ailes munies de plumes) que l'on doit faire d'eux une classe distincte au sein des vertébrés. De nombreuses discussions ont eu lieu à ce propos [44, 49, 50, 51] entre les partisans du *statu quo* (classe des reptiles et classe des oiseaux) et ceux préconisant de réunir dans les Archosauria les crocodiles et les oiseaux.

En ce qui concerne les tortues, le paléontologue américain Gaffney a proposé récemment qu'elles pouvaient représenter le groupe frère de tous les autres amniotes, regroupés sous le nom d'Eureptilia. Ces derniers seraient caractérisés par la présence d'un organe de Jacobson (organe accessoire de l'olfaction) complexe, présent à l'état embryonnaire chez les oiseaux et les mammifères. Chez les tortues, il n'existe pas d'organe de Jacobson, même à l'état embryonnaire. Toutefois, la mention d'un organe de Jacobson chez les amphibiens (voire les dipneustes) pourrait suggérer qu'il s'agit d'un organe primitivement présent chez tous les tétrapodes, mais perdu chez les tortues. Néanmoins, il semble que l'organe de Jacobson des amphibiens ne soit pas totalement l'homologue de celui des Eureptilia. A ce caractère s'ajoute la présence de fenestrations dans le crâne qui n'existent ni chez les tortues, ni chez les amphibiens, ni chez les poissons. On voit donc comment éclate littéralement la « classe » des reptiles *(fig. 4)*.

## La disparition des pinnipèdes

Dans un article de *la Recherche* [52], on a pu lire, à propos de la vie sociale des phoques, que les « phoques » ou Phocidae appartiennent au même groupe zoologique que les otaries : les « pinnipèdes ». Ce qui n'a à première vue rien d'étonnant. Mais ces dernières années, notre connaissance de la phylogénie des « pinnipèdes » s'est affinée et il est apparu, en particulier au paléontologue américain Tedford, que phoques et otaries ne dérivaient pas d'un ancêtre commun, mais que les premiers étaient apparentés aux mustélidés (martres, visons, belettes, loutres, etc.), tandis que les secondes étaient apparentées aux canoïdes (chiens, ours, ratons laveurs, etc.) et peut-être plus particulièrement aux ours [53]. Aujourd'hui, les phoques sont classifiés dans les mustéloïdes et les otaries dans les canoïdes ou les ursoïdes. Les pinnipèdes, groupe artificiel, n'ont donc plus de signification phylogénétique. Cela n'est révolutionnaire qu'en apparence. Nombre de vieux travaux avaient envisagé la double origine des pinnipèdes (c'est-à-dire la nature polyphylétique du groupe), et ce dès le XIX^e^ siècle avec les travaux de l'Anglais Mivart ! Récemment le paléontologue français Muizon a entériné les résultats de Tedford, après étude de phoques fossiles d'Amérique du Sud. Si l'on sait communément que phoques et otaries se distinguent à première vue par l'absence d'oreille externe chez les phoques, nombre de détails anatomiques trahissent une adaptation à la nage bien différente chez ces deux groupes. La forme générale, comparable, n'est due qu'à un phénomène de convergence. L'analyse cladistique de Tedford a montré en particulier que de petites « loutres » fossiles *(Potamotherium),* ayant vécu il y a 25 millions d'années environ, possédaient des traits de la morphologie de l'épaule que l'on ne retrouve que chez les phoques. En 1945, Simpson [42], faisant part de la possibilité d'histoires phylogénétiques différentes pour les phoques et les otaries, les réunissait néanmoins encore dans le sous-ordre des pinnipèdes — qu'il opposait aux carnivores terrestres (Fissipedia) — en fonction de « la remarquable spécialisation et de la déviation du groupe entier ». Rien de moins phylogénétique que cette assertion ! La réunion des phoques et des otaries dans un même groupe ne témoignant pas d'une ascendance commune ne peut se justifier dans un système phylogénétique et, comme les anciens pachydermes, les Pinnipedia doivent être rayés de la classification. Il n'est donc pas étonnant d'observer que de nombreux caractères séparent phoques et otaries, y compris dans le comportement social.

## La classification des primates

Un exemple particulièrement démonstratif, illustré par Hoffstetter [54], est celui de la classification des primates. La phylogénie de ce groupe *(fig. 5)*, aujourd'hui admise par la grande majorité des primatologues, est le résultat d'une approche multidisciplinaire (paléontologie, anatomie comparée, immunologie, acides aminés, hématologie, acides nucléiques, etc.). L'arbre phylétique déjà ébauché par l'anatomiste Le Gros Clark en 1959 n'a cessé d'être corroboré, bien que la position de certains groupes fossiles demeure discutée [55].

Les primates peuvent être maintenant divisés en plusieurs groupes monophylétiques. Les tupaias constituent le groupe frère de tous les primates alors qu'on les avait tout d'abord considérés comme des insectivores puis comme des primates très primitifs [56].

Tarsiers et singes (l'homme inclus) ont un ancêtre commun dont ils ont hérité un certain nombre de caractères évolués (mode de placentation, acides nucléiques, chaînes d'hémoglobine). En outre, ils partagent un caractère évolué évident, le nez, dû à la migration de la muqueuse externe du museau vers l'intérieur des narines. Ils forment par conséquent un ensemble monophylétique nommé haplorhiniens. A cet ensemble s'oppose le groupe monophylé-

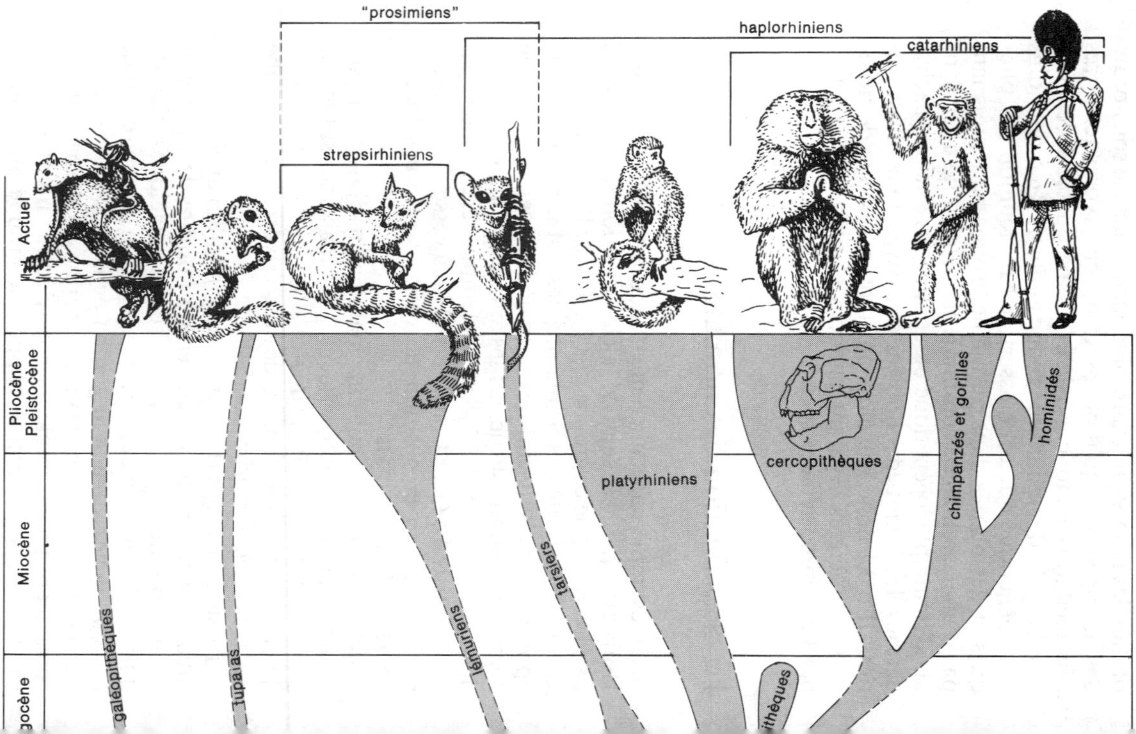
"prosimiens"
haplorhiniens
catarhiniens
strepsirhiniens
Actuel
Pliocène
Pleistocène
Miocène
gocène
galéopithèques
tupaias
lémuriens
tarsiers
platyrhiniens
cercopithèques
chimpanzés et gorilles
hominidés
ithèques

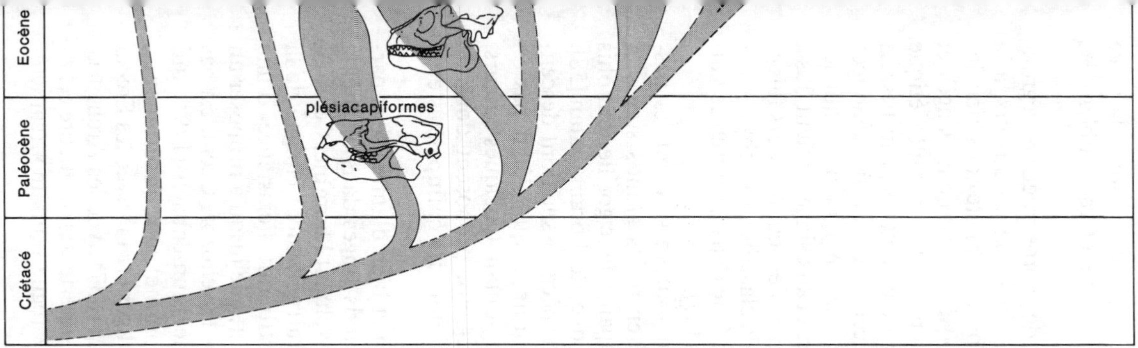


*Fig. 5.* L'analyse cladistique permet de diviser les primates en plusieurs groupes monophylétiques.
Les tupaias constituent le groupe frère de tous les primates (d'après la biochimie), alors qu'on les a pendant longtemps considérés comme des insectivores, puis comme des primates très primitifs.
Les lémurs, loris et galagos forment le groupe frère de l'ensemble tarsiers et singes (homme compris). Tarsiers et singes ont un ancêtre commun dont ils ont hérité un certain nombre de caractères évolués dont le plus évident est le nez. Ils forment ensemble un groupe monophylétique nommé « haplorhiniens ». Lémurs, loris et galagos possèdent à la place du nez une « truffe » considérée comme un caractère primitif. Cet ensemble, opposé aux haplorhiniens, est nommé « strepsirhiniens ». Cet arbre phylétique, fondé sur l'analyse cladistique, ne renferme pas de groupe souche.
Le type de classification qui en dérive s'oppose à celle préconisée par Simpson où lémurs, galagos, loris et tarsiers sont regroupés ensemble sous le nom de « prosimiens ». Définis par la possession en commun de caractères primitifs (groupe paraphylétique), ils sont opposés aux « simiens » (singes et hommes) évolués. (Redessiné d'après Hoffstetter.)

tique des strepsirhiniens qui possèdent encore, à la place du nez, une « truffe » ou rhinarium et rassemblent les lémurs, loris et galagos.

Malheureusement, le terme de « prosimiens », regroupant les lémurs, galagos, loris, ainsi que les tarsiers, à la suite de la classification de Simpson, subsiste dans bien des manuels. Ce groupe y est opposé aux simiens (singes et homme). Mais c'est en fait un groupe paraphylétique puisqu'il a été défini sur la base de caractères primitifs. La nature non phylogénétique de cet ensemble fut dénoncée dès 1953 par le primatologue Osman Hill pour qui les caractères communs aux tarsiers et aux singes étaient dus à une parenté commune. Le progrès n'est pas toujours fulgurant, mais il est significatif que la classification phylogénétique des primates apparaisse même dans les livres de vulgarisation destinés aux enfants [57].

Enfin, dans un domaine qui soulève souvent les passions, les relations de parenté entre les grands singes et l'homme montrent que le chimpanzé et le gorille sont plus proches parents de l'homme que de l'orang-outan [58]. Cela signifie qu'il a existé une espèce fossile dont descendent gorille, chimpanzé et homme et qui n'était pas en même temps l'ancêtre de l'orang-outan. Quelques auteurs, appliquant les principes hennigiens, proposent donc de réunir dans la famille des hominidés les chimpanzés et le gorille avec l'homme.

Au contraire, Mayr, Simpson et bien d'autres sont partisans de maintenir tous les grands singes dans un même groupe (paraphylétique) en en excluant l'homme. Celui-ci, par son succès adaptatif, se serait tellement éloigné de la condition ancestrale qu'il justifierait l'existence d'une famille pour lui seul. Huxley était allé jusqu'à proposer un grade unique pour l'homme, les Psychozoa. Ceci n'est pas sans nous rappeler les idées de Blumenbach (1791) qui avait opposé les bimanes (l'homme) aux quadrumanes, celles du zoologiste allemand Illiger (1811) avec les Erecta (position érigée), celles d'Owen (1857) avec les Archencephala (possesseurs de cerveaux supérieurs) ou encore celles de Quatrefages (1861) avec le « règne humain » (caractérisé par l'« âme humaine »).

## Une relecture du monde vivant

Aujourd'hui, il peut paraître étonnant que des notions aussi répandues que celles de classes des reptiles et des oiseaux, la division du règne animal entre vertébrés dépourvus de mâchoires et vertébrés munis de mâchoires, le groupe des pinnipèdes ou encore les grandes lignes de la classification des primates, soient entièrement remises en cause. Fallait-il attendre Hennig pour entreprendre un tel chambardement ? Dès 1934, le paléontologue suédois Säve-Söderbergh avait dénoncé (et expliqué) les pratiques des zoologistes en matière de classification des vertébrés, pratiques qu'il résumait de la façon suivante : « Je pense que la vieille classification des vertébrés exprime un point de vue anthropocentrique dans la mesure où le groupe Vertebrata dans son entier est regardé comme une succession d'étapes menant à l'homme. »

La classification cladistique, dans ses prémisses, a bien entendu soulevé de nombreuses critiques. Certes, une classification zoologique phylogénétique, but ultime et idéal, pourrait constituer un système de référence unique pour tous les biologistes, puisqu'elle est liée à un processus historique unique et non arbitraire. Cependant, il est clair qu'une classification phylogénétique stable, la seule sur laquelle il pourrait y avoir un consensus, est seulement ébauchée à l'heure actuelle. En effet, peu de groupes ont été examinés dans une optique cladistique et des essais de classification phylogénétique à grande échelle, comme celle des mammifères par Mc Kenna en 1975, ont pu paraître prématurés.

Des obstacles demeurent, si l'on veut traduire la phylogénie en termes de classification. Malgré ces difficultés, liées par exemple à la reconnaissance de l'état d'un caractère (évolué ou primitif), au dépistage des cas de convergence et de parallélisme, etc. il n'en reste pas moins que, selon Simpson lui-même (1975), la méthode de Hennig

**2. Le cladisme : Karl Popper**

Certains cladistes, dont les paléo-ichthyologistes Miles du British Museum (N.H.), Bonde de l'université de Copenhague, Wiley de l'université du Kansas, le paléoherpétologiste Gaffney de l'American Museum, et l'anatomiste Gasc du Muséum de Paris, se sont référés à l'œuvre de Popper pour assurer qu'en matière de recherche phylogénétique le cladisme était une véritable science. En effet, en réaction contre l'approche « éclectique » de Mayr-Simpson, selon laquelle la classification ne peut être une science exacte et relèverait plutôt d'un « art », les cladistes se sont empressés de doter la classification d'une véritable stratégie épistémologique. Cela n'est pas sans rappeler la démarche de Darwin dont la rhétorique épistémologique a été mise en évidence récemment [59].
L'analyse cladistique met en évidence les relations de parenté phylogénétique entre des taxons. La classification exprime ultérieurement ces relations phylogénétiques en nommant dans un système hiérarchique les groupes monophylétiques. Le principe d'économie d'hypothèses permet de tester en premier chef les théories de relation de parenté en choisissant la solution qui implique, dans une construction phylogénique, le moins de convergences ou de réversions de caractères : la solution la plus simple est la meilleure.
L'hypothèse phylogénétique cladiste peut être à tout moment réfutée en fonction de tout changement d'interprétation des prémisses (sens de l'évolution) ou de tout fait nouveau. C'est en cela, et à divers autres points de vue, que la classification cladistique peut être tenue pour scientifique, puisque, pour Popper, le propre d'une théorie scientifique est de pouvoir être réfutée (ou « falsifiée »). Cette attitude des cladistes est, comme on l'a vu, dirigée notamment contre Simpson, pour qui la classification, étant un

pour les reconstructions phylogénétiques est une contribution majeure. On s'aperçoit aujourd'hui que les recherches phylogénétiques, ce que l'Américain Nelson [60] appelle la « biologie comparée », sortent à peine de l'enfance. C'est plus qu'encourageant ! Une relecture du monde vivant s'impose à tous les néontologues et paléontologues. La méthode phylogénétique de Hennig a contribué considérablement au renouveau de la systématique ; elle nous rappelle « la permanence et l'actualité » d'une science qui n'est pas, contrairement à l'opinion courante, destinée à mettre un nom sur une étiquette.

**ou Claude Bernard**

« art », fait appel à l'« ingéniosité » du systématicien. Une classification simpsonienne ne peut, dès lors, être réfutée. Dans un article consacré à l'équipement conceptuel de la méthode scientifique, à propos de ce qu'il nomme la « biologie comparée », Nelson [60] a bien montré comment, dans les sciences naturelles, la théorie scientifique était trop souvent remplacée par l'explication autoritaire. A cet égard, la paléontologie est souvent tenue pour une science d'auteur.
Si l'œuvre de Karl Popper est considérée par les cladistes anglo-saxons comme l'un de leurs chevaux de bataille, les biologistes français, réticents à s'y référer, ont néanmoins la ressource de faire appel à l'œuvre de Claude Bernard, que Popper ignore dans sa « Logique de la découverte scientifique ». En effet, ainsi qu'il a été dit aux « Entretiens du Muséum [61] », Claude Bernard, bien avant Popper, avait analysé et défini méthode et théorie scientifiques. Lorsque Popper parle de « méthode hypothético-déductive », Claude Bernard parlait d'« induction » et de « syllogisme » (qu'il identifiait à la déduction) ; lorsque Popper parle de « falsifiabilité » ou « réfutation », Claude Bernard parlait de « contre-épreuve » et de « contrôle ». Enfin, lorsque Popper affirme qu'une théorie n'est scientifique que si elle peut être réfutée, Claude Bernard écrivait : « Lorsque [...] nous avons émis une idée ou une théorie, nous ne devons pas avoir pour but de la conserver en cherchant tout ce qui peut l'appuyer [...], nous devons au contraire examiner [...] les faits qui semblent la renverser » et il concluait déjà : « Quand on veut trouver la vérité, on ne peut asseoir solidement ses idées qu'en cherchant à détruire ses propres conclusions par des contre-expériences. »

La systématique doit rendre compte de l'évolution du monde vivant et de son extraordinaire diversité, grâce à une compréhension sans cesse améliorée de la phylogénie. Pour le paléontologue danois N. Bonde (1977), ne pas admettre le système hennigien équivaudrait pour un chimiste à refuser la classification périodique des éléments.

Sans aller jusque-là, il faut reconnaître que, grâce à Hennig, la vigueur des débats entre systématiciens de tous horizons témoigne du dynamisme d'une discipline qui se révèle comme une « science de pointe », voire expérimentale si l'on tient compte des confrontations multidisciplinaires qui s'imposent aujourd'hui. La systématique phylogénétique nous offrira demain une autre image du monde vivant et fossile.

POUR EN SAVOIR PLUS

*Sur la systématique cladistique :*

Crowson R.A., *Classification and Biology,* Heinemann, 1970.

Dupuis Cl., *Permanence et Actualité de la systématique : la systématique phylogénétique de W. Hennig, Cahiers des naturalistes,* n° 34, 1, 1979.

Eldredge N. et Cracraft J., *Phylogenetic Patterns and Evolutionary Process,* Columbia University Press, 1980.

Goujet D. et Matile L. (éd.), *Systématique cladistique,* publication du Laboratoire d'entomologie générale et appliquée du Muséum, Entretiens du Muséum, 1978.

Hennig W., *Phylogenetic Systematics,* University of Illinois Press, 1966 ; *Phylogenetische Systematik,* P. Parey, 1982.

Nelson G. et Platnick N., *Systematics and Biogeography ; Cladistic and Vicariance,* Columbia University Press, 1981.

Schoch R.M., *Phylogenetic Reconstruction in Paleontology,* Van Nostrand Reinhold Co., 1986.

Wiley E.O., *Phylogenetics. The Theory and Practice of Phylogenetic Systematics,* John Wiley & Sons, 1981.

*Sur la systématique évolutionniste :*

Devillers Ch., *Introduction à l'étude systématique des vertébrés,* Doin, 1973.

Mayr E., *Principles of Systematic Zoology,* McGraw-Hill, 1969.

Simpson G.G., *Principles of Animal Taxonomy,* Columbia University Press, 1961.

*Sur la systématique phénétique :*

Sneath P.H.A. et Sokal R.R., *Numerical Taxonomy,* W.H. Freeman, 1973.

*Ouvrages récents en français :*

Matile L., Tassy P. et Goujet D., *Introduction à la systématique zoologique,* Biosystema 1, publication de la société française de systématique, 1987.

Tassy P. (coord.), *L'Ordre et la Diversité du vivant,* Fayard-Fondation Diderot, 1986.

*La Recherche,* décembre 1980

# *Les premières formes de la vie*

# 3. Au Précambrien : naissance du monde vivant

*Édouard Boureau*

Les plus anciens êtres vivants connus à l'état fossile ont été découverts dans des sédiments datant du milieu du Précambrien inférieur. Ils remontent à environ 3,4 milliards d'années, mais il ne s'agit sans doute pas des restes des toutes premières espèces ayant vécu sur la Terre. Celles-ci sont probablement apparues plus tôt, il y a 4 milliards d'années.

Après ce départ, il a fallu environ 3 milliards d'années d'une première phase de vie continue et ralentie, surtout à son début, pour que se produise ensuite la magnifique explosion biologique qui s'est épanouie entre — 1 milliard d'années et — 600 millions d'années *. Cette deuxième phase, qualifiée parfois de Phanérozoïque, a commencé sensiblement après la fin du Précambrien, au début du Cambrien, et s'est prolongée jusqu'à l'époque actuelle. Son développement, progressivement accéléré au cours des 500 derniers millions d'années des ères géologiques successives, a été modelé par des perturbations externes diverses, et il en est résulté un extraordinaire foisonnement de formes vivantes, que nous pouvons parfois encore admirer dans la nature actuelle.

Moins spectaculaire, et aussi moins bien connue, la première phase de l'histoire de la vie, telle qu'elle s'est déroulée pendant cette immense période du Précambrien, est pourtant d'un puissant intérêt, car elle pose des problèmes fondamentaux touchant à la biogenèse et à l'acquisition lente de l'organisation cellulaire.

* L'auteur exclut ici l' « Infracambrien » du Précambrien.

ÉCOPHYLOGÉNIE DES PREMIERS ORGANISMES

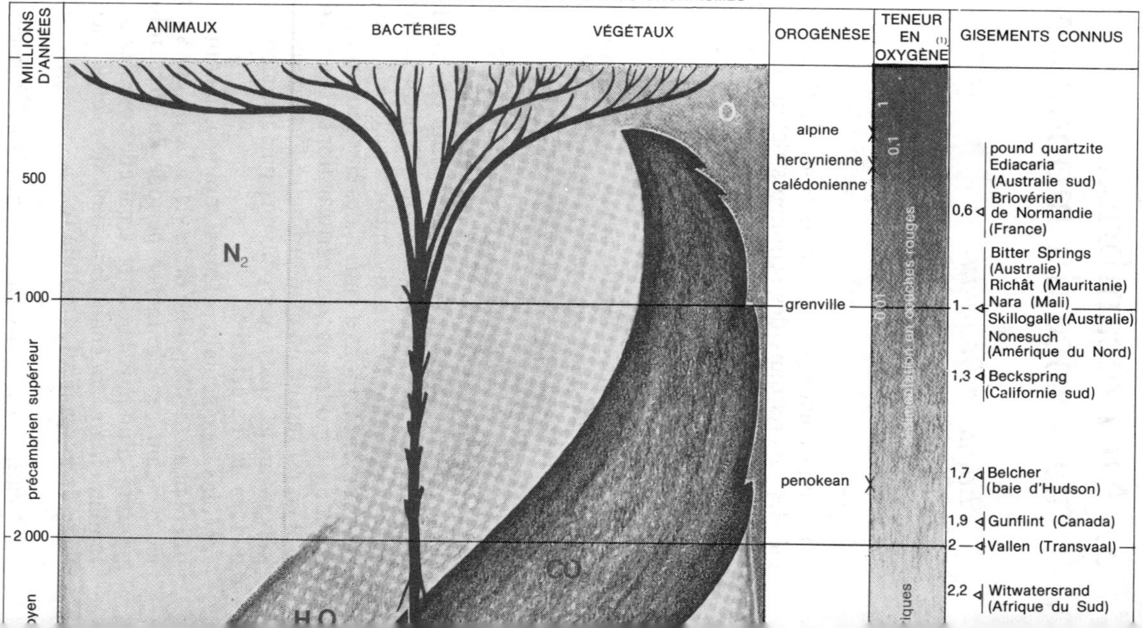

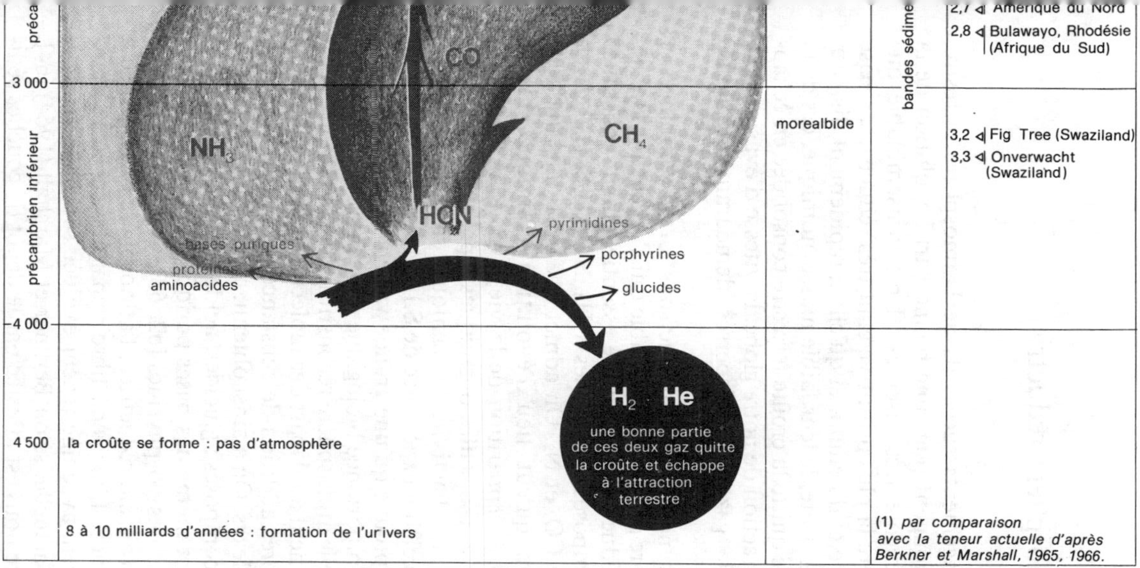


*Fig. 1. Écophylogénie des premiers organismes.* Lors de la formation des premiers êtres vivants, l'atmosphère terrestre était très différente de ce qu'elle est aujourd'hui. L'activité volcanique favorisait l'apparition de toute une série de composés organiques essentiels. Les gaz prédominants dans l'atmosphère étaient alors $CH_4$, $Nh_3$, $H_2O$ et $CO_2$ (les quantités de ces différents gaz sont proportionnelles aux différentes surfaces du schéma).

## Une atmosphère réductrice

Les changements successifs de l'atmosphère terrestre, qui conditionnent pour une bonne part l'évolution de la vie, sont encore très discutés. Il est vraisemblable que l'atmosphère la plus primitive était très réductrice, à base d'hydrogène et d'hélium, et qu'elle a rapidement disparu. En effet, par suite de leur faible masse atomique, ces deux gaz ont vite quitté la croûte terrestre consolidée en échappant à l'attraction de notre globe, la vitesse d'évasion et la quantité de gaz ainsi dispersés demeurant inconnues *(fig. 1)*.

L'hydrogène n'a subsisté que sous forme combinée, et l'atmosphère primitive plus stable qui s'est ensuite établie, toujours réductrice, aurait été essentiellement constituée par des composés hydrogénés ($CH_4$, $NH_3$, $H_2S$, $H_3P$, $H_2O$) et par CO, $CO_2$ et $N_2$. On admet que c'est dans une telle atmosphère qu'eut lieu l'évolution chimique initiale conduisant à l'apparition de la vie, avec tout d'abord la formation de molécules organiques « prébiotiques » sous l'influence de l'activité volcanique et des radiations. Depuis la célèbre expérience de S.L. Miller, en 1953, on a en effet la preuve qu'une grande variété de composés chimiques d'importance biologique peuvent se former à partir d'une telle atmosphère reconstituée en laboratoire, qu'il y ait seulement au départ des molécules relativement simples, ou après addition de substances intermédiaires déjà plus complexes. On a ainsi obtenu, à plusieurs reprises, de multiples composés : glucides, acides aminés, acide cyanhydrique, et même des bases puriques, pyrimidiques, des protéines et des porphyrines [62, 63].

Après avoir été réductrice, l'atmosphère devient peu à peu oxygénée. L'oxygène libre apparaît vers le Précambrien moyen, avec une teneur évaluée seulement au millième de l'actuelle, selon Berkner et Marshall (1964) [64]. Sa présence nous est attestée par le dépôt de couches sédimentaires rouges où le fer, d'abord sous la forme réductrice FeS, devient oxygéné à l'état ferrique $Fe_3O_4$, puis $Fe_2O_3$. La faible teneur de l'oxygène dans l'atmosphère est associée à une grande perméabilité de celle-ci aux rayons ultraviolets. Au Précambrien moyen, ces derniers devaient être mortels jusqu'à une profondeur de 10 mètres dans l'eau. Dans le Précambrien supérieur, où l'on observe de plus abondants sédiments rouges (colorés par les oxydes ferriques), on admet que la teneur de l'atmosphère en oxygène était du centième de l'actuelle. Dans ces conditions, l'action létale des rayons ultraviolets ne se serait plus manifestée que jusqu'à 1 mètre de profondeur. Ce n'est qu'à l'ère primaire, vers la fin du Cambrien (— 600 millions d'années), où la teneur de l'atmosphère en oxygène aurait été du dixième de l'actuelle, et surtout au Silurien (— 450 millions d'années), où elle correspondait sensiblement à celle de l'air que nous respirons, que les rayons ultraviolets auraient été en grande partie arrêtés par une couche d'ozone dans la haute atmosphère.

Ces transformations de la composition atmosphérique ne se sont certainement pas produites d'une façon régulière et progressive. Pendant les périodes d'orogenèse (formation et soulèvement des chaînes de montagnes) qui se sont succédé au Précambrien, l'activité volcanique était intense, entraînant une augmentation de la teneur de $CO_2$ atmosphérique, tandis que la teneur relative en $O_2$ diminuait. Entre ces périodes d'orogenèse, c'est l'inverse qui se produisait. La photosynthèse, toutefois, n'était pas l'unique source d'oxygène atmosphérique : ce gaz pouvait aussi provenir, et pour une part appréciable, de la dissociation de la vapeur d'eau par les rayons ultraviolets.

## Les bactéries, formes pionnières de la vie

Les bactéries sont, parmi les êtres vivants, les plus simples et les plus archaïques. Leur rôle est actuellement considérable dans la biosphère, et il a dû être également

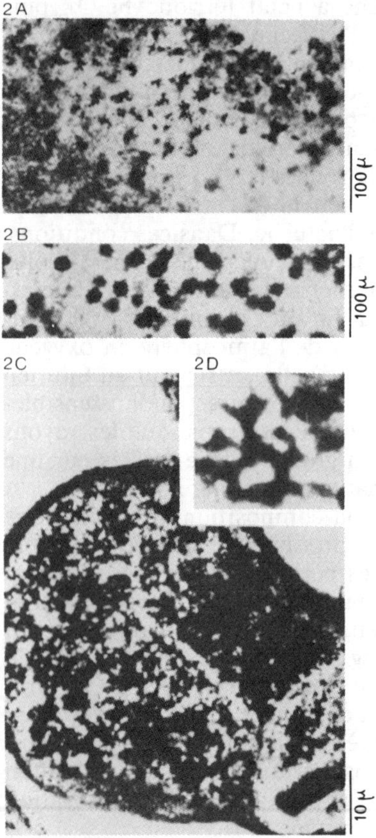


*Fig. 2. Les bactéries du Précambrien.* Certaines espèces de bactéries semblent avoir très peu évolué durant près de 3 milliards d'années. C'est le cas du *Mettallogenium personatum,* qui oxyde le fer et le manganèse. Ces bactéries vivaient il y a 2,8 milliards d'années en Rhodésie. On les retrouve dans les Richât de Mauritanie *(2 A, 2 B, 2 C, 2 D)* vieux de 1 milliard d'années, et aujourd'hui encore, au fond des lacs de Carélie. Il semble qu'on puisse rattacher à cette espèce celles décrites par Barghoorn et Tyler dans la flore du Gunflint (clichés *2 E, 2 F*) : *Eoastrion simplex (2 E) et Eoastrion bifurcatum (2 F).* On retrouve en effet chez ces derniers les extrémités bifurquées qui existent dans certaines colonies de *Metallogenium personatum (2 D).*

très important dès le Précambrien. On a des preuves de leur très grande ancienneté puisque, en dépit du caractère aléatoire de leur fossilisation, les Américains Barghoorn et Schopf ont découvert, en 1966, un bacille de 0,5 × 0,25 µm *Eobacterium isolatum*, qui vivait il y a — 3,2 milliards d'années, dans la microflore de Fig-Tree, au Swaziland, en Afrique du Sud [65].

Un bon nombre d'espèces de bactéries ont traversé toutes les couches géologiques sans manifester apparemment de modifications structurales importantes. C'est en particulier le cas de certaines sidérobactéries oxydantes du fer et du manganèse, comme par exemple les *Metallogenium personatum (fig. 2)*, qui forment des microcolonies étoilées d'aspect caractéristique. Ces sidérobactéries ne sont pas aérobies : elles se contentent de très faibles quantités d'oxygène. Et, compte tenu des caractéristiques probables de l'atmosphère primitive que nous avons relatées ci-dessus, on conçoit qu'un très important développement de tels organismes ait été possible dans le Précambrien.

Certaines de ces bactéries sont très anciennes. En effet, les sphéroïdes « épineux » de diamètre 20 µm signalés par Oberlies de Prashnowsky en 1968 dans les couches de Bulawayo en Rhodésie, vieux de 2,8 milliards d'années, sont probablement des microcolonies de *Metallogenium personatum* empâtées par un oxyde métallique et qui, après avoir été plus ou moins ramifiées, laissent seulement visibles les extrémités des ramifications *(voir fig. 2 B)*.

On retrouve ces organismes, 1 milliard d'années plus tard, dans la flore de Gunflint *(fig. 2 E et F)*, où Barghoon et Tyler les signalent sous les noms d'*Eoastrion simplex* et d'*Eoastrion bifurcatum* (— 1,9 milliard d'années) [66]. Plus tard encore, les *Metallogenium personatum* abondent, plus ou moins modifiés par l'oxyde de fer, par exemple, dans les Richât de Mauritanie, et au Mali dans les couches de Nara (— 1 milliard d'années). On les retrouve même actuellement au fond des lacs de la Carélie où ils participent à la formation du minerai de fer [67]. Après avoir été contestée par le Soviétique V.M. Strakhov en 1947, une concentration biogénique du minerai de fer ne fait maintenant plus de doute pour certains auteurs [68].

En fait, tous les organismes précambriens, dont le chimisme est très souvent à base de fer et de soufre, contiennent les premiers complexes métallo-protéiques devenus par la suite abondants et omniprésents dans la nature, et dont le rôle biochimique s'est révélé capital, comme dans le cas de la chlorophylle et de l'hémoglobine.

## Les « sphéroïdes » du Précambrien

En dehors des micro-organismes que nous venons de citer plus haut, des sphéroïdes, organismes de plus grande taille, abondent dans le Précambrien. Les plus anciens sphéroïdes d'origine vraiment biologique que l'on ait pu mettre en évidence sont âgés de 3,4 milliards d'années. Ils ont été découverts dans les argilites charbonneuses d'Onverwacht, au Swaziland *(fig. 3)*. Leur diamètre atteint 166 μm, mais la plupart des organismes du Précambrien inférieur sont sphériques, et leur diamètre dépasse rarement 20 μm. C'est le cas de ceux qui furent décrits en Afrique du Sud dans les couches de la série de Fig-Tree [69] sous le nom d'*Archaeosphaeroides barbertonensis* en 1967, par l'Américain M.D. Pflug. Ce diamètre de 20 μm est habituellement celui des *Cyanophyceae* (algues bleues) unicellulaires actuelles, comme les *Microcystis,* encore appelées fleurs d'eau. De tels organismes algaires unicellulaires présenteraient ainsi un aspect qui a persisté pendant plus de 3 milliards d'années sans montrer de modifications morphologiques appréciables.

Cependant, d'autres sphéroïdes ont un diamètre qui atteint 40 à 60 μm dans certaines formes de *Nostocites vesiculosa,* que l'on retrouve parfois avec leur mucilage, cette sorte de mucus gélifié plus ou moins abondant qui enveloppe les cellules de certaines algues. Cette espèce est connue dans le Précambrien supérieur des Richât de Mauritanie, et on la retrouve encore dans le Carbonifère *(fig. 3 E)*. Enfin, d'autres sphéroïdes des Richât, beaucoup plus grands, ont un diamètre qui dépasse 400 μm et, comme les précédents, leur signification d'êtres vivants est évidente, ainsi que le confirment certains caractères rappelant ceux des cyanophycées [70]. Bien qu'il soit absent dans certains cas, le mucilage accompagne le plus souvent des sphéroïdes, quel que soit le diamètre de ceux-ci. De plus, des sphéroïdes de petit et de grand diamètre peuvent coexister dans le même mucilage, avec toutes les transitions entre les diamètres extrêmes. Les sphéroïdes se transforment souvent à la suite d'une minéralisation plus poussée cachant leur organisation d'anciens êtres vivants, et deviennent des oolithes : ces derniers sont de minuscules globules qui se groupent par juxtaposition dans certaines roches sédimentaires : les roches oolithiques. Il est parfois difficile de déterminer si cette structure caractéristique est le résultat de phénomènes purement physico-chimiques de minéralisation, ou si elle témoigne au contraire d'une origine vivante. Dans ce dernier cas, il peut s'agir des restes de structures biologiques minéralisées *in vivo* (oncolithes).

On sait d'ailleurs depuis longtemps que des algues jouent un rôle dans la formation des oolithes. De fait, nous pensons — et nous rejoignons en cela l'opinion déjà ancienne de Grüner (1922) [71] — que des oolithes situées côte à côte peuvent avoir des origines distinctes, organiques ou inorganiques. Mais il nous semble également possible que des oolithes qui se révèlent à l'observation entièrement minéralisées et dépourvues de toutes traces organisées aient pu être constituées au départ autour d'une algue disparue par la suite.

## Le problème du « point noir »

De nombreux sphéroïdes présentent une structure particulièrement intéressante et énigmatique. Il s'agit d'un « point noir » qui fait l'objet d'interprétations contradictoires. J.W. Schopf [72], de l'université de Californie, à Los Angeles, a fait de cette structure un noyau, en 1969 *(fig. 4)*. D'autres auteurs, comme les Américains Cloud, Licari,

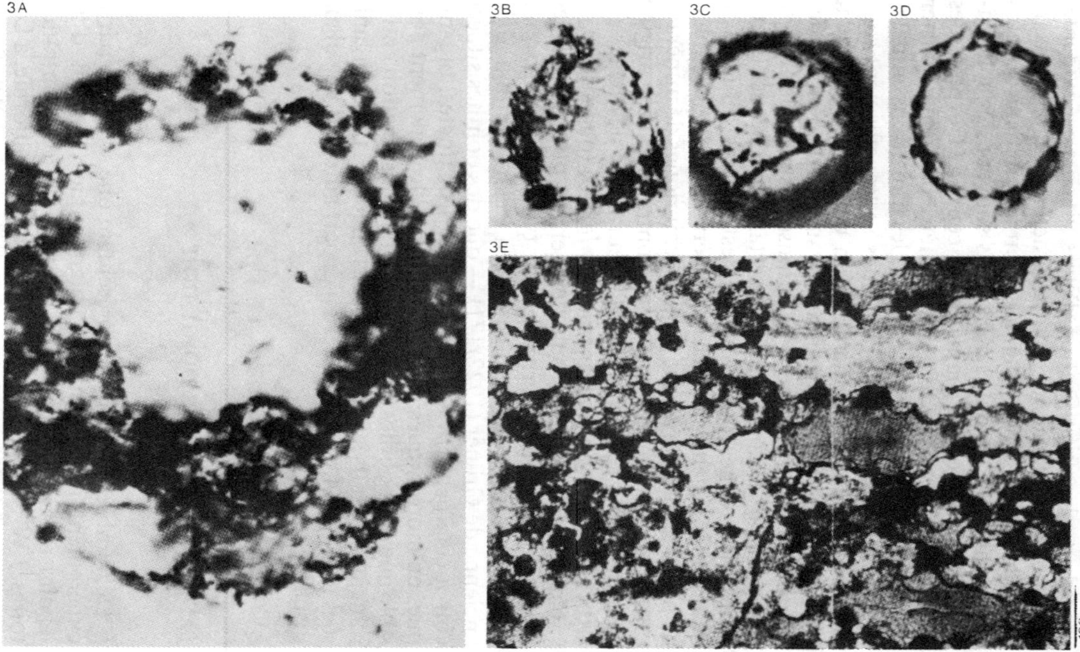
3A
3B
3C
3D
3E
100µ

Wright et Troxel, l'ont interprétée comme un pyrénoïde, l'un de ces corps globuleux qui appartiennent aux chloroplastes de certaines algues [72]. Dans les deux hypothèses, noyau ou pyrénoïde, on considère *ipso facto* la cellule présentant un « point noir » comme un eucaryote, une cellule à noyau et donc relativement évoluée. C'est ainsi que certains sphéroïdes à point noir récoltés dans les Bitter Springs d'Australie centrale ont été interprétés par J.W. Schopf comme des Chlorophyceae (algues vertes) ou des Rhodophyceae (algues rouges). C'est le cas des *Glenobotrydion, Caryosphaeroides* et *Globophycus,* tandis que le *Globodiniopsis* a été considéré comme une algue brune *(fig. 4 A).*

Or cette interprétation, qui militerait en faveur d'une très grande ancienneté des cellules eucaryotes, ne nous paraît pas justifiée. Dès 1973, G. Kemp [73] voyait dans les corps sombres des cellules de *Glenobotrydion* des concrétions minérales comparables à ce qu'il avait rencontré dans le météorite d'Orgueil et, après minéralisations expérimentales, dans certaines algues bleues filamenteuses. Ces formations sont pour lui, dans le premier cas autant que dans le second, sans rapport avec un vrai noyau. La même année, nous avons également soutenu le caractère non démontré de la présence d'eucaryotes dès le Précambrien. A ce sujet, nous avons décrit de grands spécimens de sphéroïdes dans les Richât de Mauritanie sous le nom d'*Africanosphaeroides fertilis* qui nous permettent d'élucider la nature du fameux point noir *(fig. 4 B).* Ces

⟵

*Fig. 3. Trois types de sphéroïdes du Précambrien.* Le plus ancien fossile connu est un grand sphéroïde de 106 µm, vieux de 3,4 milliards d'années *(3 A)* et provenant des argilites charbonneuses d'Onverwacht, en Afrique du Sud. (Cliché Engel *et al.*)
D'autres sphéroïdes sont de taille plus réduite (clichés Pflug [69]), tel *Archaeosphaeroides babertonensis,* provenant de Baberton dans la série de Fig-Tree en Afrique du Sud qui n'atteint que 20 µm *(3 B, C, D).* C'est également le cas de *Nostocites vesiculosa,* qui provient des Richât et atteint entre 40 et 60 µm *(3 E).* Cette espèce, qui évoque certaines algues actuelles telles que les nostocs, est souvent associée, comme on le voit ici, à une sorte de mucus plus ou moins gélifié appelé mucilage.

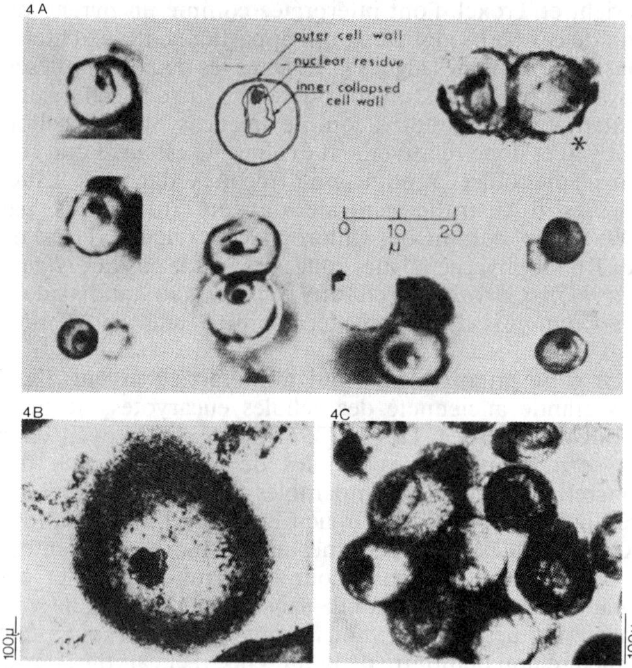


*Fig. 4.* Le fameux point noir a été décrit comme un noyau par l'Américain Schopf sur des fossiles des Bitter Springs en Australie, tels que *Caryosphaereoides pristina (4 A).* On le retrouve sur d'autres fossiles, et notamment chez *Africanosphaeroides fertilis* des Richât *(4 B).* Il s'agirait en réalité d'un pore germinatif, et sa présence ne constitue donc nullement la preuve de l'existence d'organismes eucaryotes au Précambrien. De la même façon, la présence de sphéroïdes groupés en tétrades ne prouve pas l'existence de phénomènes de sexualité propres à des cellules évoluées. Il s'agirait plutôt de regroupements fortuits de sphéroïdes, comme le montrent certains rassemblements d'*Africanosphaeroides fertilis* des Richât, sur lesquels on voit des pores germinatifs dilatés *(4 C).*

**5 Classification du monde vivant.**

| monde vivant | | |
|---|---|---|
| règne végétal | | règne animal |
| procaryotes (ou protocaryotes) | eucaryotes | |
| végétaux primitifs :<br>— bactéries<br>— Cyanophyceae (algues bleues) | végétaux plus évolués | |
| pas de noyau limité par une membrane | noyau bien délimité | |
| pas de plastes | chloroplastes (sauf chez les champignons) | pas de chloroplastes |
| pas de mitochondries | mitochondries | |
| pas de stérols dans la paroi cellulaire, mais des mucopeptides | parois cellulaires à stérols et sans mucopeptides | |
| pas de mitose ni de méiose | mitose vraie et méiose | |

organismes sont des sphéroïdes simples dont le diamètre varie de 40 à 420 μm et plus. Leur caractère essentiel est qu'ils présentent un point noir, que nous avons pu identifier dans ce cas comme un pore germinatif situé en un point de la paroi mince, fréquemment dans une petite dépression. L'ayant observé de profil comme de face, nous avons pu constater qu'il s'agissait de la même structure que celle décrite par J.W. Schopf, et qu'on pouvait la considérer comme une interruption de la paroi par laquelle le sphéroïde émet souvent une substance au sein de laquelle se différencient d'autres sphéroïdes plus ou moins nombreux. Plus récemment, en 1975, les Américains A.H. Knoll et E.S. Barghoorn ont également soutenu que la présence du point ne saurait être la preuve d'eucaryotes au Précambrien.

Par ailleurs, on a signalé des sphéroïdes disposés en tétrades, *Eotetrahedrion princeps,* dans les Bitter Springs. Selon J.W. Schopf et J.M. Blacic, cela démontrerait encore la présence de cellules eucaryotes et de phénomènes de sexualité consécutifs à une méiose [74]. Nous croyons cependant qu'il faut être extrêmement réservé vis-à-vis de cette interprétation, car de tels groupements cellulaires en tétrades nous semblent fortuits, quelle que soit leur taille. Il ne s'agirait que d'ensembles de sphéroïdes groupés au hasard, en nombre variable *(fig. 4 C)*. En ce qui concerne les Richât, il est sûrement prématuré d'affirmer la présence d'eucaryotes et il en est sans doute de même pour l'ensemble des fossiles des couches de même âge précambrien des autres gisements connus.

Notre interprétation du point noir comme un pore germinatif nous paraît devoir expliquer plusieurs faits. Elle rend compte de la forme particulière de certains organismes du Précambrien comme une simple conséquence géométrique des conditions dans lesquelles les substances sont émises par le point noir. En effet celles-ci, se répandant dans un espace disponible très restreint, prennent généralement une forme étoilée, les bords concaves épousant la paroi convexe des sphéroïdes voisins déjà différenciés dans le voisinage immédiat *(fig. 6)*. Cette constatation permet d'expliquer la forme particulière, dite « tripartie », de certaines espèces précambriennes. C'est le cas notamment pour *Kakabekia umbellata,* de 12 à 30 μm *(fig. 6 C)* qui provient de la flore de Gunflint, comme de *Stellasphaeroides similaris*, de 500 μm, des Richât de Mauritanie.

Par ailleurs, la substance émise par le point noir peut être considérée comme un mucilage, que l'on trouve si souvent associé aux sphéroïdes du Précambrien *(fig. 6 B)*. L'association intime des sphéroïdes avec des mucilages est probablement significative, car ces derniers semblent étroitement associés à une activité biologique ou « prébiologique ». Bien que dans certains cas des « gelées ferrugineuses » puissent avoir une origine purement physico-chimique à partir des solutions environnantes, et en ne tenant pas compte des nombreuses espèces végétales ou animales qui peuvent être associées à de telles gelées sans jouer de rôle dans leur production, Strakhov (1947) souligne le rapport métabolique étroit existant entre de telles formations, les sidérobactéries et certaines algues [75]. On peut donc penser que le mucilage émis par le point noir constitue la substance privilégiée dans laquelle se différencieront de nouveaux sphéroïdes.

## Les formes collectives précambriennes et la transition vers la cellule eucaryote

Les sphéroïdes précambriens présentent souvent des dispositions particulières de la paroi cellulaire, bien observées sur le matériel des Richât de Mauritanie. La structure des parois, restée longtemps énigmatique, est assez variable. Ainsi, chez *Africanosphaeroides fertilis*, on constate parfois qu'une ou plusieurs parois se différencient en tapissant l'intérieur de la paroi mince primitive, de telle sorte que le pore germinatif se trouve complètement obturé. Dans d'autres cas, le pore germinatif continue au contraire à émettre une substance à l'extérieur, bien que des parois nouvelles se différencient intérieurement autour du cytoplasme de la cellule, qui se vide peu à peu. Des parois multiples apparaissent ainsi successivement, de façon centripète, et sont excentrées par rapport au pore germinatif qui reste fonctionnel. Par ailleurs, on constate fréquemment que d'autres parois supplémentaires s'ajoutent secondairement à l'extérieur, de façon centrifuge, en entourant parfois plusieurs sphéroïdes en même temps. Elles sont alors formées au sein d'un mucilage périphérique.

De telles transformations de la forme simple *Africanosphaeroides* aboutissent ainsi à une structure plus complexe, *Osagia (fig. 7),* dont les parois multiples ont une très grande activité biologique et jouent un rôle important dans l'apparition d'organismes encore plus complexes. En effet, elles sont directement associées aux transformations progressives qui se sont opérées dans les édifices cellulaires simples et qui peuvent être considérées valablement comme s'acheminant progressivement vers l'état eucaryote.

6A

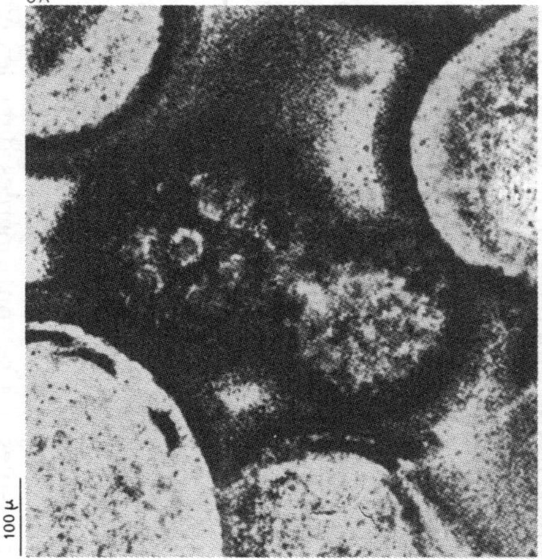


6B

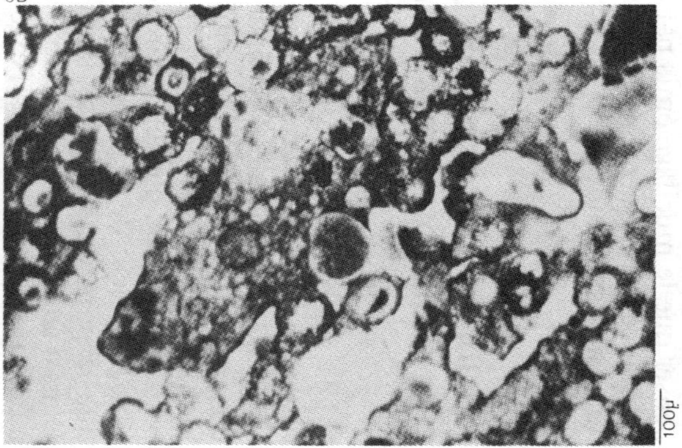

6 C

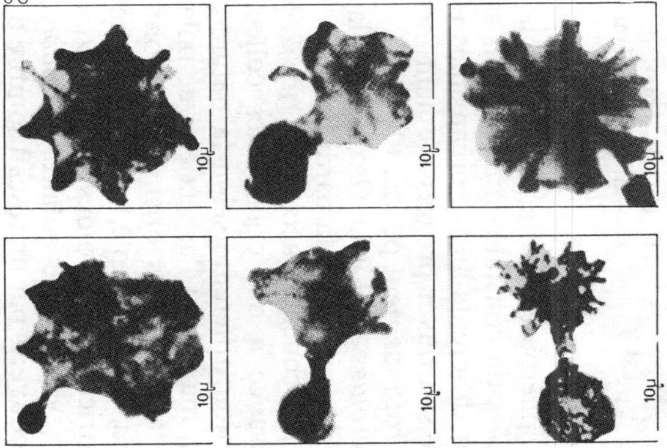


6B

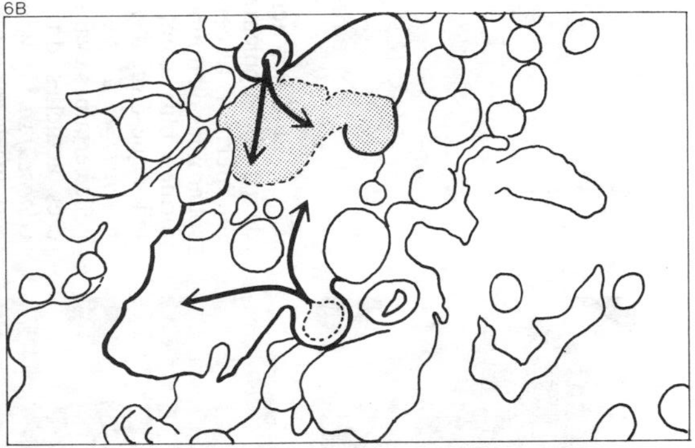

*Fig. 6.* Quand on l'observe de côté, le point noir apparaît bien comme un pore germinatif. Il peut émettre, comme chez *Babetosphaera africana* (que l'on reconnaît au réseau sombre délimitant des cuvettes sur la membrane), une sorte de petit organisme *(6 A)* ou une substance vacuolée dans laquelle se différencient d'autres sphéroïdes. Il semble même y avoir entre les substances émises par les deux sphéroïdes que l'on voit ici un certain antagonisme, l'enjeu de la compétition étant l'occupation de l'espace disponible *(6 B)*. Ces émissions donnent parfois aux organismes une forme complexe. C'est pourquoi on a pu décrire *Kakabekia umbellata,* de la flore de Gunflint, comme un véritable organisme tripartite et donc relativement complexe *(6 C,* cliché Barghoorn [66]), alors qu'on observe simplement le même processus d'émission de substance.

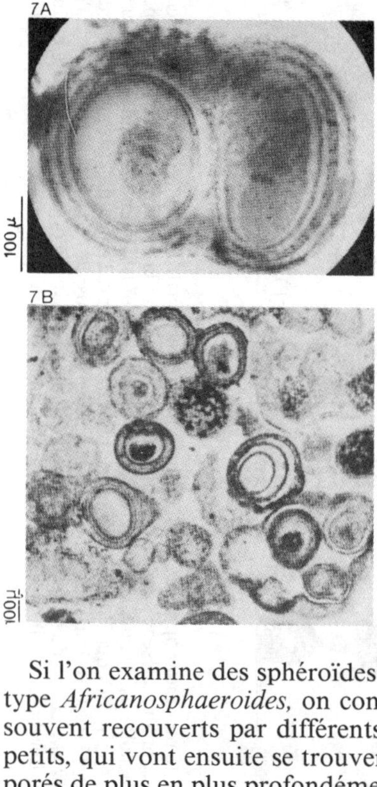


*Fig. 7.* La différenciation de parois supplémentaires permet à certains sphéroïdes de donner des formes plus complexes, telles que *Osagia mauritanensis (7 A)* qui rappelle certaines cyanophycées actuelles du genre *Gloeocapsa.* On voit chez certains de ces sphéroïdes le pore germinatif par lequel ils émettent une substance indifférenciée *(7 B).*

Si l'on examine des sphéroïdes de diamètre variable du type *Africanosphaeroides,* on constate en effet qu'ils sont souvent recouverts par différents autres organismes plus petits, qui vont ensuite se trouver progressivement incorporés de plus en plus profondément pendant le passage de la forme *Africanosphaeroides* à la forme *Osagia*, et cela en raison de la remarquable activité de la paroi cellulaire en voie d'épaississement par couches successives *(fig. 7).* Ce processus donne naissance à des organismes collectifs complexes, à composition différente selon la nature des organismes incorporés, mais dont l'aspect en vue polaire est sensiblement constant. De tels organismes, comme *Babetosphaera africana,* par exemple, ont un diamètre voisin de celui des Africanosphaeroides ou des *Osagia* dont ils dérivent. Observés en vue polaire, les *Babetosphaera* apparaissent recouverts par un réseau sombre déli-

8A 8B 8C

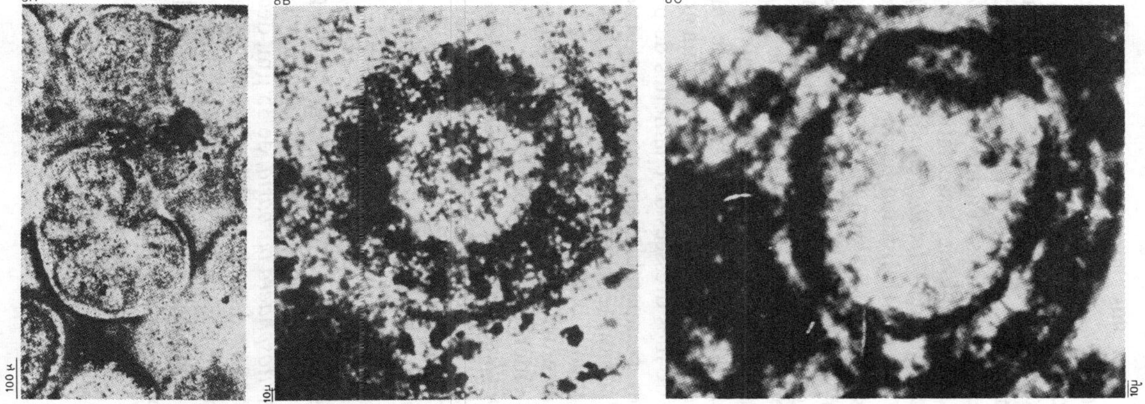


*Fig. 8.* Certains organismes des Richât constituent probablement des formes qui s'acheminent vers l'état eucaryote, par incorporation d'organismes exogènes plus petits. C'est ainsi que *Asterosphaeroides richatensis* résulte de l'association de *Africanosphaeroides fertilis* et de *Metallogenium personatum (8 A)*. De la même façon, *Asterosphaeroides monodii* est formé d'un grand sphéroïde entouré de petits organismes évoquant les actuels nostocs *(8 B)*. *Polysphaerula globulosa* a également incorporé au cours de sa croissance des organismes plus petits. Ces derniers semblent établir des relations cytoplasmiques intramembranaires, qui évoquent les plasmodesmes des cellules eucaryotes *(8 C)*.

mitant des « cuvettes » plus claires, mais pour déterminer leur structure réelle *(fig. 6 A),* il faut nécessairement examiner leur coupe équatoriale. Il en résulte que selon les modalités de l'observation, des organismes d'abord similaires se présentent sous des aspects très différents, désignés sous diverses appellations. Parmi ceux-ci, *Asterosphaeroides richatensis* résulte de l'association de l'*Africanosphaeroides fertilis* et de *Metallogenium personatum (fig. 8 A).* Il a subi une minéralisation ferrique des sidérobactéries superficielles et rappelle en plus grand les « organized elements » que Schidlowski a décrits dans le système de Witwatersrand, dans le Précambrien inférieur d'Afrique du Sud. Cela prouve une fois de plus la grande permanence de forme dans tout le Précambrien. Il existe aussi dans l'Ouest africain deux autres espèces proches de celles-ci : *Asterosphaeroides monodii (fig. 8 B),* formé d'un grand sphéroïde entouré de files dressées de chaînettes de petits sphéroïdes de 4 μm, comparables aux nostocs, et *Asterosphaeroides darsii,* constitué comme précédemment par un grand sphéroïde à rayons bactériens à cocci, mais entouré par des couches concentriques porteuses d'îlots de microcolonies ramifiées sidérobactériennes. Une autre espèce, *Polysphaerula globulosa,* résulte de l'incorporation de *Nostocites vesicullosa* par un grand sphéroïde au cours de son passage à la forme *Osagia (fig. 8 C).* Cette espèce des Richât fait, elle aussi, penser à un autre organisme de 30 μm de la flore de Gunflint décrit par Barghoorn : *Eosphaera tyleri.*

Les *Babetosphaera (fig. 6 A)* rappellent également plus ou moins, avec une plus grande taille, des organismes dits « framboïdes » : *Pyritosphaera barbaria,* de 35 μm, décrits par L.G. Love en 1962 dans le Carbonifère d'Écosse et retrouvés par J. Duchesnes en 1963 dans le Cambrien des Ardennes [76]. Ils sont également voisins des globulites des pyrites (de 5 à 25 μm) décrits par Skripchenko (1968).

## Des symbiotes précambriens

De petits organismes de nature différente (bactéries et cyanophycées) peuvent aussi se trouver simultanément incorporés au cours du développement d'un grand sphéroïde. L'ensemble est alors désigné sous un nom particulier, telle la forme *Synsphaeroides* par exemple. Dans un tel cas, l'enrichissement exogène du grand sphéroïde devient ainsi plus complet. On peut sans doute admettre, avec une grande probabilité, que les formes collectives que nous venons de décrire sont en réalité des espèces symbiotiques.

Il est alors intéressant de confronter les observations qui précèdent avec certaines hypothèses déjà anciennes, souvent rappelées par des auteurs récents (Chadefaud, Margulis, Sagan), tendant à expliquer l'origine des cellules eucaryotes. On a supposé en effet que les mitochondries dériveraient des bactéries symbiotiques et que les chloroplastes auraient été initialement des cellules de cyanophycées distinctes et indépendantes, puis associées secondairement par symbiose. Ces conceptions, d'abord violemment combattues, ont été proposées de nouveau après que l'on eut constaté que les chloroplastes et les mitochondries renferment de l'acide désoxyribonucléique qui peut leur conférer une certaine autonomie physiologique. Les fossiles précambriens militent bien en faveur de ces séduisantes hypothèses. En admettant un tel mécanisme, des formes intermédiaires telles que les *Babetosphaera,* puis les *Synsphaeroides,* se situeraient dans la chaîne allant des procaryotes aux eucaryotes quelle que soit leur taille.

Diverses formes actuelles, comme par exemple *Glaucocystis nostochinearum,* évoquent encore la possibilité d'un tel mécanisme. En effet, le cytoplasme de cette chlorophycée (algue verte) unicellulaire actuelle contient, à côté d'un vrai noyau d'eucaryote, des cyanelles, c'est-à-dire des cyanophycées symbiotiques dégradées jouant le rôle de chloroplastes. Il est clair toutefois que les formes collectives du Précambrien se situeraient, au cours de cette évolution à un stade nettement plus primitif que l'actuel *Glaucocystis,* et l'on pourrait donc schématiser une « série évolutive » de la manière suivante :

cellule procaryote
↓
*Babetosphaera*
*(Asterosphaeroides*
ou *Polysphaerula)*
↓
*Synsphaeroides*
↓
*Glaucocystis*
↓
cellule végétale eucaryote

## Le double destin des cellules du Précambrien

L'étude des *Asterosphaeroides* suggère que les transformations d'organismes précambriens se dirigent parallèlement vers deux orientations très différentes : une orientation minérale et une orientation biologique.

Dans l'une ou l'autre de ces orientations, les stromatolithes constituent des témoins semblables. Les fossiles qui nous restent et que l'on désigne ainsi sont seulement la manifestation minérale de l'activité d'espèces vivantes ayant généralement disparu. Les organismes qui sont à l'origine de ces stromatolithes ne peuvent être que très rarement mis en évidence *in situ.* L'évolution des formes collectives à bactéries et cyanophycées peut dans certains cas traduire par une minéralisation *in vivo* extrêmement poussée des cellules, qui aboutit à créer, par exemple, les importants récifs à stromatolithes du Sahara. C'est ainsi que l'Adoudounien de l'Anti-Atlas marocain décrit par G. Choubert comporte 3 000 mètres de calcaire dolomitique à stromatolithes. De semblables formations se retrouvent dans le Sahara occidental, et notamment avec une épaisseur de 600 mètres dans le Zemmour, de 150 mètres dans l'Adrar de Mauritanie, de 100 mètres dans les falaises du Hank, au nord du bassin de Taoudéni. Ces dernières sont constituées essentiellement par les « troncs » serrés de stromatolithes du genre *Conophyton* [77].

De telles structures minérales sont très répandues en Guinée, en Côte-d'Ivoire, en Haute-Volta, jusqu'en Afrique centrale et en Australie. Mais d'autres organismes ne subissent pas cette hyperminéralisation. Au contraire, ils conservent une orientation biologique. Dans ce cas, les organismes vivants connaissent un autre destin. Ils échappent à la mort minérale et continuent à se reproduire. La vie poursuit alors son cours, tendant par exemple à acheminer l'espèce procaryote vers une structure cellulaire d'abord collective, puis eucaryote plus élaborée, tout en maintenant parallèlement l'activité « minérale », qui se traduit par une augmentation continue des formations récifales mortes, à stromatolithes par exemple.

## Vers les organismes pluricellulaires

Une étape primitive de l'organisation pluricellulaire semble être le groupement en filaments simples de cellules de même origine.

Chez les cyanophycées, les sphéroïdes, en se reproduisant, peuvent ainsi apparaître les uns à la suite des autres. Ils forment donc des pseudo-filaments : chapelets de petites masses arrondies comme chez les nostocs actuels.

Dans d'autres cas, les cloisons transversales entre cellules sont orthogonales ; il s'agit alors d'un vrai filament algaire plutôt que d'un simple alignement d'éléments.

Des filaments datant de — 2 milliards d'années ont été signalés dans la flore de la formation Gunflint, au Canada. Il s'agit de *Gunflintia minuta* (diamètre 1 à 2 µm) et *G. grandis* (diamètre 2,5 à 6 µm), décrits par Barghoorn, et de *Palaeorivularia ontarica,* décrit par la Soviétique Korde et qui rappelle les *Rivularia,* qui sont également des algues bleues.

On retrouve dans la flore des Bitter Springs, décrite par J.W. Schopf (1968) et par Schopf et Blacic (1971), en Australie centrale, un plus grand nombre d'algues bleues filamenteuses rappelant les actuels *Lyngbia,* comme *Palaeolyngbya,* ou rappelant des *Oscillatoria* comme les *Oscillatoriopsis,* les *Cephalophytarion, Partitiofilum, Filiconstrictosus, Obconicophycus.* D'autres formes rappellent les nostocs ou les *Rivularia* : la paléontologie confirme donc la présence généralisée des cyanophytes au Précambrien et la constance de leur organisation.

On trouve également dans le Précambrien supérieur des Richât des *Vesicularites saharianus,* qui sont des groupements de cellules de diamètre équivalent, entourées d'une membrane commune. On peut interpréter cette forme comme une tentative vers les espèces plus évoluées pluricellulaires eucaryotes du Paléozoïque. Rappelons par ailleurs qu'en ce qui concerne le règne animal, des restes incontestables d'animaux pluricellulaires (métazoaires) sont connus après la fin du Précambrien terminal d'Ediacara, en Australie du Sud. A part des restes indubitables de cœlentérés (méduses, etc.), on s'accorde généralement à y reconnaître aussi des restes d'annélides (vers) et peut-être de mollusques, parmi d'autres formes d'interprétation énigmatique.

Cette faune de métazoaires d'Ediacara, apparue dans des couches situées après la fin du Précambrien terminal, entre — 1 milliard et — 600 millions d'années, est peut-être apparue en même temps que les végétaux eucaryotes, mais aucun document positif n'est venu confirmer cette affirmation.

Fondées sur des documents certes très appréciables, mais encore insuffisants, la plupart des tentatives faites pour donner une image exacte de l'évolution de la vie à son début, dans le Précambrien, restent probablement encore assez loin de la réalité. A côté d'acquis indiscutables très importants, de nombreuses inconnues subsistent, et la part d'hypothèses demeure nécessairement considérable.

## Mucilage fossile et soupe prébiotique

Les fossiles de l'Ouest africain ont permis d'attirer l'attention sur de grands sphéroïdes dont l'origine vivante ne peut plus être mise en doute. Ces sphéroïdes participent probablement fréquemment à la constitution de symbiotes en s'associant aux micro-organismes présents dans le milieu. Ces observations ouvrent à divers égards des perspectives nouvelles pour notre compréhension de l'évolution première de la vie. En effet, on peut admettre qu'à l'origine un premier sphéroïde est apparu *de novo* au sein d'une substance prébiotique — qu'on l'appelle « coacervat » avec Oparine (1938), ou « bion », avec Sir Robert Robinson (1968). On est alors conduit à comparer ces substances prébiotiques initiales avec les mucilages qui ont accompagné plus tard les sphéroïdes et dans lesquels apparaissent de nouveaux individus identiques. La constitution chimique des mucilages actuels, parfois à base de glucides, de lipides et d'acides aminés, rend en effet plausible une telle comparaison. On pourrait alors considérer les mucilages d'aujourd'hui comme très semblables aux substances prébiotiques précambriennes, mais plus ou moins appauvris à la suite d'une évolution régressive au cours des temps géologiques, et devenus moins utiles pour la reproduction. On a vu en effet que, lorsque ces substances sont abondantes, une condition primitive aboutit à des sphéroïdes nombreux et toujours extérieurs à la cellule procaryote initiale. Au contraire, une condition plus évoluée et plus pauvre en mucilage tend à diminuer le nombre des sphéroïdes produits, pour finalement localiser les phénomènes de la reproduction cellulaire à l'intérieur même de la cellule. On constate surtout ces derniers phénomènes lorsque la cellule est parvenue à son stade évolutif plus avancé, eucaryote. Ces observations devraient permettre de déterminer plus clairement les différentes étapes d'une phylogénie de la mitose.

## Des départs dispersés dans le temps et l'espace

L'impossibilité, devenue classique, de toute génération spontanée nouvelle ne se conçoit que dans les conditions d'environnement atmosphérique postérieures au début de l'ère primaire, très modifiées par rapport à celles du Précambrien. C'est parce que l'on ne percevait pas bien cette différence de situation que l'on a d'abord pensé à une origine unique — exceptionnelle — des formations prébiotiques ou vivantes dans le Précambrien inférieur. Peut-être faudrait-il au contraire admettre que les phénomènes initiaux de la biogenèse ont pu se répéter à différentes reprises tout au long de la période sans oxygène ou peu oxygénée du Précambrien. On peut supposer des départs et des relais successifs de la vie, géographiquement distincts et étalés sur une bonne partie — sinon sur la totalité — de 2 ou 3 milliards d'années du Précambrien. En effet, les mêmes processus évolutifs simples, affectant des formations élémentaires semblables, dans des conditions de milieu sensiblement comparables, ont parfaitement pu se renouveler de façon identique. Autrement dit, les phases d'évolution chimique prébiologique chevaucheraient largement dans le temps les premières phases d'évolution biologique. Cette possibilité est en accord avec les faibles changements de l'atmosphère réductrice primitive, qui ne s'est que très lentement, faiblement et progressivement oxygénée, à partir du Précambrien moyen.

Quoi qu'il en soit, l'interprétation que nous donnons des sphéroïdes précambriens, de leur « point noir », nous a conduit à penser dès 1973 qu'il s'agit de cellules procaryotes et que le point noir n'est pas un organite. A notre avis, on ne peut donc naturellement affirmer que les eucaryotes végétaux ont fait leur apparition il y a quelque 1 500 millions d'années ; nous persistons à penser au contraire qu'aucune preuve de leur existence au Précambrien n'a été apportée jusqu'à présent.

En conclusion, si la mise en évidence d'organismes précambriens extrêmement primitifs par leur structure ouvre un nouveau chapitre de la paléobotanique et permet d'entrevoir le rôle fondamental de ces premières espèces, il est clair que de nombreuses études s'avèrent indispensables avant que l'on aboutisse à une connaissance satisfaisante des toutes premières formes cellulaires.

POUR EN SAVOIR PLUS


Boureau E., « Sur des organismes collectifs probablement symbiotiques, d'âge précambrien, récoltés dans l'Ouest africain », *C.R.*, 101$^{e}$ Congr. nat. Soc. sav., Lille, 1976.

Calvin M., *Chemical Evolution,* Clarendon, 1969.

Chadefaud M., *Taxonomy and Biology of the Blue-Algae*, Madras, 1972.

Furon R., « Origine et évolution de la vie au Précambrien », *Rev. Gen. Sci., Bull. AFAS, 68,* 1961, p. 83.

Glaessner M.F., « Precambrian fossils », *Biol. Rev., 37,* 1962, p. 467.

– *The Dawn of Animal Life*, Cambridge University Press, Cambridge, 1981.

Margulis L., *Origin of Eucaryotic Cells,* Yale University Press, 1970.

Oparin A.I., *The Origin of Life,* Macmillan, 1938.

Sagan L., « On the origin of mitosing cells », *J. Theor. Biol., 14,* 1967, p. 225.

Schopf J.W. (ed.), *Earth's Earliest Biosphere, its Origin and Evolution*, Princeton University Press, Princeton, 1983.


*La Recherche*, juin 1976

# 4. Les premiers arthropodes

*Derek Briggs*

Les arthropodes, dont le nom signifie « qui a des pieds articulés », sont de loin les animaux vivants les plus diversifiés et les plus nombreux. En effet, cet embranchement rassemble plus de 800 000 espèces, dont environ 750 000 espèces d'insectes, soit près de 80 % des formes animales vivantes.

Ils occupent une quantité remarquable de niches écologiques aussi bien dans les mers (crabes, homards), les lacs (puces d'eau) et les rivières, que sur terre (scorpions, araignées), et sont les seuls invertébrés à s'être adaptés au vol (insectes) *(fig. 1)*. L'évolution des arthropodes est relativement mal connue car, de même que pour tous les autres invertébrés, l'origine des principaux embranchements se perd dans la nuit des temps géologiques. Les premiers arthropodes incontestables appartiennent à des faunes du début du Primaire, précisément du Cambrien inférieur (— 570 millions d'années), c'est-à-dire peu de temps après l'apparition des plus anciens animaux à squelette. Mais les premiers métazoaires, c'est-à-dire les organismes constitués de plusieurs cellules (qui se différencient donc des êtres les plus primitifs unicellulaires), ont été retrouvés dans des roches du Précambrien * datées d'environ 670 millions d'années. Découverts d'abord en Australie, à Édiacara, ils sont maintenant connus sur presque tous les continents. La plupart d'entre eux sont des formes apparentées aux cnidaires actuelles (méduses, hydrozoaires, etc.) et à certains vers annelés (annélides) ; ils étaient tous

* Ici dans le sens actuel, c'est-à-dire incluant l'Infracambrien.

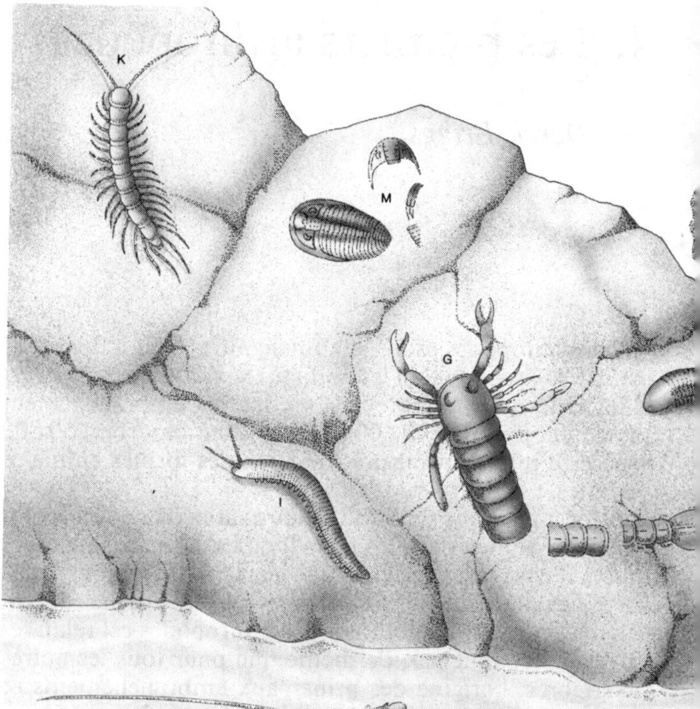
K
M
G
I
A
B
C

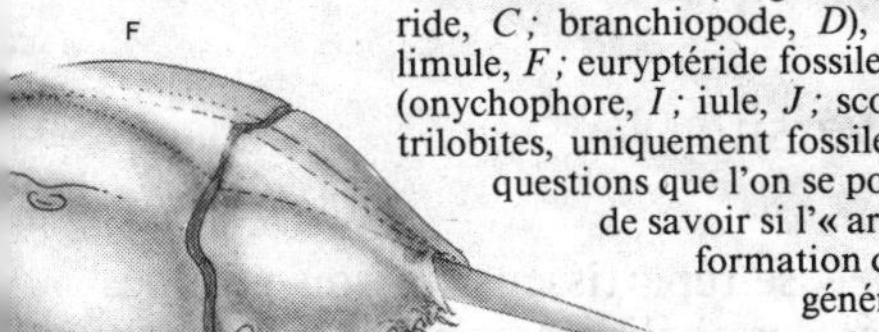


*Fig. 1.* Le monde des arthropodes est extraordinairement diversifié, comme le montre cette composition idéale, réunissant des représentants des quatre grands groupes d'arthropodes : les crustacés (langouste, *A ;* ostracodes, *B ;* céphalocaride, *C ;* branchiopode, *D*), les chélicérates (scorpion, *E ;* limule, *F ;* euryptéride fossile, *G ;* araignée, *H*), les uniramés (onychophore, *I ;* iule, *J ;* scolopendre, *K ;* insecte, *L*) et les trilobites, uniquement fossiles *(M)*. L'une des plus grandes questions que l'on se pose sur l'origine de ce groupe est de savoir si l'« arthropodisation », c'est-à-dire la formation d'une carapace dure et articulée, généralement associée à la subdivision du corps en régions et la différenciation d'appendices, est apparue une seule fois ou, au contraire, plusieurs fois à l'aube de l'ère primaire. La découverte et l'étude des premiers arthropodes du Cambrien moyen ayant conservé les parties molles du corps permettent de répondre en partie à cette question.

dépourvus de squelette minéralisé (voir « L'origine des grands groupes d'animaux » [78]). Cependant, quelques formes encore énigmatiques *(Praecambridium, Parvancorina)* pourraient avoir été plus proches des arthropodes que des annélides [79], mais leur état de conservation ne permet pas de l'affirmer avec certitude. Pour A. Seilacher, chercheur à Tübingen en RFA, la faune d'Ediacara représenterait une radiation précoce qui se serait éteinte à la fin du Précambrien. Les animaux ne seraient donc apparentés à aucun groupe actuel.

Parmi les premiers arthropodes, les mieux connus, les trilobites, apparaissent au Cambrien inférieur (— 570 millions d'années), à peu près en même temps que les échinodermes (groupe qui inclut des animaux tels que l'oursin et le lys de mer). L'une des grandes questions que l'on se pose sur l'origine des arthropodes est de savoir si ce qu'on appelle l'« arthropodisation », c'est-à-dire la formation d'une carapace dure et articulée et d'appendices souvent différenciés, est survenue indépendamment chez les différents groupes qui constituent aujourd'hui les arthropodes ou au contraire une seule fois chez l'ancêtre commun à ces différents groupes.

La découverte et l'étude des arthropodes connus du Cambrien moyen (— 540 millions d'années) du célèbre gisement de Burgess Shale, dans les montagnes Rocheuses du Canada, permettent désormais de répondre en partie à cette question et par là même de lever un coin du voile sur l'origine de cet embranchement qui devait connaître une remarquable réussite.

## Une stupéfiante diversité

Les arthropodes actuels se répartissent en trois groupes principaux : les crustacés, les chélicérates et les uniramés. Les premiers, qui regroupent des animaux bien connus des gastronomes, tels que les homards, les crabes et les crevettes et toute une variété de formes plus petites, sont les arthropodes aquatiques les plus importants. Les chélicérates comprennent des formes aquatiques, les limules, et des formes terrestres : scorpions, araignées et acariens. Les uniramés, exclusivement terrestres, forment de loin le groupe d'arthropodes, voire d'animaux, le plus important. Ce sont les scolopendres, les mille-pattes et les insectes.

Il existe, en outre, un très grand groupe fossile : celui des trilobites, ainsi nommés en raison de la subdivision longitudinale de leur squelette externe dorsal, en trois lobes *(fig. 2).* Apparus au Cambrien inférieur, il y a environ 570 millions d'années, les trilobites ont disparu à la fin du Permien, il y a environ 250 millions d'années.

Les arthropodes possèdent un certain nombre de traits caractéristiques : leur symétrie est bilatérale, leur tronc est constitué par une succession de segments, ou métamères, construits selon le même plan. Leur squelette externe est dur, cette carapace est sécrétée à la surface du tégument, sous forme d'une cuticule, dont la partie profonde est imprégnée d'une substance cornée nommée chitine. Leurs pattes, enfermées elles aussi dans cette armure, sont articulées. Leur croissance s'effectue par des mues régulières et successives du squelette externe. Ils sont également caractérisés, du moins en ce qui concerne les groupes vivants, par la présence d'un hémocœle, cavité remplie de sang et où se trouve le cœur. On considérait traditionnellement que l'ensemble de ces caractères prouvait que tous les arthropodes dérivaient d'un ancêtre commun et pouvaient être regroupés en un seul phylum.

## Pour ou contre un ancêtre commun

Les trois principaux groupes d'arthropodes actuels sont connus depuis le Primaire inférieur et ont évolué séparément depuis plus de 400 millions d'années. Ils se différencient entre eux par plusieurs caractères importants, notamment la disposition des segments et des appendices portés par la tête, le type de développement embryonnaire et enfin le fonctionnement des pièces des mâchoires.

L'ensemble de ces différences fondamentales a conduit

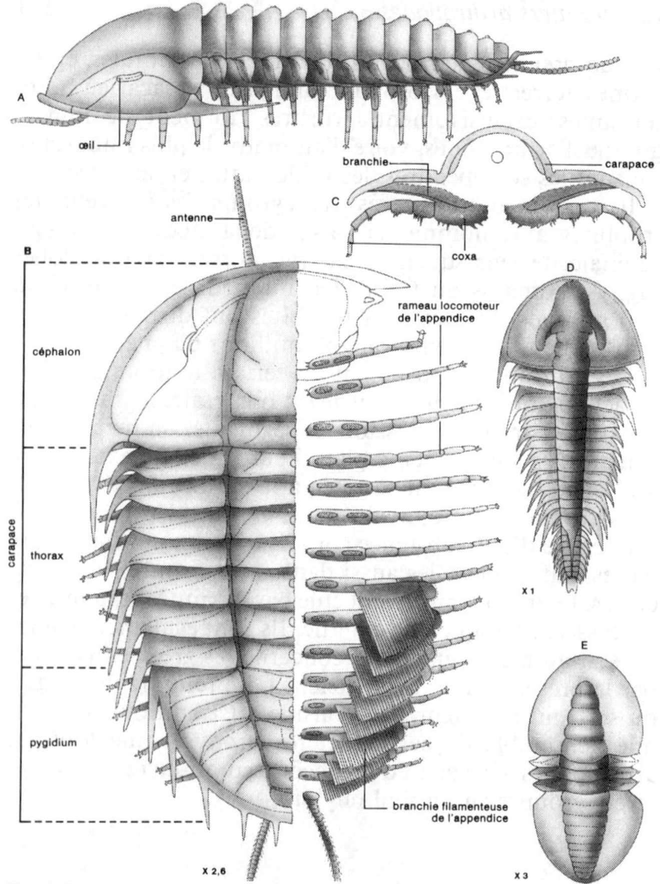


*Fig. 2.* Les trilobites sont un groupe d'arthropodes uniquement fossile, connu du Cambrien (— 570 millions d'années) au Permien (— 250 millions d'années). *Olenoides* est l'un des rares trilobites dont tous les appendices soient connus. En sont figurées ici une vue latérale *(A)*, dorsale *(B)* et une coupe transversale *(C)*. Sur la vue dorsale, l'exosquelette dorsal est supposé enlevé du côté droit, montrant ainsi les appendices avec leurs branchies filamenteuses et leur rameau locomoteur. La coupe transversale du thorax montre la manière dont l'élément basal des appendices, ou coxa, est attaché au corps. Les grosses épines portées par les coxa servaient sans doute à mâcher la nourriture, en l'absence d'un appareil masticateur spécialisé. Dès le Cambrien inférieur (— 550 millions d'années), les trilobites montrent une grande diversité, comme en témoignent cet olénellide *(D)* et cet éodiscoïde *(E)*. L'aspect larvaire des éodiscoïdes peut être dû à une évolution par progenèse, c'est-à-dire l'acquisition de la maturité sexuelle à un stade larvaire précoce chez l'ancêtre de ce groupe. (*A, B, C,* d'après Whittington, 1975.)

un certain nombre d'éminents zoologistes, tels que Sidnie M. Manton, du British Museum [80] à Londres, et Donald T. Anderson, de l'université de Sydney [81] en Australie, à émettre une nouvelle hypothèse sur l'origine des arthropodes. Pour eux, au moins trois ancêtres différents, à corps mou, ont évolué de façon convergente vers le degré d'organisation dit d'« arthropodisation » caractérisé, je le rappelle, par l'apparition d'un squelette externe dur et d'appendices souvent différenciés. Ainsi Manton et Anderson estiment-ils que les arthropodes ne constituent pas un groupe monophylétique (ayant un seul ancêtre commun) mais un groupe polyphylétique, artificiel, et ils élèvent les crustacés, les chélicérates et les uniramés au rang de phyla séparés *(fig. 3)*.

Cette théorie du polyphylétisme a été critiquée sur de nombreux points. Ainsi Colin Patterson, du British Museum, chef de file des cladistes (voir p. 47), fit remarquer en 1978 [82] que les conclusions de Manton contenaient des fautes de logique qui caractérisent la plupart des définitions du polyphylétisme. En réalité, si l'on s'en tient à une définition rigoureuse, ni Manton ni Anderson n'ont démontré le polyphylétisme des arthropodes. En revanche, l'intérêt principal de leurs travaux est d'avoir montré que les crustacés, les chélicérates et les uniramés constituent des groupes homogènes qui paraissent ne pas présenter de relations étroites entre eux.

D'autre part, un certain nombre d'entomologistes continuent à contester la séparation en deux groupes des uniramés et des crustacés. C'est R.E. Snodgrass [83], de la Smithsonian Institution aux États-Unis, qui le premier, en 1938, les avait regroupés sur la base d'une hypothétique homologie des mâchoires (mandibule), sous le terme de mandibulates. Mais Manton a supposé que ces similitudes résultaient d'une évolution convergente : c'est donc une ressemblance superficielle.

En fait, la mandibule des crustacés est formée par la partie basale des appendices, tandis que celle des uniramés utilise les extrémités des appendices. Aussi est-il maintenant admis que les uniramés, essentiellement terrestres, sont un groupe distinct de celui des crustacés.

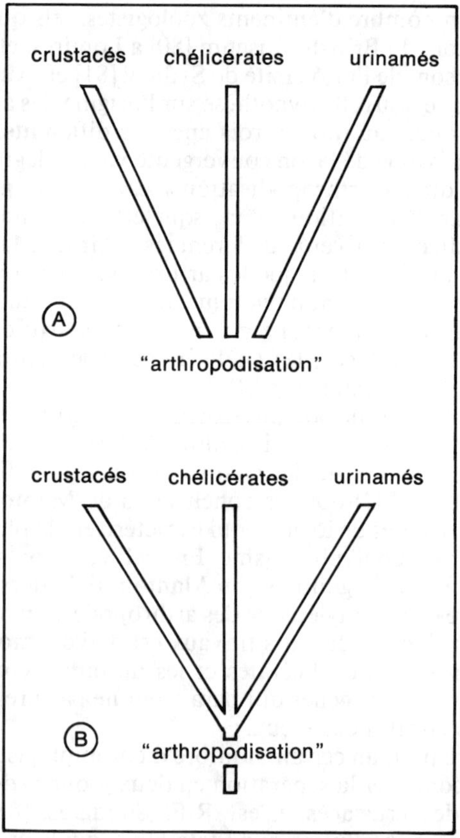


*Fig. 3.* L'un des grands problèmes de la phylogénie des arthropodes est de savoir si l'« arthropodisation », c'est-à-dire l'apparition d'une carapace segmentée et d'appendices souvent différenciés, est survenue indépendamment chez les crustacés, chélicérates et uniramés *(A)*, comme le supposait Manton, ou si, au contraire, ces caractères ne sont apparus qu'une seule fois chez un ancêtre commun aux trois groupes *(B)*. Les différences dans la segmentation de la tête, l'embryologie et les mécanismes mandibulaires chez les représentants actuels de ces trois groupes parleraient plutôt en faveur de la première hypothèse. D'autres caractères présents chez quelques arthropodes fossiles primitifs, qui pourraient être des formes intermédiaires ou un ancêtre de plus d'un groupe, témoignent de l'existence possible d'un ancêtre commun aux trois groupes.

Dans leurs discussions phylogénétiques, ni Manton ni Anderson n'ont attaché beaucoup d'importance aux groupes éteints. Pour eux, les trilobites étaient peut-être les représentants d'un quatrième phylum. Aujourd'hui un nouveau point de vue, principalement défendu par les Américains Robert R. Hessler et William A. Newman, de la Scripps Institution of Oceanography, en Californie [84], a fait son apparition. L'étude des arthropodes fossiles semble montrer une parenté entre les trilobites d'une part, les crustacés et les chélicérates d'autre part. Ce point de vue est fondé essentiellement sur la reconstitution de la morphologie probable d'un crustacé ancestral, ainsi que sur l'étude très détaillée, à l'aide des rayons X, par John L. Cisne de la Cornell University aux États-Unis [85], de trilobites exceptionnellement bien conservés.

## Sur la trace des premiers arthropodes

C'est bien entendu parmi les fossiles très anciens qu'il faut rechercher de nouvelles données sur l'origine et le début de l'évolution des arthropodes. Malheureusement, certains des principaux critères permettant de différencier les grands groupes, comme l'embryologie et les mécanismes mandibulaires, ne peuvent être observés sur les fossiles. Même la segmentation de la tête n'est pas visible ; heureusement, dans certains cas de conservation exceptionnelle, elle peut être reconstituée à partir de la disposition des appendices. Les arthropodes fossiles du Primaire comprennent essentiellement les trilobites qui possédaient un squelette externe très minéralisé. Certains ayant mué jusqu'à quarante fois, on retrouve fréquemment leurs mues dans les roches sédimentaires, surtout dans celles qui se sont déposées dans les mers peu profondes où vivaient la plupart d'entre eux. Aussi l'abondance des trilobites fossiles donne-t-elle une impression exagérée de leur importance relative dans les premières communautés marines. La grande majorité des trilobites fossiles ne sont que la mue du squelette externe dorsal qui comprend la tête (cephalon), les segments du thorax et la queue (pygidium) formée par plusieurs segments postérieurs fusionnés *(fig. 2)*. Les parties non minéralisées, comme les appendices et les restes des organes internes, qui permettraient de discuter des relations entre les trilobites et les autres arthropodes, ne sont malheureusement que très rarement conservées. Mais, à la différence des trilobites, la majorité des arthropodes du Cambrien n'avaient qu'une cuticule organique, non minéralisée, qui ne se conservait que très rarement. Depuis une quinzaine d'années, cependant, l'exploration de deux gisements d'âge cambrien (– 505 à – 590 millions d'années), où des conditions exceptionnelles ont permis la conservation de la cuticule non minéralisée, devait fournir des données uniques sur la structure des premiers arthropodes. Il s'agit du gisement du Cambrien moyen des schistes de Burgess, au Canada, et des calcaires phosphatés du Cambrien supérieur de Suède. Le gisement des schistes de Burgess a, en particulier, livré des arthropodes appartenant à de nouveaux groupes, mais que jusqu'à maintenant on avait « entassés » avec les trilobites dans la classe des trilobitoïdes. En fait, il semble bien que la classe des trilobitoïdes n'ait pas de signification phylogénétique et qu'une grande partie de ces arthropodes n'appartiennent à aucun des quatre grands groupes principaux.

Qu'apportent ces premières faunes quant à l'origine des grands groupes d'arthropodes et à leur diversification initiale ? Accréditent-elles les conclusions de Manton et Anderson selon lesquelles les crustacés, les chélicérates et les uniramés auraient une origine séparée ? Si les conclusions de ces auteurs sont exactes, on peut s'attendre que même les premiers représentants de ces grands groupes soient fondamentalement différents les uns des autres. Au contraire, si ces arthropodes partagent un ancêtre commun, propre à eux seuls, on trouvera parmi les premiers fossiles des morphologies intermédiaires qui ont disparu, pour ne laisser que les groupes qui ont eu le plus de succès. D'autre part, que nous révèlent ces faunes du Cambrien sur le comportement et l'écologie des premiers arthropodes ? Se nourrissaient-ils, par exemple, de la façon qui paraît la plus simple et la plus primitive, en filtrant l'eau ?

## Les schistes de Burgess : un gisement sans équivalent dans le monde

Le gisement des schistes de Burgess du Cambrien moyen (— 540 millions d'années) a livré la plus importante faune d'animaux à corps mou connue dans le monde. Environ cent cinquante espèces animales réparties dans cent vingt genres ont été découvertes, dont plus d'un tiers, c'est-à-dire quelque quarante-quatre genres, sont des arthropodes. C'est dire si cette faune nous donne un aperçu unique de la vie dans les mers à cette époque. Ce gisement fut découvert en 1909 par Charles D. Walcott, de la Smithsonian Institution (Washington, États-Unis), qui y effectua cinq campagnes de fouilles, en mettant au jour plus de 60 000 échantillons dont la plupart sont conservés au National Museum of Natural History à Washington. Les animaux ont été transportés et enfouis dans d'épaisses nappes de sédiments qui se sont déposées par intervalles au pied d'un récif d'algues à versant abrupt. Leur décomposition a vraisemblablement été inhibée par un manque d'oxygène. Les animaux se trouvaient en effet dans une sorte de cuvette où stagnait une eau probablement riche en hydrogène sulfuré et pauvre en oxygène.

Les descriptions des animaux des schistes de Burgess, publiées par Walcott au début du siècle, se sont révélées très incomplètes et une nouvelle étude du gisement a été entreprise en 1966, à l'instigation du Service géologique du Canada, et sous la direction de Harry B. Whittington de l'université de Cambridge (Angleterre). Les arthropodes ont été étudiés principalement par Whittington et moi-même.

## Les premiers trilobites : seule la tête se spécialise

Des trilobites ayant conservé les parties molles du corps sont extrêmement rares dans les schistes de Burgess, à deux exceptions près, *Olenoides* et *Naraoia*. Ces animaux, récemment re-décrits par Whittington [86], sont particulièrement intéressants car ils ont conservé des parties autres que le squelette externe dorsal qui ont pu être observées en détail. Ainsi, le premier appendice céphalique d'*Olenoides* était une antenne qui avait probablement une fonction sensorielle. Les autres appendices étaient tous semblables, disposés tout le long du corps. Ils comprenaient une branche externe filamenteuse, sorte de « branchie » pour la respiration, et une branche interne segmentée, sorte de « patte » ; ces deux branches étaient rattachées à un segment basal, la coxa, munie de piquants dirigés vers l'intérieur et servant à broyer la nourriture et à la transporter en avant jusqu'à la bouche *(fig. 2 B et C)*. La branche locomotrice des appendices était également munie de touffes de piquants et contribuait vraisemblablement à saisir les proies *(fig. 2 C)*. La segmentation de la tête est l'un des caractères les plus utiles pour distinguer les principaux groupes d'arthropodes actuels. Elle se déduit, sur les fossiles, du nombre et de la position des appendices de la tête. Ainsi la tête d'*Olenoides* portait, outre les antennes, trois paires d'appendices non différenciés *(fig. 2 A et B)*. Cette disposition qui diffère de celle des arthropodes actuels, pour lesquels les appendices céphaliques sont très spécialisés, se retrouve aussi chez les quelques trilobites bien connus dont les appendices sont conservés et pourrait donc constituer un caractère distinctif de ce groupe. Chez les trilobites plus anciens, du Cambrien inférieur, les Olenellidés, on ne connaît pas la disposition des appendices. En revanche, on sait qu'ils diffèrent des trilobites plus récents par leur grand nombre de petits segments thoraciques et leur tout petit pygidium *(fig. 2 D)*. Ces caractères sont peut-être primitifs, c'est-à-dire qu'ils reflètent peut-être la morphologie d'une forme ancestrale. Il est probable qu'au début de l'évolution des trilobites (et des autres arthropodes), la spécialisation des sections du corps, en vue de fonctions différentes, ait débuté par la tête et se soit ensuite étendue vers l'arrière. Chez les Olenellidés, elle n'avait pas encore affecté les segments postérieurs, qui n'avaient pas fusionné pour former un bouclier caudal (pygidium) comme chez les autres trilobites.

La faune de Burgess contient également *Naraoia,* un trilobite dépourvu de squelette minéralisé, ce qui tendrait à prouver que d'autres trilobites à carapace molle ont évolué au cours du Paléozoïque sans laisser de traces fossiles. Le squelette externe de *Naraoia* diffère de celui des autres trilobites non seulement par son absence de minéralisation, mais aussi par sa forme ; il comprend seulement deux boucliers convexes, l'un antérieur qui correspond à la tête, l'autre postérieur qui correspond à la fusion du thorax et du bouclier caudal (pygidium). Pour Whittington, *Naraoia* appartenait bien aux trilobites, malgré sa forme exceptionnelle. En effet, la nature et la disposition de ses appendices ressemblent d'une manière étonnante à ceux d'*Olenoides.* Les piquants de leurs appendices prouvent que ces trilobites étaient déjà des prédateurs et se nourrissaient vraisemblablement d'animaux à corps mou. Ils ne filtraient donc pas l'eau pour se nourrir, comme on le supposait traditionnellement.

Parmi les arthropodes des schistes de Burgess, il n'y a que quatorze genres de trilobites. Qu'en est-il des trente autres genres ? On pourrait s'attendre qu'ils se rattachent pour la plupart à l'un des trois grands groupes d'arthropodes que sont les crustacés, les chélicérates et les uniramés. En réalité, seul un petit nombre peut être effectivement attribué à ces groupes, les autres témoignent de l'existence de groupes totalement éteints.

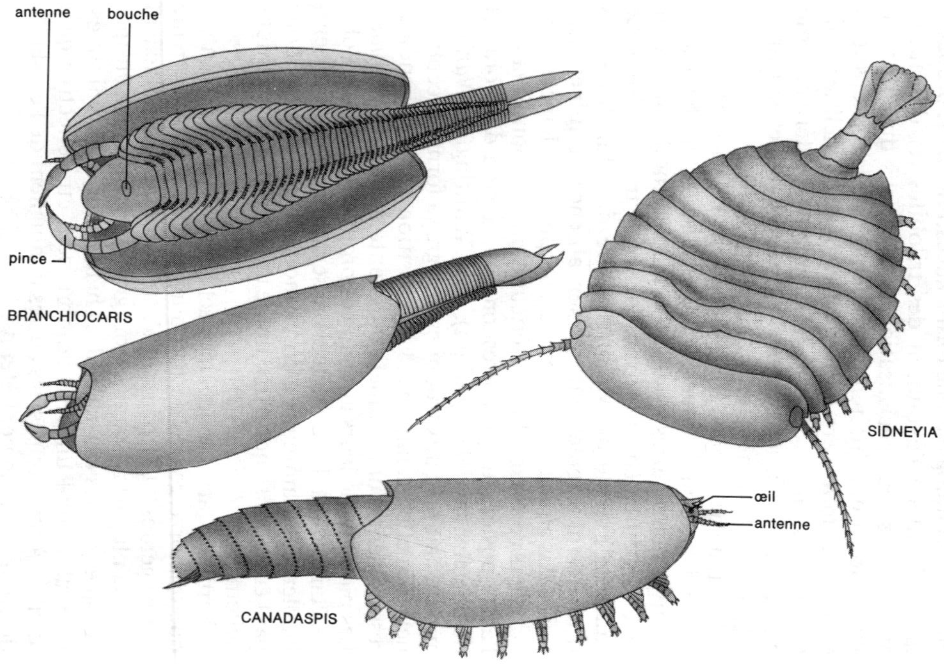
antenne
bouche
pince
BRANCHIOCARIS
SIDNEYIA
œil
antenne
CANADASPIS

## Un faux crustacé démasqué

On s'est aperçu en réétudiant les arthropodes de Burgess que, parmi ceux qui avaient d'abord été décrits comme des crustacés, un grand nombre ne présentaient que des ressemblances superficielles avec ce groupe. C'est le cas par exemple de *Branchiocaris (fig. 4),* qui possède une carapace semblable à celle d'un crustacé. En étudiant cet arthropode, j'ai montré [87] qu'il ne possédait qu'une paire d'antennes et une autre paire d'appendices céphaliques, alors que la tête des crustacés porte deux paires d'antennes et trois paires d'appendices servant à la nutrition. D'autre part, *Branchiocaris* n'avait pas d'yeux et était vraisemblablement incapable de poursuivre des proies ; il ramassait probablement des détritus avec sa seconde paire d'appendices céphaliques semblable à une pince. En fait, les similitudes qui existent entre *Branchiocaris* et les crustacés résultent seulement d'un phénomène de convergence.

En revanche, *Canadaspis (fig. 4),* le second arthropode le plus abondant de Burgess, est, quant à lui, un crustacé incontestable, avec deux paires d'antennes et des yeux qui font saillie en dehors de la carapace. Le nombre de ses segments du thorax et de l'abdomen (respectivement huit et sept) est caractéristique des malacostracés ; les crevettes,

←

*Fig. 4.* Trois arthropodes du Cambrien moyen de Burgess sont représentés ici : *Branchiocaris* est un arthropode à carapace bivalve, ressemblant superficiellement aux crustacés. Il ne possédait que deux paires d'appendices portés par la tête : une paire d'antennes et une paire de pinces fines. Comme le montre la vue ventrale, tous les autres appendices étaient indifférenciés. *Canadaspis* est le plus ancien crustacé certain connu, présentant les appendices de la tête, typiques de ce groupe. Enfin, *Sidneyia* est le plus abondant des grands arthropodes de Burgess. Ses appendices rappellent ceux des chélicérates (limules) et sa queue évoque celle des crevettes. Il s'agit là de l'une de ces formes « inclassables », éteintes dès le début de l'ère primaire. (D'après Briggs, 1976, 1978, Bruton, 1981.)

les homards et les crabes appartiennent à cette classe de crustacés dont *Canadaspis* est le plus ancien représentant bien conservé. Cependant, il reste nettement primitif à deux égards. Tout d'abord, il y a très peu de différence entre les appendices de la tête et ceux du tronc, ce qui tend à prouver que *Canadaspis* représente un stade d'évolution antérieur à la différenciation complète de la tête et du tronc. En outre, le nombre des segments de ses pattes est beaucoup plus important que chez les crustacés actuels, pour lesquels la flexibilité des pattes est assurée par un petit nombre de segments de longueurs différentes reliés par des articulations spécialisées.

En plus de *Canadaspis,* les schistes de Burgess renferment au moins trois autres arthropodes à carapace bivalve appartenant probablement au groupe des crustacés. Malheureusement, les appendices céphaliques de ces animaux dénommés *Perspicaris, Odaraia* et *Waptia* ne sont pas suffisamment bien conservés pour que l'on puisse en être sûr [88].

## Les grands absents de Burgess : les chélicérates et les uniramés

Parmi les trois grands groupes d'arthropodes actuels, celui des crustacés est le seul qui soit représenté à Burgess. Longtemps, on a pensé que certains fossiles d'arthropodes (aglaspides) abondants dans le Cambrien supérieur du Wisconsin, aux États-Unis, appartenaient aux chélicérates ; mais, grâce aux appendices associés à la tête, j'ai montré assez récemment avec Whittington et David L. Bruton de l'université d'Oslo (Norvège) qu'il n'en était rien [89]. En fait, le premier représentant certain du groupe des chélicérates (dont les appendices sont conservés) est *Megalograptus* (un euryptéride ordovicien), sorte de grand « scorpion » qui vivait en milieu marin, il y a 450 millions d'années.

Le groupe des uniramés, étant exclusivement terrestre, il n'est pas étonnant que les premiers fossiles des mille-pattes appartenant à ce groupe n'apparaissent qu'au Silurien moyen (— 415 millions d'années) après que les végétaux, dont ils se nourrissaient, eurent colonisé le milieu terrestre. Bien que les uniramés n'aient pas existé au Cambrien, un arthropode des schistes de Burgess, *Aysheaia,* ressemble de façon surprenante à certains représentants actuels du groupe *(fig. 5). Aysheaia* fut d'abord décrit par Walcott au début du siècle, comme un ver, mais on remarqua rapidement sa ressemblance avec un petit groupe d'arthropodes primitifs possédant des pattes massives et crochues, dépourvus de squelette externe et dont l'aspect rappelle celui d'une chenille : il s'agit des onychophores, représentés aujourd'hui par le péripate. Ce petit animal curieux est terrestre et vit principalement dans les régions humides des zones tropicales.

Un certain nombre de spécimens d'*Aysheaia* bien conservés ont été trouvés en association avec des éponges et Whittington, qui a récemment réétudié ce fossile [90], suggère que l'animal se nourrissait d'éponges. Si cette hypothèse est exacte, les épines qui terminaient les appendices servaient probablement à saisir l'éponge, et les appendices, qui étaient hérissés de piquants sur la tête, servaient à maintenir la bouche en position, tandis que les papilles entourant la bouche sécrétaient peut-être une enzyme pour aider à la digestion. Les éponges auraient également dissimulé et protégé cet animal qui, sans cela, aurait été vulnérable. *Aysheaia* ne possédait ni les mâchoires ni les autres appendices spécialisés que portent sur la tête les uniramés actuels ; il représente peut-être l'un des premiers stades de différenciation de la tête par rapport au tronc. Comme le souligne Whittington, il pouvait représenter un type d'animal à corps mou qui aurait donné naissance aux scolopendres, aux mille-pattes et aux insectes terrestres.

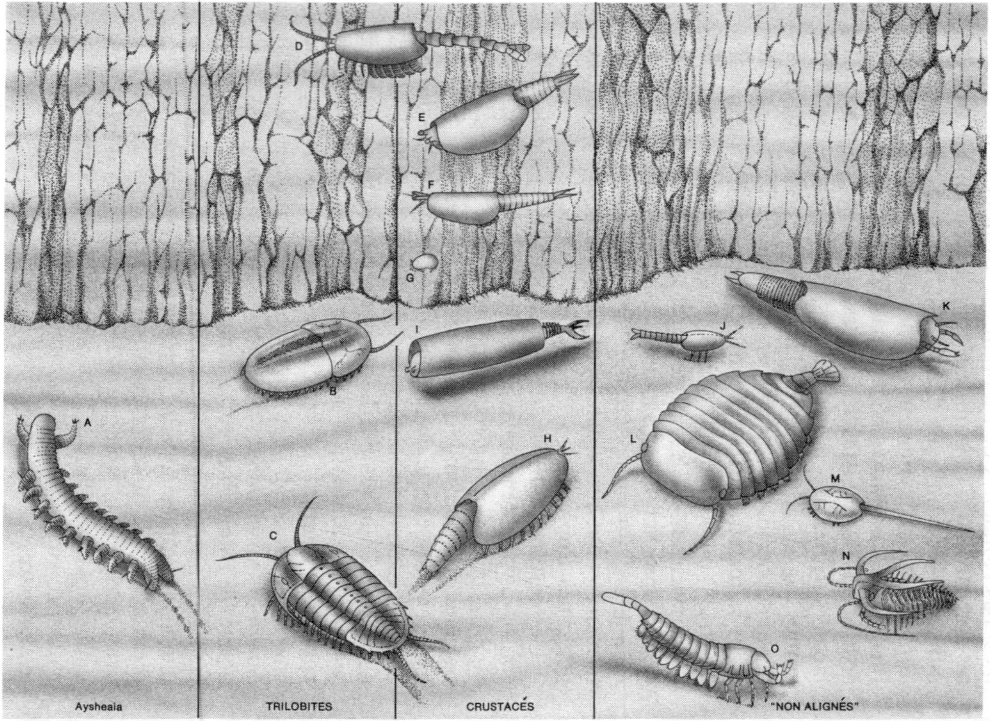
A
B
C
D
E
F
G
H
I
J
K
L
M
N
O
Aysheaia
TRILOBITES
CRUSTACÉS
"NON ALIGNÉS"

## Des arthropodes aux affinités incertaines

Si, parmi les grands groupes arthropodes, seulement deux, celui des trilobites et celui des crustacés, sont représentés de façon certaine au Cambrien, qu'en est-il des autres arthropodes de cette époque, et en particulier de la moitié de la faune d'arthropodes de Burgess qui ne peut être classée dans ces grands groupes ? Manton comparait l'ensemble des premiers arthropodes à une « prairie phylogénétique » dont les brins d'herbe représenteraient les très nombreuses lignées indépendantes ; au milieu de cette prairie, « deux arbres » seraient les premiers représentants des grandes lignées, c'est-à-dire les trilobites et les crustacés. Les arthropodes « non classés » formant la « prairie » de Manton me font penser au résultat qu'obtiendrait sans doute mon fils, qui n'est qu'un bébé, si on lui demandait de reconstituer des arthropodes en « kit », à partir d'une série de segments, de carapaces et d'appendices pouvant tous se combiner entre eux. Les animaux qu'il construirait paraîtraient absurdes, comparés aux arthropodes actuels, et c'est bien l'impression que nous donne une partie de la

←

*Fig. 5.* Le gisement du Cambrien moyen de Burgess, en Colombie britannique, s'est formé au pied d'une falaise sous-marine, où les animaux se sont retrouvés dans un milieu pauvre en oxygène, qui a empêché la dégradation des parties molles du corps. On voit ici, reconstitués dans leur milieu, certains arthropodes de ce gisement : *Aysheaia (A)* représente le type d'animal au corps mou qui peut avoir été à l'origine des uniramés. *Naraoia (B)* et *Olenoides (C)* sont les seuls trilobites dont les appendices sont bien conservés. *Canadaspis (H)* et des ostracodes primitifs *(G)* montrent la disposition des appendices typique des crustacés (notons que ces appendices n'ont pas été retrouvés à Burgess mais dans le gisement cambrien de Suède). *Waptia (D), Perspicaris* (deux espèces, *E* et *F*) et *Odaraia (I)* sont peut-être aussi des crustacés. Toutefois, la majorité des arthropodes de Burgess n'appartiennent à aucun des grands groupes reconnus, ce sont en quelque sorte des « non-alignés », tels que *Plenocaris (J), Branchiocaris (K), Sidneyia (L), Burgessia (M), Marrella (N)* et *Yohoia (O).*

faune d'arthropodes de Burgess. Je n'en veux pour preuve que les trois exemples suivants : *Marrella, Sidneyia* et *Burgessia. Marrella* est de loin l'arthropode le plus abondant de Burgess (plus de 12 000 spécimens en ont été découverts) ; il a été décrit par Whittington [91]. La tête de cet animal portait deux paires d'épines semblables à des cornes recourbées vers l'arrière et deux paires d'antennes. La présence de deux paires d'antennes est une caractéristique des crustacés, mais contrairement à ces derniers *Marrella* n'avait pas d'appendices derrière la bouche. Le tronc pouvait comprendre jusqu'à 26 segments portant chacun une paire d'appendices tous semblables, constitués d'une branche interne articulée qui servait à la locomotion et d'une branche externe filamenteuse qui devait fonctionner comme une branchie. Les appendices antérieurs du tronc n'étaient pas spécialisés dans la préhension de la nourriture : *Marrella* devait sans doute utiliser sa deuxième paire d'antennes plumeuses pour balayer les particules de l'eau qui étaient ensuite piégées par les appendices du tronc puis amenées à l'avant vers la bouche. Bien que les appendices du tronc ressemblent superficiellement à ceux des trilobites, la morphologie de la tête exclut toute possibilité d'une relation étroite entre *Marrella* et les trilobites. Il est clair que ce genre ne peut être rattaché à aucun des grands groupes d'arthropodes connus.

*Sidneyia (fig. 4)* est le plus commun des grands arthropodes de Burgess ; il pouvait atteindre près de 20 cm de long. Walcott le décrivit pour la première fois en 1911 et le nomma ainsi, car c'est son fils Sidney qui l'avait découvert (le nom d'espèce *inexpectans* semble indiquer que ce n'était pas cela que Sidney cherchait !). Bruton a repris récemment la description de cet animal [92]. L'une des caractéristiques principales de *Sidneyia* réside dans le fait que les segments basaux des appendices thoraciques étaient munis d'énormes épines dirigées vers l'intérieur, rappelant celles qu'un chélicérate actuel, la limule, utilise pour la mastication. De plus, il est clair que *Sidneyia* était carnivore, comme en témoignent les restes de trilobites, d'ostracodes (petits crustacés bivalves) et de hyolithidés (petits animaux à coquille conique) retrouvés dans les viscères de certains spécimens. Autre caractéristique morphologique, l'abdomen étroit était dépourvu d'appendices, sauf à l'endroit où il se terminait en une queue en forme d'éventail semblable à celle de certains crustacés actuels tels que les crevettes. L'absence sur la tête d'appendices autres que les antennes, de même que l'association inhabituelle de certains caractères semblent prouver que *Sidneyia,* ce grand prédateur des eaux cambriennes, n'appartient à aucun des grands groupes d'arthropodes.

*Burgessia,* enfin, constitue notre troisième exemple d'arthropode « non classé ». Ce petit animal présentait une carapace presque circulaire, recouvrant à la fois la tête et le thorax, derrière laquelle se trouvait une longue épine. Réétudiée par C.P. Hughes, de l'université de Cambridge en Grande-Bretagne [93], la tête porte une paire d'antennes et trois autres paires d'appendices. Une telle disposition des appendices se retrouve chez les trilobites ; en revanche, d'autres caractères sont éloignés de ceux des trilobites. En fait, les similitudes entre *Burgessia* et les trilobites paraissent uniquement résulter d'une évolution convergente, et rien ne prouve que cet animal n'ait pas eu d'affinités avec l'un des grands groupes actuels d'arthropodes.

Ces quelques exemples d'arthropodes « inclassables » montrent à quel point, parmi les nombreuses espèces d'arthropodes qui sont apparues durant le Cambrien, très peu d'entre elles ont connu une réussite biologique à long terme.

## Les fossiles les mieux conservés du Cambrien

Bien que les schistes de Burgess aient livré une plus grande variété d'arthropodes que toutes les autres faunes du Cambrien, un autre exemple de conservation de « parties molles » très anciennes mérite une attention particulière ; il s'agit des calcaires noirs noduleux du Cambrien supérieur (— 520 millions d'années) du sud de la Suède.

Les arthropodes découverts dans ces calcaires étudiés par Klaus J. Müller, de Bonn, en Allemagne [94], sont de petits fossiles de quelques millimètres de longueur transformés en phosphate et conservés en trois dimensions, contrairement aux fossiles de Burgess qui sont écrasés. Une fois leur gangue dissoute à l'acide acétique, les moindres détails des appendices de ces animaux ont pu être observés au microscope électronique à balayage. Parmi ces petits fossiles les plus fréquents sont de petits crustacés, premiers représentants d'un groupe qui est encore important actuellement, celui des ostracodes. Comme les ostracodes actuels, ces formes du Cambrien étaient caractérisées par une carapace bivalve entourant complètement un tronc réduit, mais la carapace de ces ostracodes du Cambrien était phosphatée tandis que celle des ostracodes actuels est calcaire. Comme chez *Canadaspis* de Burgess, les appendices postérieurs portés par la tête étaient très peu différents de ceux portés par le thorax et les appendices comprenaient beaucoup plus de segments que ceux des ostracodes actuels. Ces deux caractères pourraient bien être hérités d'une forme ancestrale plus primitive. D'autres petits crustacés très divers provenant de cette faune ont été décrits ; certains se nourrissaient en filtrant l'eau, d'autres de dépôts ; certains vivaient au fond des mers, d'autres nageaient. Leur étude est en cours, mais jusqu'ici il s'est révélé impossible de les rattacher à des crustacés actuels. La faune des calcaires phosphatés de Suède contient relativement moins de formes « non classées » que celle de Burgess, mais on ne sait pas si cela traduit une différence réelle entre les arthropodes du Cambrien moyen (Burgess) et ceux du Cambrien supérieur (Suède), ou si cette différence est simplement due au fait que le gisement suédois correspond à un environnement différent de celui de Burgess.

## Une évolution en mosaïque

A la lumière des gisements de Burgess et des calcaires phosphatés de Suède, nous pouvons nous faire une meilleure idée du stade d'évolution des arthropodes du Cambrien. Pour beaucoup d'entre eux la formation de la tête n'est pas encore très développée. Chez *Marrella* et *Sidneyia* par exemple, la tête ne portait pas, derrière la bouche, les appendices servant à la nutrition que possèdent tous les arthropodes actuels. Même chez *Canadaspis* ou chez les ostracodes de Suède, qui sont les plus anciens crustacés bien conservés que l'on connaisse, la limite entre la tête et le thorax n'est pas encore très nette, et les appendices postérieurs sont encore très semblables aux appendices du tronc.

Néanmoins, le tronc des ostracodes du Cambrien est réduit et enfermé dans la carapace, tandis que celui de *Canadaspis* est déjà divisé en sections spécialisées morphologiquement et fonctionnellement, sections que l'on appelle tagmes. Cette segmentation du tronc ou tagmose est caractéristique de l'un des grands groupes actuels de crustacés. En revanche, d'autres arthropodes de Burgess possèdent des appendices antérieurs spécialisés et une tête bien différenciée, alors que la tagmose n'a pas encore atteint leur tronc.

Cette tendance des caractères à évoluer à des vitesses différentes, dans des lignées différentes, est appelée évolution en mosaïque. Elle explique en partie la diversité des arthropodes au Cambrien et les difficultés rencontrées lorsque l'on essaie de déterminer leurs affinités.

La conservation exceptionnelle dans les schistes de Burgess d'arthropodes, pourvus ou non d'un squelette minéralisé, montre à quel point, dans la radiation adaptative initiale de ce groupe, les morphologies et les modes de vie étaient extrêmement diversifiés, ce que l'on ne soupçonnait pas jusqu'ici *(fig. 5)*. Par exemple, certaines espèces, comme *Branchiocaris,* ont une morphologie suffisamment spécialisée pour représenter des groupes de rangs équivalents à ceux des crustacés, des chélicérates, des uniramés et des trilobites.

En fait, ce foisonnement de formes n'est pas propre aux arthropodes ; on le retrouve dans de nombreux groupes de base du Cambrien. Peut-être est-ce le résultat de l'absence de compétition qui devait exister avant que toutes les niches écologiques des mers du Cambrien ne soient occupées. La plupart de ces arthropodes se sont rapidement éteints, sans doute parce que les animaux les moins bien adaptés ont été remplacés par d'autres mieux adaptés, sans doute aussi parce que certains ont été moins « chanceux » que d'autres ; ainsi, le nombre de morphologies fondamentalement différentes a-t-il progressivement diminué. Il paraît improbable que la plupart des arthropodes « non classés » représentent des phyla nouveaux, ayant des ancêtres propres et qui auraient acquis séparément un squelette dur.

Ces animaux présentent tout de même des caractères semblables à ceux des grands groupes ; c'est l'association de ces caractères qui diffère. Quelques-uns, comme *Marrella,* montrent une association de caractères essentiellement primitifs ; une telle morphologie aurait pu donner naissance à n'importe lequel des grands groupes d'arthropodes. Au Cambrien, seuls les trilobites et les crustacés sont déjà morphologiquement séparés de la plupart des autres arthropodes, mais constituent un groupe relativement discret. En revanche, la plupart des arthropodes « non classés », qui comprennent peut-être les ancêtres des chélicérates et des uniramés, présentent une grande variété de morphologies distinctes et montrent qu'à cette époque l'évolution était particulièrement rapide. Il paraît désormais assez clair que les différences fondamentales entre les grands groupes d'arthropodes actuels, mis en évidence par Anderson et Manton, sont incontestables, mais qu'elles n'indiquent pas pour autant un polyphylétisme des arthropodes. Comme le suggèrent les nombreuses formes intermédiaires des grands groupes que l'on connaît au Cambrien, tous les arthropodes pourraient descendre d'un ancêtre commun et c'est l'apparition de certaines spécialisations qui a pu survenir à plusieurs reprises dans des groupes différents.

POUR EN SAVOIR PLUS

Briggs D.E.G., « Affinities and early evolution of the crustacea : the evidence of the Cambrian fossils », *in* F.R. Schram (ed.), *Crustacean Phylogeny,* Rotterdam, A.A. Balkema, 1983.

Conway Morris S. (ed.), *An Atlas of the Burgess Shale,* Londres, Palaeontological Association, 1982.

Conway Morris S. et Whittington H.B., « The animals of the Burgess Shale », *Scientific American, 241,* 122, 1979.

Manton S.M., *The Arthropoda. Habits, functional morphology and evolution,* Clarendon Press, Oxford, 1977.

*La Recherche*, mars 1985

# *La diversification des vertébrés*

# 5. L'origine des classes de vertébrés

*Alfred S. Romer*

La méthode de classement des animaux et végétaux universellement en usage de nos jours fut inventée par Linné au XVIII^e siècle. Les espèces qui se ressemblent beaucoup sont regroupées dans un genre commun, les genres voisins dans une famille commune et ainsi de suite pour des catégories de plus en plus élevées et compréhensives : ordres, classes et phyla [95].

Quand il fut mis au point, dans un environnement intellectuel fixiste, ce système était avant tout destiné à classer pratiquement les animaux et les plantes, chacune dans sa « case ». Mais ce système de classification commença à être considéré sous un jour tout nouveau quand, il y a un siècle déjà, les travaux de Darwin conduisirent la plupart des biologistes à admettre l'évolution des espèces. En effet, ces différents niveaux de la classification ne constitueraient-ils pas une représentation de l'histoire évolutive réelle, plutôt que de simples groupements artificiels et pratiques ? Si, par exemple, on a été conduit à réunir dans un genre commun un certain nombre d'espèces à cause de leur similitude, celle-ci ne pourrait-elle pas être due à l'origine commune de toutes ces espèces à partir d'une même souche, et, dans ces conditions, le genre ne serait-il pas une unité « naturelle » ? et de même des autres catégories ? Nous considérons un groupe systématique comme *monophylétique* si tous les constituants de ce groupe semblent bien provenir d'un même ancêtre commun. Si, au contraire, un groupe quelconque possède des constituants qui paraissent provenir de deux ou plusieurs souches originelles distinctes, il est *polyphylétique (fig. 1).*

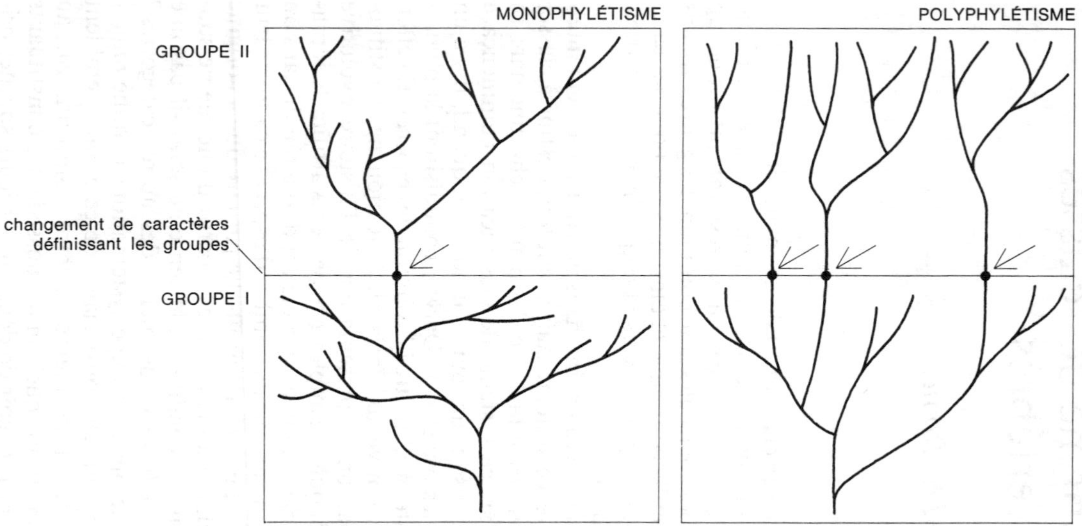


*Fig. 1. Monophylétisme et polyphylétisme.* Les biologistes classent les êtres vivants selon leurs caractères anatomiques, physiologiques, etc. Cette classification systématique et hiérarchisée en classes, ordres, etc. [95] est universellement utilisée et doit être l'expression codifiée des relations de parenté entre les êtres vivants. Considérons deux groupes systématiques I et II de rang quelconque (classes, ordres, etc.) tels que le groupe II soit issu du groupe I au cours de la phylogenèse. A gauche, le groupe II est *monophylétique*. A droite, il est *polyphylétique,* car les animaux qui le constituent ont acquis indépendamment à partir de plusieurs lignées distinctes l'ensemble des caractères qui le définissent.

Depuis plus d'un siècle, la plupart des chercheurs qui s'intéressent à la systématique ont généralement tenté de rendre « naturel » tout l'ensemble de la classification. Ce vaste effort tend à produire un système dans lequel chaque groupe serait dans toute la mesure du possible monophylétique, et d'où tout ensemble polyphylétique manifestement peu naturel serait proscrit. Dans la plupart des cas, il n'y a pas de documents fossiles pour se guider dans la reconstitution des lignées. Pourtant, avec les vertébrés, qui possèdent presque toujours un squelette minéralisé et fossilisable, des preuves paléontologiques se sont accumulées au cours des années ; elles sont désormais d'un grand poids pour évaluer la nature des catégories systématiques utilisées pour leur classification.

Les grands groupes de vertébrés, ou classes, sont-ils monophylétiques, ou ne sont-ils que des assemblages polyphylétiques artificiels ? Chacun connaît les grandes classes de vertébrés : les mammifères, animaux poilus à sang chaud, dont nous sommes ; les oiseaux ; les reptiles, comprenant les lézards, serpents, crocodiles et tortues ; les amphibiens, représentés de nos jours par les grenouilles et salamandres. Tous les vertébrés inférieurs aquatiques étaient couramment rassemblés dans la vaste classe des poissons. Pourtant, on admet de nos jours que ces animaux aquatiques sont si variés qu'il faut les séparer en plusieurs classes distinctes. Les opinions varient à cet égard, mais le système le plus fréquemment en usage consiste à grouper toutes ces formes ichthyennes en quatre classes : agnathes, placodermes, chondrichthyens et ostéichthyens.

Examinons maintenant ces diverses classes de vertébrés pour évaluer les raisons qui nous permettront de les considérer soit comme des groupes monophylétiques naturels, soit comme des assemblages polyphylétiques arbitraires.

## Les agnathes, les plus anciens vertébrés connus

Tout le monde admet que les vertébrés les plus inférieurs actuellement vivants sont les cyclostomes, lamproies et myxines [96]. Ils ont l'apparence de l'anguille, mais sont en fait bien plus primitifs à tous égards. Leur squelette est très peu développé et entièrement cartilagineux. De plus, ils ne possèdent pas de mâchoires capables de mordre, contrairement à tous les autres vertébrés. Comme leur corps est mou, leur histoire géologique est inconnue, si l'on excepte la récente découverte de lamproies fossiles du Carbonifère. Pour se nourrir, les lamproies se fixent sur des poissons qu'elles rongent et sucent au moyen de leur langue râpeuse. A bien des égards, ces animaux sont manifestement spécialisés, mais certains de leurs caractères, comme leur squelette peu développé ou l'absence de mâchoires, peuvent témoigner de leur statut de vertébrés très primitifs ou au contraire d'une dégénérescence. Lequel des deux ?

On a pu répondre partiellement à cette question en étudiant les plus anciens vertébrés connus, les ostracodermes, qui apparurent à l'Ordovicien moyen il y a 500 millions d'années environ, s'épanouirent au Silurien et survécurent au Dévonien. Jusqu'à une époque avancée de ce siècle, on était vraiment mal renseigné sur ces formes. La présence d'un squelette osseux était considérée comme un caractère évolué, et il était choquant pour les idées alors en honneur de trouver des formes si bien ossifiées dans des terrains si anciens. Le plus souvent, on considérait donc les ostracodermes comme une sorte de groupe « satellite » des poissons, au statut mal défini.

Ce n'est qu'avec les brillants travaux de Stensiö, il y a maintenant cinquante ans, que l'on en vint enfin à interpréter convenablement la nature des ostracodermes. Leur structure varie beaucoup d'un type à l'autre, mais ils sont cependant tous primitifs par l'absence de mâchoires.

Actuellement, on range donc le plus souvent les ostracodermes fossiles et les cyclostomes (lamproies) actuels dans une classe indépendante, les agnathes, ou vertébrés sans mâchoires.

Comme tous ces agnathes possèdent en commun un grand nombre de caractères qui séparent les vertébrés en général de toutes les autres formes animales moins élevées en organisation (prochordés par exemple), et comme, d'autre part, même les théoriciens les plus ouverts aux idées polyphylétistes n'ont jamais prétendu que les vertébrés provenaient de plusieurs sources distinctes, nous pouvons conclure en toute sécurité que les agnathes constituent une « bonne » classe naturelle de vertébrés primitifs.

## Les placodermes : de curieux poissons

Bien qu'il y ait pour chaque classe de vertébrés de nombreux représentants fossiles, toutes existent encore dans la nature actuelle, à l'exception d'une seule, les placodermes. Ce sont de curieux « poissons », surtout abondants au Dévonien (– 400 millions d'années), nombreux et variés, mais qui se distinguent absolument des agnathes par la présence de mâchoires. Celles-ci toutefois sont différentes de celles de tous les autres poissons, à la fois par des caractères primitifs et spécialisés.

Il semble que les placodermes les plus primitifs étaient recouverts complètement par des plaques écailleuses et osseuses, comme l'étaient aussi les ostracodermes. Chez la plupart d'entre eux, la partie postérieure du corps était plus ou moins dénudée, mais la tête et le tronc étaient toujours enfermés dans une armure de plaques osseuses. La « marque de fabrique » des placodermes, c'est la présence caractéristique d'une articulation dans cette armure, qui était ainsi divisée en deux parties mobiles l'une sur l'autre. Une partie recouvrait la tête et la région branchiale, une autre enfermait le tronc et s'étendait de façon variable vers l'arrière du corps *(fig. 2)*.

*Fig. 2. Arbre généalogique des poissons.* Tous les vertébrés sont issus d'un ancêtre « préichthyen » encore inconnu au début de l'ère primaire. On considère habituellement qu'une première grande subdivision sépara les agnathes (poissons sans mâchoires) d'une part, les gnathostomes (munis de mâchoires) d'autre part. Ceux-ci sont représentés par différentes lignées : placodermes ossifiés, à l'origine des chondrichthyens actuels ; acanthodiens, aux relations incertaines ; poissons osseux « supérieurs » ou ostéichthyens, aux multiples lignées, dont celle des crossoptérygiens qui donnera naissance aux vertébrés terrestres (amphibiens, reptiles, oiseaux et mammifères).

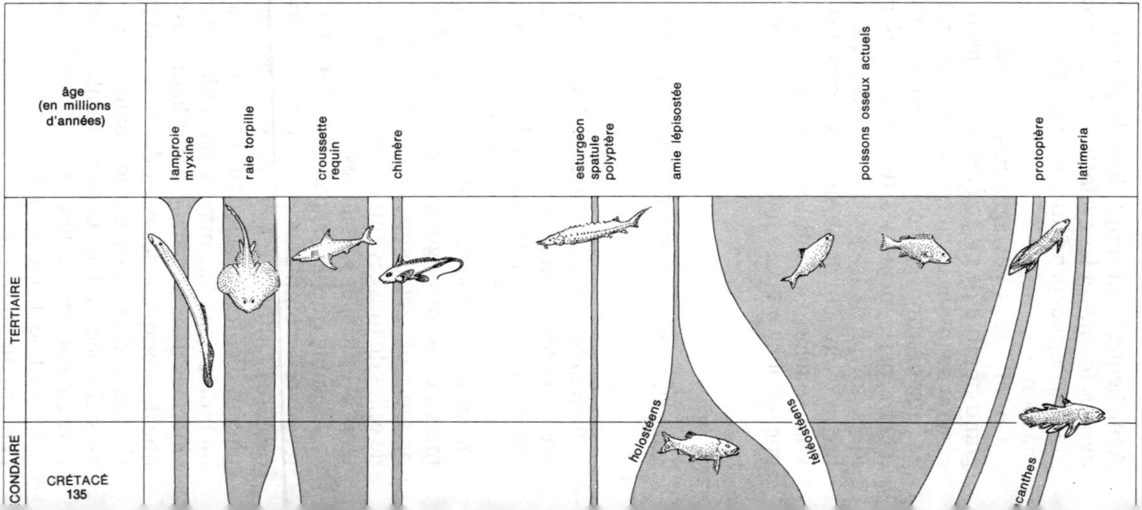

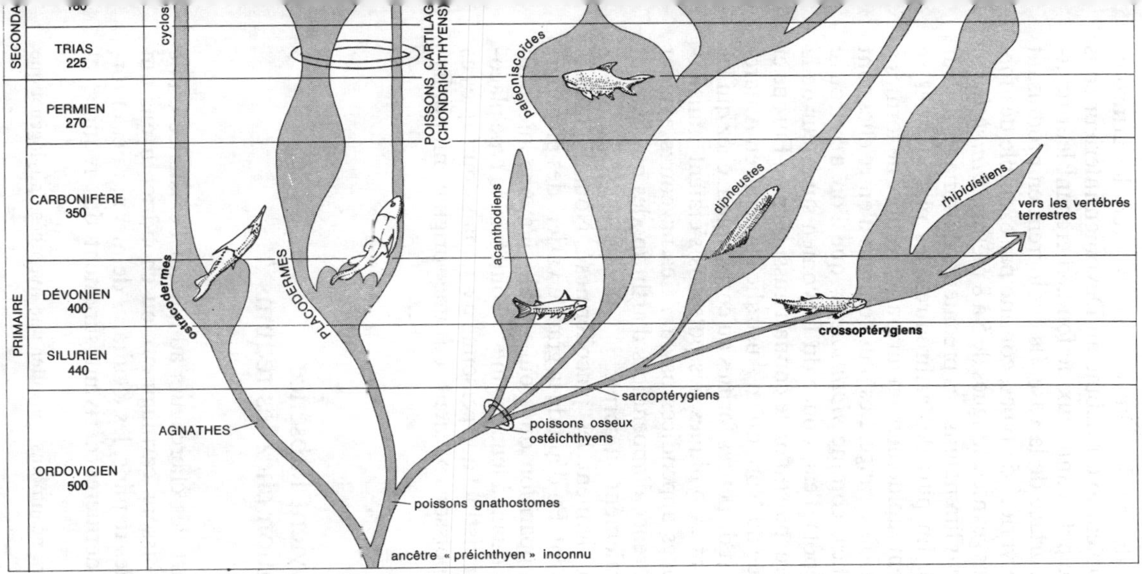
SECONDA
TRIAS
225
PERMIEN
270
CARBONIFÈRE
350
PRIMAIRE
DÉVONIEN
400
SILURIEN
440
ORDOVICIEN
500
cyclos
ostracodermes
AGNATHES
PLACODERMES
POISSONS CARTILAG
(CHONDRICHTHYENS)
acanthodiens
paléoniscoïdes
dipneustes
rhipidistiens
vers les vertébrés
terrestres
crossoptérygiens
sarcoptérygiens
poissons osseux
ostéichthyens
poissons gnathostomes
ancêtre « préichthyen » inconnu

Les placodermes les plus « réussis » furent les arthrodires. Ils semblent avoir débuté au Dévonien inférieur sous la forme de petits animaux de fond, cherchant leur nourriture à la surface de la vase. Ils évoluèrent en produisant une grande variété de types, comme par exemple des formes marines géantes, longues de 5 à 8 mètres. *Dinichthys* et *Dunkleosteus* furent ainsi les prédateurs dominants de leur temps [97]. En plus des arthrodires, les placodermes se diversifièrent rapidement en un grand nombre de formes à l'aspect parfois étrange. Les plus connues d'entre elles sont les antiarches, comme *Bothriolepis* que l'on a retrouvé dans les dépôts d'eau douce du Dévonien supérieur de la Terre entière, puisqu'on le connaît aussi bien en Europe et en Amérique du Nord qu'en Australie et même en Antarctique. C'était de petites formes au corps aplati, chez qui les nageoires paires typiques des poissons s'étaient transformées en longs appendices osseux. Ces nageoires avaient donc l'apparence d'appendices d'arthropodes qui feraient saillie latéralement au corps.

D'où proviennent les placodermes ? Nous l'ignorons complètement. En dépit de la grande variété des placodermes dès l'apparition du groupe, nous n'avons aucun fil conducteur quant à leur origine *. Toutefois, le type placoderme est si distinct que personne n'a jamais douté que ces curieux « poissons » aient eu une origine monophylétique.

## D'où provient l'absence d'ossification chez les requins ?

La plupart des chercheurs admettent l'existence d'une classe de poissons cartilagineux ou chondrichthyens qui comprend les requins, les « guitares de mer », raies et torpilles, ces dernières dérivant sûrement des requins, et

* On pourra néanmoins consulter une hypothèse phylogénétique récente [98].

enfin les curieuses chimères. Les requins apparaissent dans les documents fossiles dès le milieu du Dévonien *. Il n'y a aucun os dans le corps, et le squelette interne est entièrement cartilagineux.

On a cru pendant longtemps, de façon unanime, que l'état cartilagineux du squelette était un caractère primitif pour un vertébré. Cette opinion était apparemment justifiée par le fait que chez tous les vertébrés autres que les cyclostomes et les chondrichthyens, le squelette interne débute chez l'embryon sous forme de cartilage, même chez les espèces parfaitement ossifiées à l'état adulte. On admettait, selon les idées de Haeckel, que l'ontogénèse « récapitulait » la phylogénèse. Il était donc naturel de placer les requins et formes voisines dans une classe des chondrichthyens, pour bien mettre en lumière leur nature apparemment primitive, par contraste avec les poissons osseux plus évolués, ou ostéichthyens, dont nous parlerons plus loin. Pourtant, les études de Stensiö ont introduit de sérieux doutes sur la signification prétendument « primitive » du squelette cartilagineux. La grande fréquence de squelettes bien ossifiés parmi les « poissons » les plus anciens (ostracodermes et placodermes) suggère que la persistance du cartilage dans le squelette des requins adultes représente un caractère « dégénéré » plutôt que primitif **.

J'ai montré que le développement précoce du squelette cartilagineux au cours de l'ontogénèse ne constitue pas une preuve d'un phénomène de « récapitulation » [100]. Pour édifier un « modèle en miniature » du squelette interne dans le petit embryon, la formation directe d'os ne peut faire l'affaire. Il fallait un matériel capable de croissance et d'expansion plutôt que de l'os rigide : « l'invention » du cartilage fut une très importante adaptation à la vie embryonnaire que réalisa le groupe des vertébrés.

Mais ne pourrait-on pas alors penser que les requins dérivent des placodermes, qui sont un groupe plus ancien,

* Ils sont maintenant connus dès le Silurien.

** Cette hypothèse a été confirmée à l'issue de travaux histologiques sur les requins actuels [99].

par une perte secondaire du tissu osseux du squelette interne ? C'est une hypothèse raisonnable, mais on n'a pas encore de preuves paléontologiques bien nettes de l'existence de formes de passage entre les placodermes et les requins.

On range à côté des requins les curieuses chimères ou « rats de mer » dans la classe des chondrichthyens, car elles partagent avec eux la particularité de conserver un squelette interne purement cartilagineux. Pourtant , elle sont à bien des égards distinctes des requins typiques et formes voisines, en particulier par leur large nageoire pectorale, leur queue fine et allongée en fouet, et surtout par la construction spéciale de leurs mâchoires, les mâchoires supérieures étant soudées à la base du crâne et les dents réduites à quelques puissantes plaques broyeuses. Puisque les chimères ont un squelette entièrement cartilagineux, on les a placées généralement avec les requins dans la classe des chondrichthyens, bien que les uns et les autres diffèrent beaucoup par maints autres caractères. Même les représentants les plus anciens de ces deux groupes diffèrent autant les uns des autres que leurs descendants actuels ; on n'observe rien qui ait jamais ressemblé à un « ancêtre commun » des chondrichthyens *.

Il est très probable que les chimères dérivent, comme les requins, des placodermes par la perte du tissu osseux du squelette interne, mais elles en dériveraient selon une voie évolutive, tout à fait indépendante de celle des requins.

L'opinion la plus fréquente, défendue par Westoll et Ørvig [102], est que les chimères proviennent d'un groupe de petits placodermes du Dévonien, les ptyctodontes, qui ont des plaques dentaires et d'autres caractères rappelant beaucoup le « modèle chimère ». Patterson, au contraire, a proposé récemment de voir dans des poissons assez mal connus de l'ère primaire, les bradyodontes, ou « requins à dents en pavés », la lignée unissant les chimères aux placodermes ancestraux.

Quelle que soit la généalogie que l'on choisisse, ni l'une

* Depuis, notre connaissance sur les chondrichthyens primitifs s'est considérablement améliorée [101].

ni l'autre ne montre la possibilité d'une provenance des chimères à partir de la lignée des requins, et il est donc probable qu'avec les chondrichthyens, tels qu'ils sont actuellement compris, nous touchons à un groupe polyphylétique, un groupe dont les membres dériveraient indépendamment de deux souches de placodermes.

La seule solution au problème, si nous souhaitons conserver un statut monophylétique aux grands groupes systématiques, est de suivre Stensiö qui inclut les requins et les chimères ensemble avec tous leurs ancêtres placodermes à l'intérieur d'une seule grande classe pour laquelle il a proposé le nom de classe des élasmobranchiomorphes [103].

## Les vertébrés les plus nombreux, les poissons osseux

Les ostéichthyens, ou poissons osseux « supérieurs », sont les plus importants, et de très loin, de tous les vertébrés aquatiques. Bien que leur nom de « poissons osseux » leur ait été donné dans la perspective erronée selon laquelle tous les vertébrés inférieurs les plus primitifs étaient cartilagineux, la présence d'un squelette osseux étant donc un caractère « avancé », les ostéichthyens présentent tant de caractères « perfectionnés » qu'il y a eu peu de discussions sur l'unité de ce groupe.

Si l'on excepte les acanthodiens, petits poissons de l'ère primaire au statut obscur, dont les relations avec les ostéichthyens sont discutables, tous les ostéichthyens peuvent être rangés en trois groupes distincts.

*1.* Les poissons à nageoires rayonnantes, ou actinoptérygiens. De nos jours, ils forment à eux seuls presque toute la classe, les téléostéens si abondants constituant leur représentant essentiel. Leur caractère distinctif le plus évident est, comme leur nom l'indique, la disposition de leurs nageoires paires, qui consiste en un simple repli de peau tendue sur des rayons. Les muscles et les éléments squelettiques profonds ne se trouvent qu'à l'extrême base des nageoires.

*2.* Les poissons à nageoires frangées, ou crossoptérygiens. Ils ne sont plus représentés de nos jours que par une forme aberrante d'eau profonde, le cœlacanthe *Latimeria,* qui n'a été découvert que tardivement (1938). Ces « poissons à nageoires frangées » furent abondants au début de l'histoire des ostéichthyens, particulièrement au Dévonien (– 400 millions d'années). Parmi les particularités qui les écartent des actinoptérygiens, citons la structure des nageoires paires, où le squelette profond et la musculature s'étendent plus loin vers la périphérie de la nageoire.

*3.* Les poissons pulmonés, ou dipneustes. Ils ne sont plus représentés de nos jours que par trois formes vivant dans les eaux douces des continents méridionaux. Mais, comme les crossoptérygiens, ils eurent un grand rôle dans l'histoire des ostéichthyens. Les crossoptérygiens et les dipneustes semblent vraiment avoir été très semblables entre eux, au début de leur histoire, en particulier dans la construction des nageoires et même, plus généralement, par toute leur anatomie postcrânienne. En revanche, les dipneustes sont tout à fait distincts par leur structure crânienne particulière. Il semble que, par suite d'une adaptation à un régime alimentaire constitué de proies très dures, les mâchoires supérieures se soudèrent intimement à la boîte crânienne, et les dents sont pour l'essentiel fusionnées en paires de plaques dentaires broyeuses supérieures et inférieures.

On admet très généralement cette classification tripartite des ostéichthyens, au moins pour l'essentiel. Pourtant, un certain nombre de chercheurs (dont je suis) tendent à réunir les crossoptérygiens et les dipneustes en une sous-classe commune des sarcoptérygiens, les « poissons à nageoires charnues », par contraste avec les actinoptérygiens, à nageoires rayonnantes. Une autre manière de faire consiste encore à séparer le polyptère ou « bichir » des eaux d'Afrique tropicale, et son cousin en forme d'anguille (le calamoichthys), en une sous-classe distincte des brachyoptérygiens. En effet, les muscles et le squelette interne s'étendent chez eux aussi dans les nageoires paires, mais, comme l'a montré Goodrich il y a déjà bien longtemps, presque tous les autres caractères du polyptère sont clairement actinoptérygiens, et ce poisson est presque sûrement le descendant d'une lignée latérale aberrante issue des premiers actinoptérygiens.

Les trois grands groupes de poissons osseux apparurent principalement dans les eaux douces au début du Dévonien et acquirent rapidement une place prédominante. Ces trois groupes sont clairement distincts dès qu'ils apparaissent dans les documents paléontologiques, et nous n'avons aucun fil conducteur quant à leur histoire antérieure. Il n'y a pas un seul poisson de la période précédente, le Silurien (— 440 millions d'années), qui montre la plus petite indication suggérant un ancêtre des ostéichthyens. Ce ne sont certainement pas des descendants des requins ou des chimères, et aucun placoderme ne montre la plus minime indication d'une parenté avec eux *. Il est clair que des ancêtres des ostéichthyens évoluèrent quelque part au cours du Silurien, mais nous ignorons dans quelle région et sous quel environnement. Les documents font totalement défaut.

Dans ces conditions, on pourrait s'attendre que les théoriciens s'en soient donné à cœur joie et que les idées sur une origine multiple des ostéichthyens abondent, puisque les trois sous-classes qui constituent ce groupe sont déjà nettement séparées dès l'origine de l'histoire de ces poissons osseux. Très curieusement, c'est le contraire. Malgré les lacunes essentielles qui intéressent l'histoire de l'origine des ostéichthyens, je n'ai pas connaissance qu'on ait sérieusement proposé une origine multiple de cette classe.

* On pourra néanmoins consulter une hypothèse phylogénétique récente [98]. Voir aussi p. 11, note infrapaginale.

## De quel groupe de poissons les amphibiens proviennent-ils ?

Les amphibiens actuels comprennent les grenouilles et crapauds (ordre des anoures ou *salientia*), les tritons et salamandres (ordre des urodèles ou *caudata*) et les représentants de l'ordre des apodes (ordre des céciliens ou gymnophiones) qui sont des formes des régions tropicales à l'allure de vers de terre. Ces trois ordres constituent des types fondamentalement « modernes ». L'histoire des apodes est pratiquement inconnue, celle des urodèles remonte au Crétacé, celle des anoures au jurassique (avec un « préanoure » unique du Trias, *Triadobatrachus*, décrit par J. Piveteau).

Pourtant, des amphibiens d'un type tout différent furent très nombreux à la fin de l'ère primaire et au Trias (225 millions d'années). Le grand groupe des labyrinthodontes était le plus important. On en connaît environ 200 genres ; ils différaient largement les uns des autres, avec des tailles allant de celle du triton à celle du crocodile, et ils durèrent de la fin du Dévonien jusqu'à la fin du Trias.

Moins importantes furent de petites formes du Carbonifère (— 350 millions d'années) et du Permien inférieur (— 270 millions d'années) que l'on groupe souvent sous le nom de lépospondyles. Ils comprennent les aistopodes à l'allure de serpents, les nectridiens (qui tendaient soit vers des formes corporelles très allongées, soit vers des formes à crânes pourvus de curieuses « cornes » latérales), et enfin les microsaures dont beaucoup avaient des proportions corporelles plus « normales ».

Il y a un grand hiatus entre toutes ces formes anciennes et les ordres modernes d'amphibiens ; on ne connaît pas de types de passage entre les unes et les autres, et l'origine des formes modernes est donc tout à fait inconnue.

De quel groupe de poissons les amphibiens proviennent-ils ? On ne peut considérer les actinoptérygiens comme ancêtres possibles, pour toutes sortes de raisons, comme par exemple la nature de leurs nageoires paires, manifestement incapables d'être à l'origine des membres marcheurs des tétrapodes. Au siècle dernier, on a surtout considéré les dipneustes comme ancêtres des tétrapodes. Ceux-ci sont en effet très comparables aux amphibiens modernes par l'anatomie des parties molles et le type de développement, de telle sorte que la croyance dans une origine des amphibiens à partir des dipneustes a même persisté jusqu'à nos jours (voir l'article de P. Forey, p. 173). Il y a quelques décennies, Säve-Söderbergh, un brillant jeune paléontologue scandinave, soutint que les amphibiens avaient une origine diphylétique, un groupe, les urodèles, provenant des dipneustes, tous les autres des crossoptérygiens. Pourtant, l'anatomie particulière du crâne des dipneustes constitue un obstacle pour ainsi dire insurmontable à la conception d'une origine des amphibiens à partir de ces poissons.

La connaissance des crossoptérygiens anciens (du sous-groupe des rhipidistiens) s'est considérablement accrue au cours du premier quart de ce siècle, en particulier grâce aux travaux de Watson et de Goodrich en Angleterre et de Gregory aux États-Unis. De nos jours, l'on admet universellement, je crois, que les ancêtres des vertébrés terrestres sont à rechercher parmi les crossoptérygiens.

Pourtant, même dans ces conditions, on pouvait soutenir une origine diphylétique des tétrapodes — et on l'a effectivement soutenue. En 1942, Jarvik, un remarquable spécialiste scandinave de l'anatomie des crossoptérygiens, a publié un mémoire détaillé sur la structure de la région du museau chez le crossoptérygien *Porolepis* un genre allié à *Holoptychius,* bien connu. Il a suggéré que les crossoptérygiens rhipidistiens soient divisés en deux groupes qu'il a nommés les porolépiformes (essentiellement les holoptychides) et les ostéolépiformes (pour les familles des ostéolépidés et rhizodontidés). Il a affirmé que les urodèles dérivaient du groupe des porolépiformes, tandis que les grenouilles et tous les autres tétrapodes auraient leur origine dans les ostéolépiformes [104]. Cette thèse était essentiellement fondée sur des différences de structures dans la partie antérieure de la tête chez *Porolepis* et *Eusthenopteron,* représentant respectivement les poro- et les ostéolépiformes par comparaison avec des différences présumées identiques qu'il pensait avoir retrouvées chez les amphibiens, urodèles et anoures.

Les caractères diagnostiques présumés de l'une et l'autre lignée comprennent par exemple le trajet de certains nerfs de la région du museau, la présence ou l'absence d'une extension antérieure de la cavité cérébrale entre les capsules nasales et, en particulier, la présence de fossettes dans la partie antérieure du palais chez *Porolepis* et *Eusthenopteron,* interprétées comme devant contenir des glandes respectivement comparables à celles des urodèles actuels d'une part, à celles des anoures d'autre part. Dans des travaux ultérieurs, Jarvik a apporté une contribution de grande valeur à notre connaissance de l'anatomie des crossoptérygiens rhipidistiens, il a fait des suggestions intéressantes concernant les modalités évolutives éventuelles de structures crâniennes chez les anoures et urodèles, mais il apporte peu de preuves supplémentaires quant à l'éventuelle origine diphylétique des tétrapodes. Par ailleurs, un certain nombre de chercheurs comme Kulczyki [105], Vorobyeva [106] et tout particulièrement Thomson [107] ont mis en avant de nouveaux documents paléontologiques qui tendent bien à montrer que la théorie diphylétique de l'origine des tétrapodes n'est pas fondée sur des bases sûres.

La distinction entre porolépiformes et ostéolépiformes s'est révélée ne pas être aussi tranchée que le suppose Jarvik, quand on a pris en considération une plus grande variété de crossoptérygiens. Les fossettes présumées « glandulaires » du palais buccal des crossoptérygiens semblent tout simplement destinées au logement des crocs de la mâchoire inférieure (dans certains cas, des spécimens fossiles montrent nettement ces crocs insérés dans ces prétendues poches glandulaires). Finalement, et par-dessus tout, la conception fondamentale de Jarvik selon laquelle les urodèles et les anoures seraient des groupes très éloignés les uns des autres n'est sans doute pas fondée.

Parsons et Williams ont mis en avant des faits suggérant

que ces deux ordres modernes pourraient bien avoir entre eux des relations étroites [104]. Comme le dit Thomson, « d'après l'anatomie des rhipidistiens, il n'y a pas de preuves qui indiquent une origine diphylétique des amphibiens anoures et urodèles à partir de ceux-ci ».

Il y a pourtant un curieux rebondissement à cette histoire. Quand on étudie la transition des poissons aux tétrapodes, l'intérêt se concentre toujours sur les labyrinthodontes, les plus importants des amphibiens anciens. Mais, par ailleurs, certains des amphibiens anciens plus petits et moins importants que j'ai inclus dans le groupe des lépospondyles ne montrent aucune relation nette avec les labyrinthodontes, pas plus d'ailleurs qu'avec les rhipidistiens. Et pourtant ils sont parmi les amphibiens les plus anciens, apparaissant dès le Carbonifère inférieur, avant n'importe quel labyrinthodonte, si l'on excepte les ichthyostégides du Dévonien supérieur (les plus anciens tétrapodes connus). Il n'est donc pas impossible que certains lépospondyles proviennent des poissons indépendamment de la lignée principale rhipidistiens-labyrinthodontes. Mais on n'en a aucune preuve.

## L'apparition de la ponte sur terre

On doit distinguer nettement les reptiles actuels des amphibiens. Les lézards, serpents, crocodiles et les tortues sont clairement distincts des grenouilles et des salamandres, dans leur aspect comme dans leur structure. Pourtant, une différence plus importante encore est leur mode de reproduction. Les amphibiens typiques (il y a des exceptions) ressemblent à leurs ancêtres poissons dans la mesure où ils doivent pondre leurs œufs dans l'eau et leurs jeunes, larves ou têtards, se développent nécessairement sous forme d'animaux aquatiques pourvus de branchies avant de se métamorphoser en animaux terrestres. Les reptiles sont à cet égard tout différents car ils ont réalisé le type de développement amniotique. L'œuf, protégé par une coquille et contenant beaucoup de produits de réserve (vitellus) est pondu à terre. L'embryogénèse suit une voie complexe, qui implique le développement de toute une série de membranes de l'œuf : l'amnios (auquel ce type de développement doit son nom), l'allantoïde, le chorion, le sac vitellin. Le résultat de ce processus complexe de développement est d'éliminer le stade larvaire aquatique. Le jeune reptile sort de l'œuf comme un adulte en miniature, capable de survivre d'emblée dans le milieu terrestre.

Les tentatives visant à faire dériver les reptiles des amphibiens sont compliquées par le fait qu'il est rarement possible de déterminer le type de développement des espèces fossiles. De plus, nous sommes longtemps restés dans une situation où le « trou » entre formes fossiles sûrement amphibiennes et reptiliennes était vraiment considérable. Pendant quelque temps, il parut possible qu'un diphylétisme originel des reptiles soit la solution probable.

Les microsaures, déjà mentionnés ci-dessus à propos des amphibiens anciens, montrent un certain nombre de caractères reptiliens, et certains chercheurs comme Westoll et Olson ont donc suggéré qu'ils pourraient être les ancêtres au moins de certains reptiles. Pourtant, certaines caractéristiques précises du crâne tendent à les écarter de l'ascendance des reptiles, et leurs caractères reptiliens sont probablement dus à ce qu'ils seraient eux-mêmes un rameau sorti des labyrinthodontes, le groupe sur lequel la plupart des chercheurs actuels qui étudient l'origine des reptiles ont concentré leur attention.

Du côté reptilien de la barrière, les travaux de Carroll et Baird, en particulier [108], tendent à montrer que la plupart des reptiles, sinon tous, pourraient provenir de reptiles très primitifs de l'ordre des cotylosaures, et plus particulièrement, parmi ceux-ci, des captorhinomorphes [109], de la famille des romeriidés, dont certains représentants sont déjà connus dans un Carbonifère passablement ancien.

Du côté des amphibiens, on s'est intéressé depuis cinquante ans à *Seymouria* et à des formes voisines. Par son anatomie, *Seymouria* semble presque exactement à mi-chemin entre un labyrinthodonte et un reptile primitif ;

aussi la position de cet animal — amphibien ou reptile ? — fut-elle longtemps débattue. Nous savons pourtant que des formes très directement apparentées à *Seymouria* avaient un développement à stades larvaires aquatiques, et, de plus, cet ensemble d'animaux, bien qu'assez évolué dans un sens reptilien, était par ailleurs trop spécialisé pour pouvoir se placer directement dans l'ascendance des reptiles. *Seymouria* serait donc un amphibien. De même, on classait habituellement *Diadectes,* une forme du Permien inférieur, parmi les reptiles cotylosaures, bien que son anatomie (comprenant une énorme incisure otique et une denture très spéciale) empêchât de le placer convenablement dans quelque schéma évolutif raisonnable que ce soit. La solution probable, sur laquelle Olson [110] et moi sommes d'accord, est que cet animal serait un amphibien labyrinthodonte assez spécialisé et apparenté d'une façon ou d'une autre au groupe de *Seymouria,* plutôt qu'un reptile cotylosaure.

Si nous laissons tous ces types de côté, nous connaissons maintenant largement, grâce aux travaux de Carroll [108], quelques formes du Carbonifère et du Permien inférieur qui semblent vraiment faire la transition réelle entre les labyrinthodontes et les vrais reptiles. *Limnoscelis* (et les formes voisines du Carbonifère supérieur et du Permien inférieur) est généralement considéré comme un reptile, mais il est encore plus primitif que les cotylosaures romeriidés, et, en l'absence de documents sur son mode de développement, on ne peut dire avec certitude de quel côté de la barrière il se place. Certains types mal connus du Carbonifère supérieur comme *Gephyrostegus* ont une structure encore plus primitive. Quand ils sont soigneusement étudiés, ils se révèlent être certainement des labyrinthodontes, mais non moins certainement des labyrinthodontes qui évoluent dans une direction reptilienne *(fig. 3).*

J'étudie en ce moment même une forme du Carbonifère inférieur qui semble représenter un stade encore antérieur de cette séquence de labyrinthodontes conduisant aux reptiles. Je crois que la plupart des chercheurs seront d'accord pour reconnaître que nous sommes en train de mettre en évidence une série monophylétique de formes ancestrales

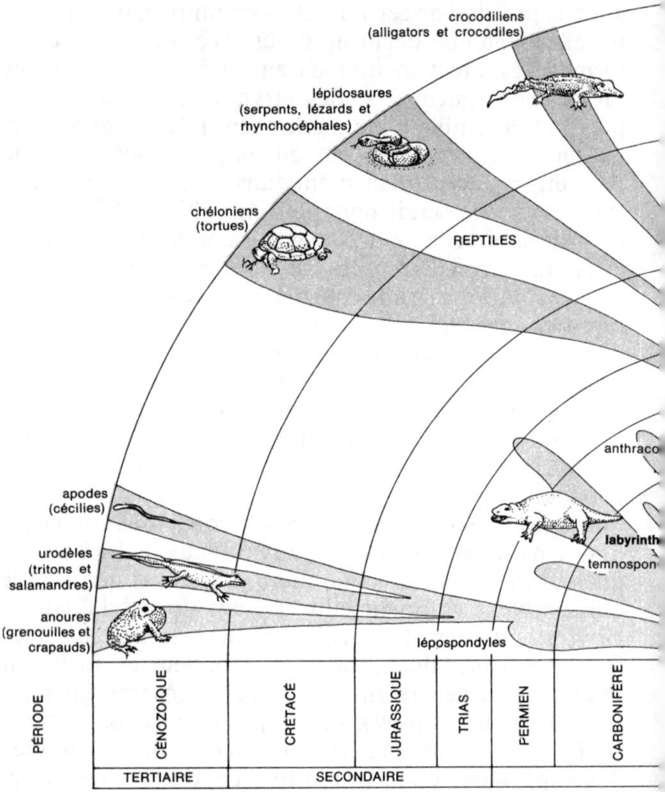


*Fig. 3. Arbre généalogique des tétrapodes.* Tous les tétrapodes dérivent des poissons crossoptérygiens. Certains de ceux-ci sont en effet à l'origine, dès le milieu de l'ère primaire, des amphibiens primitifs, qui étaient très différents des amphibiens actuels. Les plus importants de

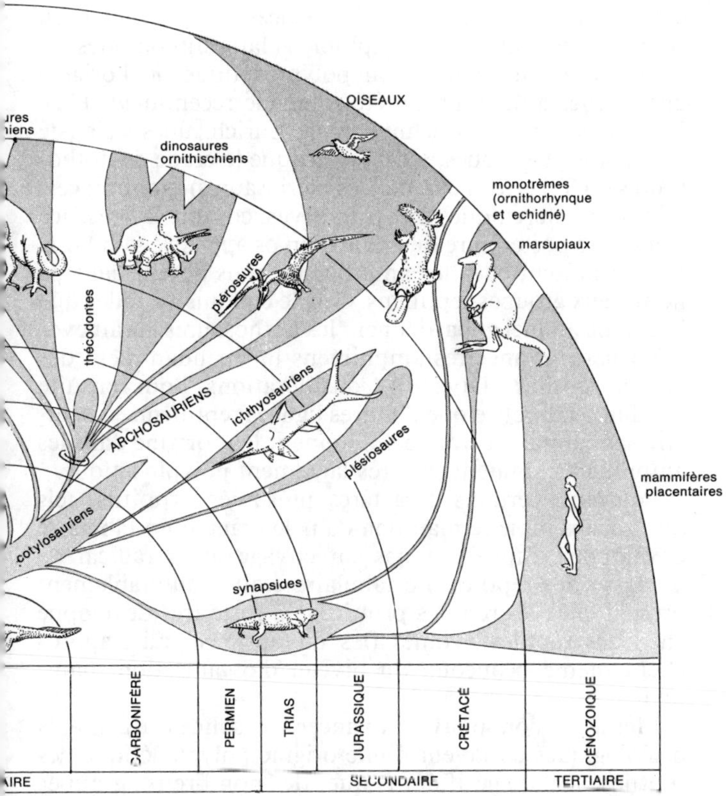


ces amphibiens de l'ère primaire, les labyrinthodontes, sont eux-mêmes à l'origine des reptiles cotylosauriens, qui sont sans doute, à leur tour, les ancêtres de tous les autres reptiles, ainsi que des oiseaux et des mammifères.

des reptiles, série qui prend précocement sa source au cours de l'évolution des amphibiens labyrinthodontes.

Pourtant, une conception polyphylétique de l'origine des reptiles a de nouveau été soutenue récemment [111]. Le professeur Kuhn-Schnyder, de Zurich, un spécialiste des reptiles triasiques, a découvert que le crâne de nothosaures du Trias (des parents des plésiosaures) montrait certaines caractéristiques très primitives, comme la présence à la partie postérieure du crâne d'un os appelé le tabulaire, qui est présent chez les amphibiens mais absent dans de nombreux groupes reptiliens. Cela le conduisit à l'idée que le groupe auquel appartiennent les nothosaures aurait évolué à partir d'ancêtres amphibiens indépendamment des autres reptiles. Diverses considérations l'ont ensuite conduit à admettre que d'autres lignées reptiliennes, peut-être sept, auraient trouvé séparément leur origine dans les amphibiens, d'une façon très largement polyphylétique.

Pourtant, certains caractères présumés primitifs, tels que par exemple le maintien dans le crâne d'un tabulaire développé, n'appellent pas un clivage aussi radical de la classe des reptiles. Le tabulaire était indubitablement présent chez les reptiles primitifs ; il reste très développé chez des reptiles évolués (les thérapsides) qui s'approchent même beaucoup du niveau d'organisation mammalien.

Même si l'on pouvait avancer de solides arguments ostéologiques en faveur d'une origine polyphylétique des reptiles, cela signifierait que de nombreux groupes d'amphibiens acquirent indépendamment le type amniotique de développement embryonnaire qui est le caractère fondamental des reptiles.

Si cette acquisition ne nécessitait que quelques transformations simples du type de développement des amphibiens, son apparition parallèle dans plusieurs lignées paraîtrait raisonnable. Mais l'acquisition de l'œuf amniotique n'est pas une chose simple : elle exige une série très particulière et caractéristique d'adaptations structurales et physiologiques. Je trouve déjà difficile d'expliquer l'apparition du mode de développement des amniotes ne serait-ce qu'une seule fois ; admettre que ce mode complexe de développement ait pu se développer deux fois indépendamment passe l'entendement, et sept fois !...

On peut s'accorder avec Kuhn-Schnyder pour admettre que les clivages entre les grands groupes de reptiles se sont produits précocement dans le temps et dans l'histoire phylogénétique de la classe, mais je crois que l'on n'a pas besoin de remonter au-delà d'un cotylosaure captorhinomorphe primitif pour trouver un « stock reptilien de base » à partir duquel tous les autres groupes ultérieurs auraient pris naissance [112].

## Un bel exemple de classe naturelle : les oiseaux

Il semble universellement admis que la classe des oiseaux constitue une unité naturelle, monophylétique. A part quelques exceptions, comme les manchots, les autruches et leurs parents (ratites), les oiseaux montrent une structure remarquablement uniforme. Ils dérivent des reptiles archosauriens qui comprennent les crocodiles, les dinosaures et les ptérosaures [113].

On a suggéré que les ratites — autruches et formes voisines — représenteraient un stade très primitif de l'évolution des oiseaux, où l'aptitude au vol n'aurait pas encore été acquise. Pour autant que je sache, cette hypothèse n'est plus prise en considération par les chercheurs actuels. Cette idée signifierait d'ailleurs tout au plus qu'il y aurait eu un clivage précoce parmi les oiseaux anciens, mais elle n'implique pas que la classe dans son ensemble soit diphylétique.

L'histoire de l'origine des oiseaux typiques à partir des archosaures primitifs est loin d'être complète, mais avec l'*Archaeopteryx* du Jurassique supérieur au Secondaire (130 millions d'années) nous avons une forme qui paraît à peu près exactement intermédiaire entre l'ancêtre archosaurien primitif et un oiseau tout à fait achevé (voir l'article de A. de Ricqlès, p. 209).

## Les mammifères et leurs ancêtres reptiliens

Si l'on excepte les curieux mammifères ovipares australiens, l'ornithorynque à bec de canard et l'échidné ou fourmilier épineux, les mammifères actuels forment un groupe homogène que personne ne considérerait comme d'origine polyphylétique. En effet, la plupart des formes actuelles appartiennent à un groupe manifestement naturel, qu'on appelle souvent le groupe des placentaires (ou plus proprement les euthériens), tandis qu'une minorité représente les marsupiaux ou mammifères à poches (métathériens), qui habitent surtout l'Australie et sont un peu plus primitifs.

Pourtant, ces deux groupes sont très semblables à bien des égards ; on connaît maintenant des formes du Crétacé, c'est-à-dire de la fin de l'ère secondaire (— 90 millions d'années), qui sont proches de l'ancêtre commun des uns et des autres, et tout le monde est donc d'accord, je crois, pour considérer que les placentaires et les marsupiaux forment ensemble un groupe naturel, la sous-classe des thériens. Malgré cela, le problème d'une origine polyphylétique possible des mammifères a été plus discuté au cours de ces dernières années que celui de tout autre groupe de vertébrés. En fait, les preuves tirées des fossiles du secondaire ont longtemps embrouillé le schéma : on trouve au Jurassique (— 140 millions d'années), en particulier, des types mammaliens variés comme les triconodontes, docodontes, symmétrodontes, pantothères et les multituberculés : on ne connaît principalement la plupart de ces formes que par des restes fragmentaires, le plus souvent des dents isolées et plus rarement des séries dentaires et des mandibules. Or les dessins des dents jugales (molaires) sont très fréquemment utilisés pour déterminer les relations de parenté entre les groupes de mammifères : les types dentaires varient beaucoup chez toutes ces formes très anciennes de mammifères, et bien peu montrent des ressemblances quelconques avec celles des mammifères modernes (thériens). Ainsi, la variété des types de mammifères primitifs semble donc suggérer un polyphylétisme originel de la classe.

Du côté de l'origine reptilienne des mammifères, on avait établi depuis longtemps qu'un groupe de « reptiles mammaliens », les thérapsides, tendaient à s'approcher à bien des égards de la structure des mammifères et qu'il renfermait sans doute les ancêtres réels de ceux-ci. Où fallait-il donc placer la limite entre les classes des reptiles et des mammifères, compte tenu des structures squelettiques seules disponibles pour les paléontologistes ?

On s'est pendant longtemps mis d'accord pour considérer la structure de la mandibule comme un caractère utile permettant de séparer les deux classes [114]. La mandibule des reptiles comprend jusqu'à sept os, celle des mammifères n'en a qu'un, le dentaire. L'articulation entre le crâne et la mandibule est située chez les reptiles (comme chez les vertébrés inférieurs) entre un os du crâne, le carré, et un élément de la mandibule, l'articulaire. Chez les mammifères, ces éléments sont devenus les osselets de l'oreille moyenne, et une nouvelle articulation mandibulaire s'est formée entre le dentaire et un os crânien, le squamosal. On a convenu qu'un critère de distinction utile, bien qu'arbitraire, entre reptile et mammifère était la présence ou non de la nouvelle articulation dentaire-squamosal et l'existence d'un seul os dans la mandibule.

## Une situation parfaitement absurde

Tout le matériel de mammifères anciens connu dans les années vingt fut révisé par Simpson ; même dès cette époque, le problème d'une origine mono- ou polyphylétique des mammifères était dans l'air. Il paraissait certain que les mammifères provenaient des thérapsides, mais il était difficile de savoir de quel groupe d'entre eux ils descendaient. Dans l'état des restes fragmentaires de mammifères primitifs, il y avait de si grandes différences dans la construction des dents et des mandibules qu'il paraissait bien probable que la frontière arbitraire entre reptiles et mammifères ait été franchie plusieurs fois.

Au cours des vingt dernières années, on a découvert beaucoup de matériel nouveau de mammifères secondaires et de thérapsides évolués. Mais tout cela a tendu à compliquer encore davantage la situation plutôt qu'à la clarifier.

Les progrès dans la connaissance des thérapsides semblent indiquer clairement que les ancêtres des mammifères se trouvent dans un groupe particulier de thérapsides, les cynodontes, qui s'approchent des mammifères par de nombreuses caractéristiques structurales *(fig. 4)*. Pourtant, Crompton a décrit, il y a quelques années, un petit thérapside qui est certainement fort éloigné de l'axe évolutif principal des cynodontes mais chez qui existait pourtant un type d'articulation mandibulaire plutôt mammalien. D'autre part, on s'est aperçu qu'un certain nombre de formes du Secondaire que l'on avait toujours considérées comme des mammifères authentiques, bien que primitifs, conservaient encore dans la mandibule certains des os « supplémentaires », caractéristiques des reptiles mais perdus chez les mammifères. Même notre frontière arbitraire entre les deux classes s'effondrait [114].

Que pouvait-on bien faire ? Depuis une douzaine d'années, toute une série de spécialistes ont suggéré telle ou telle méthode pour résoudre le problème, en déplaçant les limites entre les deux classes afin que l'on obtienne une classe de mammifères qui soit une unité monophylétique.

MacIntyre, par exemple, a proposé de restreindre les mammifères aux seuls « thériens », placentaires et marsupiaux, et aux formes qui sont incontestablement rattachées aux uns et aux autres [115]. Dans cette perspective, les thérapsides et tous les types ambigus formant la transition entre reptiles et mammifères pourraient constituer une classe distincte, formant transition entre les reptiles et les mammifères — manière de faire proposée par Brink [116] et Crusafont-Pairo [117].

Un autre type de « solution » envisageable est d'étendre

les limites de la classe des mammifères vers le bas pour y inclure tous leurs ancêtres possibles parmi les reptiles. Les mammifères proprement dits descendent-ils de plusieurs types de thérapsides ? Très bien ! Incluons les thérapsides dans la classe des mammifères, en dépit du fait que certains thérapsides ne sont pas du tout « mammaliens » [118]. De même, les thérapsides proviennent d'un autre groupe reptilien plus primitif et plus ancien, les pélycosauriens, et Olson a suggéré que les thérapsides dérivaient de plusieurs souches parmi les pélycosaures. Pour résoudre le problème, il suffit d'inclure aussi les pélycosaures parmi les mammifères.

Mais en agissant ainsi, nous parvenons à une situation parfaitement absurde. Les pélycosaures remontent au Carbonifère, ce sont des reptiles parmi les plus anciens connus et, à part quelques caractéristiques diagnostiques qui permettent de les rattacher à la lignée générale qui aboutira aux mammifères, ils sont parmi les types de reptiles les plus archaïques. Les faire entrer dans les mammifères reviendrait à élargir la définition de cette classe au-delà du point de rupture et vouer ce groupe à l'absurdité.

Je crois que des études en cours, comme celles de Parrington, Crompton et Hopson [119], nous conduisent vers une solution monophylétique raisonnable du problème. Il paraît maintenant à peu près certain que les seuls ancêtres de mammifère sont les cynodontes parmi les thérapsides, bien que la plupart de ces cynodontes soient encore à un niveau inframammalien. J'en ai décrit récemment une forme (du Trias d'Argentine) [114] chez laquelle s'est accomplie la moitié de la transition du type d'articulation mandibulaire, par le développement d'une nette fossette articulaire pour le dentaire logée sur le squamosal. Les éléments de la mandibule reptilienne persistent encore, mais le dentaire, qui seul subsistera chez les mammifères, est déjà très proéminent et sur le point d'assurer l'articulation de la mandibule. Les dents jugales des cynodontes de ce genre ont leurs cuspides disposées selon une rangée linéaire, d'avant en arrière, et cette disposition est maintenue chez les mammifères triasiques les plus primitifs, connus sous le nom d'*Eozostrodon* ou de *Morganucodon*.

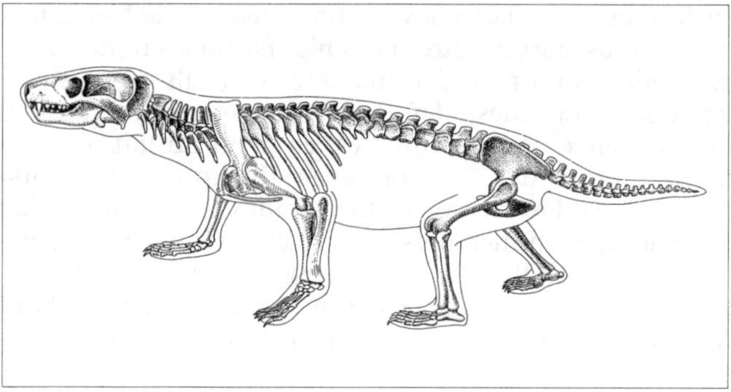

*Fig. 4. Un ancêtre reptilien des mammifères. Thrinaxodon* est un « reptile mammalien », évolué ou thérapside. Il vivait en Afrique du Sud au début de l'ère secondaire (Trias inférieur, il y a environ 200 millions d'années). Il appartient au groupe des cynodontes, qui font partie des thérapsides carnivores ou thériodontes. Comme cette forme de transition entre reptiles et mammifères se rapproche beaucoup de ces derniers pour de nombreux caractères, il est difficile, à partir du squelette, d'établir une distinction tranchée entre les uns et les autres, ce qui a conduit à d'interminables discussions sur les « limites » précises à attribuer aux classes des reptiles et des mammifères.

Certains groupes de mammifères secondaires comme les triconodontes et les docodontes pourraient dériver de formes de ce type. Un autre genre du Trias, *Kuehneotherium,* a les cuspides principales disposées non plus en série linéaire mais de façon plutôt triangulaire. Les symmétrodontes, pantothères et, ultérieurement peut-être, les autres mammifères pourraient dériver à leur tour de ce type.

Nous n'avons toujours aucun renseignement paléontologique sur l'origine des monotrèmes actuels (ornithorynque, échidné) *, pas plus que pour un autre groupe de mammifères, les multituberculés, qui vécurent du Jurassique à l'Éocène, et qui semblent avoir été les prédécesseurs écologiques des rongeurs. Pourtant, même dans ces cas, il n'est pas déraisonnable de s'attendre que nous retrouvions des formes qui pourront les rattacher à la lignée

* Voir cependant p. 13 et note 15.

principale du développement évolutif des mammifères. L'un dans l'autre, il semble que des preuves s'accumulent ; elles démontrent, en dépit de nos nombreux scrupules, que les mammifères constituent vraiment une unité naturelle, monophylétique.

Résumons-nous : des huit classes communément admises dans la systématique des vertébrés, trois, les agnathes, ostéichthyens et oiseaux, sont indubitablement monophylétiques ; trois autres, les amphibiens, reptiles et mammifères, semblent presque sûrement naturelles, en dépit des questions et des problèmes qui se sont posés. Au contraire, la réunion des requins et chimères dans une sous-classe commune (chondrichthyens) pourrait bien ne pas être naturelle, à moins que nous ne rassemblions ces formes avec les placodermes dans une seule classe des élasmobranchiomorphes.

## POUR EN SAVOIR PLUS

On trouvera une documentation très complète sur tous les problèmes abordés par Romer dans les volumes IV, V et VI du traité de paléontologie publié sous la direction de J. Piveteau (Masson).

Voir aussi à certains égards, et notamment pour des opinions différentes de celles de Romer, *L'Évolution des vertébrés inférieurs,* de J.-P. Lehman, Paris, Dunod, 1959, et *Théories de l'évolution des vertébrés* de E. Jarvik, Paris, Masson, 1960.

On trouvera dans les nombreux ouvrages de Romer lui-même une documentation remarquable et facilement assimilable sur l'évolution des vertébrés. Voir en particulier : *The Vertebrate Body, Vertebrate Paleontology,* 3e édition, University of Chicago Press, 1966 ; *Notes and Comments on Vertebrate Paleontology,* University of Chicago Press, 1968 ; et en langue française, *L'Évolution animale (The Procession of Life),* 2 vol., Rencontre-Bordas.

Enfin, on consultera un ouvrage récent sur la question : R. Carroll, *Vertebrate Paleontology and Evolution,* Freeman, Oxford, 1987.

*La Recherche,* avril 1973

# 6. Le plus ancien vertébré

*Philippe Janvier*

Pendant plus d'un siècle on ne connaissait aucun reste de vertébrés plus ancien que les écailles et les fragments d'os dermiques isolés à Canyon City, USA. Ces restes de vertébrés, probablement des « poissons sans mâchoires » (agnathes) appelés astraspides, datent, en âge absolu, d'environ 450 millions d'années. Quelques petits denticules dermiques d'âge légèrement antérieur avaient également été signalés en Estonie, à la fin du siècle dernier, mais ces pièces ont une origine douteuse et ne peuvent être prises en considération. Récemment, deux découvertes successives viennent de faire remonter l'ancienneté des premiers vertébrés connus à plus de 450 [8, 9, 120], puis à 500 millions d'années, c'est-à-dire au Cambrien supérieur [121]. La première de ces découvertes est due au paléontologue australien Alex Ritchie [8], qui a eu la chance de trouver un agnathe presque complet dans le centre de l'Australie. Cet animal, qui porte le nom générique d'*Arandaspis (fig. 1A)* est fusiforme et possède une carapace osseuse couvrant toute la partie antérieure de son corps. Sa queue est couverte d'écailles en forme de baguettes à double courbure. Sur ses flancs s'ouvre une série d'orifices branchiaux séparés par de petites plaques osseuses en forme de losanges. Dans un gisement voisin existe un autre genre d'agnathe probablement très proche d'*Arandaspis : Porophoraspis.* Cette découverte sensationnelle non seulement par l'âge de la pièce mais aussi par son état de conservation qui nous fournit des renseignements précieux sur la structure des premiers vertébrés avait été précédée, un an auparavant, par la découverte au Spitsberg de petits fragments de carapace dermique attri-

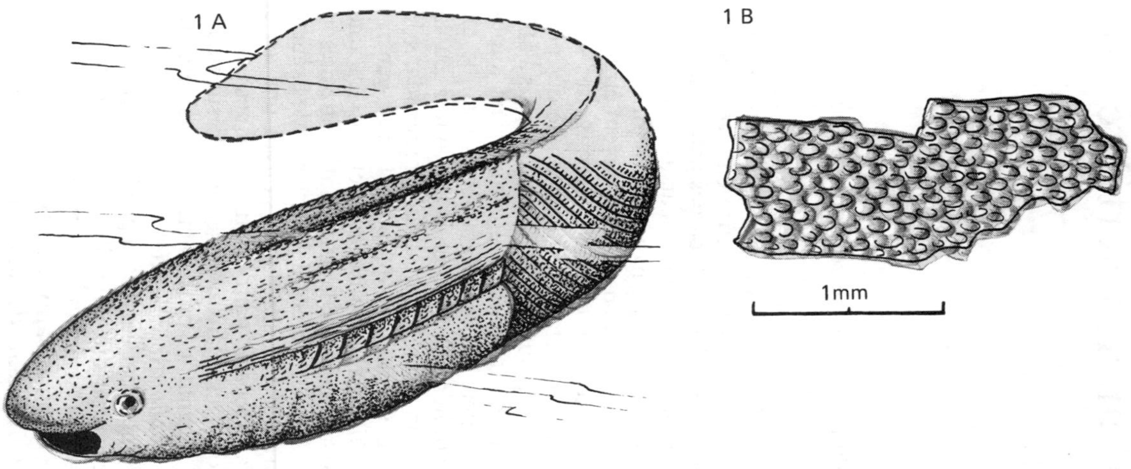


*Fig. 1A. Arandaspis,* de l'Ordovicien inférieur d'Australie, est le plus ancien vertébré dont on ait une idée assez précise de la morphologie. Il semble qu'il soit étroitement apparenté aux hétérostracés et même à *Anatolepis.* (Inspiré de Ritchie et Gilbert-Tomlinson.)
*Figure 1B. Anatolepis*, du Cambrien supérieur des USA, est le plus ancien vertébré actuellement connu, mais il n'est représenté que par de minuscules fragments de carapace dermique ornés de tubercules.

bués à un vertébré, *Anatolepis,* dans des couches d'âge identique [120]. Néanmoins, un doute planait encore sur la nature exacte de ces fragments, car leur microstructure était mal conservée. Certains spécialistes [7] avaient même suggéré qu'il s'agissait peut-être de fragments de la carapace d'un mérostome, sorte de scorpion marin géant qui habitait alors les mers. La découverte australienne, en revanche, prouve de façon indiscutable l'existence de vertébrés dès l'Ordovicien inférieur *, c'est-à-dire il y a plus de 450 millions d'années.

## Un fragment de 2 millimètres... Un saut de 40 millions d'années

La seconde découverte est due à un Américain, John E. Repetski [121], qui, en cherchant des microfossiles dans un calcaire marin d'âge cambrien supérieur provenant du nord-est du Wyoming, a mis en évidence quelques restes très fragmentaires de la carapace d'un agnathe *(fig. 1B).* Il s'agit de petits fragments de carapace osseuse couverts de tubercules ovales ; les plus grands fragments dépassent à peine 1,5 millimètre. Leur microstructure est extrêmement semblable à celle de la carapace d'agnathes fossiles un peu plus récents (datant environ de — 400 millions d'années) : les hétérostracés.

Malheureusement, les coupes publiées par J. Repetski ne permettent pas de voir si cet os dermique est cellulaire comme chez la plupart des poissons supérieurs, ou acellulaires, comme chez les hétérostracés. C'est là un point extrêmement important qu'il conviendra d'éclaircir à l'avenir. L'auteur de cette découverte a attribué les fragments qu'il a trouvés au genre *Anatolepis* mais il est difficile d'affirmer s'il s'agit rigoureusement du même genre. L'ornementation tuberculée des os dermiques est en effet

* On trouvera figure 3 les âges relatifs et les noms des couches géologiques de l'ère primaire (Paléozoïque).

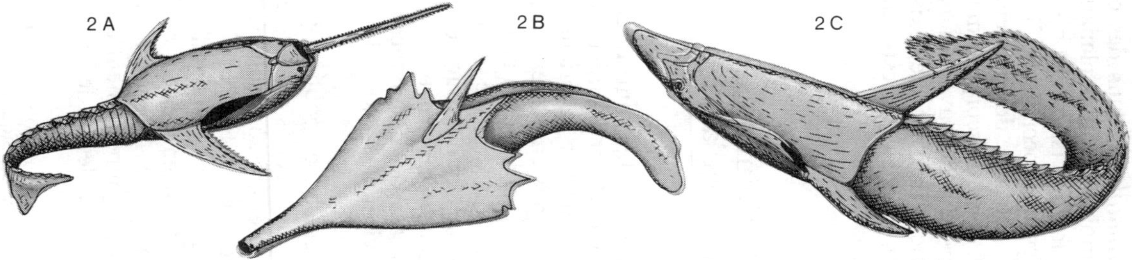


*Fig. 2.* Les hétérostracés, auxquels est probablement apparenté le plus ancien vertébré connu, *Anatolepis*, sont représentés principalement au Silurien et au Dévonien par des formes souvent très étranges, tels *Doryaspis nathorsti (A)* [d'après N. Heintz] [122], *Eglonaspis rostrata (B)* [d'après Novitskaya] [123], ou *Podolaspis goujeti (C)* [d'après Blieck) [124].

un caractère très largement répandu chez les agnathes fossiles, surtout dans les niveaux aussi anciens. J. Repetski signale également la présence de fragments identiques à l'*Anatolepis* cambrien dans les couches un peu plus récentes, d'âge ordovicien inférieur, en divers autres points des États-Unis : Texas, Oklahoma, État de New York, Utah, Arkansas, Washington, ainsi qu'au Groenland. Toutefois, ce n'est qu'au Wyoming que ce genre est connu dans le Cambrien.

Cette découverte porte donc à — 490 ou 500 millions d'années l'âge des plus anciens restes de vertébrés connus, soit un bond dans le temps de 40 millions d'années par rapport aux découvertes précédentes !

## Du nouveau dans la phylogénie des vertébrés ?

A quels groupes zoologiques, au sein des vertébrés, appartiennent donc ces agnathes de l'Ordovicien inférieur et du Cambrien supérieur ? En ce qui concerne *Arandaspis* et *Porophoraspis* d'Australie, Ritchie et Gilbert-Tomlinson [8] les rapprochent des hétérostracés, notamment à cause de la carapace qui recouvre la partie antérieure de leur corps. Pourtant, si *Arandaspis* possède bien des orifices branchiaux séparés, il est à cet égard plus primitif que les hétérostracés typiques qui n'ont qu'un orifice branchial externe commun. Ces pièces d'Australie étant conservées « en négatif », c'est-à-dire à l'état d'empreinte dans la roche, on ne peut rien dire de la microstructure de leurs écailles. En outre, il est absolument certain qu'ils ne possédaient pas de mâchoires vraies, ce qui implique qu'ils n'avaient pas encore acquis les spécialisations des premiers poissons à mâchoires ou gnathostomes. La position systématique d'*Anatolepis* est, à mon avis, plus claire dans la mesure où la structure si particulière de ses plaques externes s'apparente à celle des hétérostracés. Il peut donc s'agir d'un hétérostracé beaucoup plus primitif que ceux du Silurien ou du Dévonien.

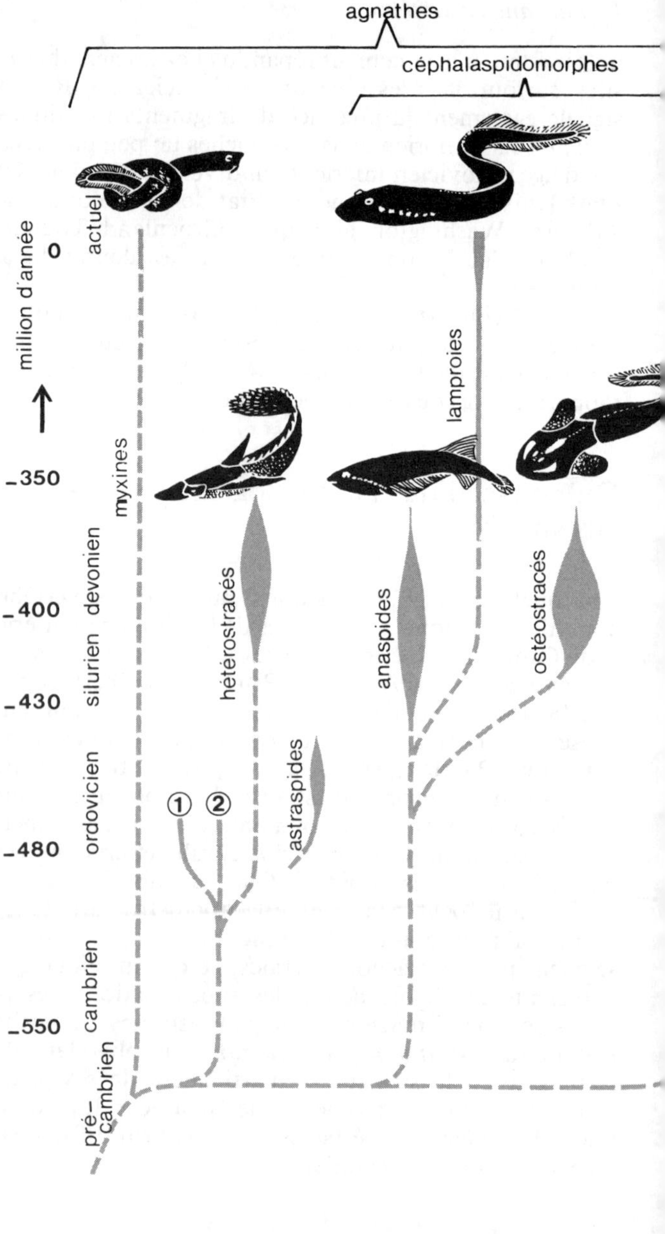

agnathes
céphalaspidomorphes
million d'année
0
-350
-400
-430
-480
-550
actuel
devonien
silurien
ordovicien
cambrien
pré-cambrien
myxines
lamproies
hétérostracés
astraspides
anaspides
ostéostracés
①
②

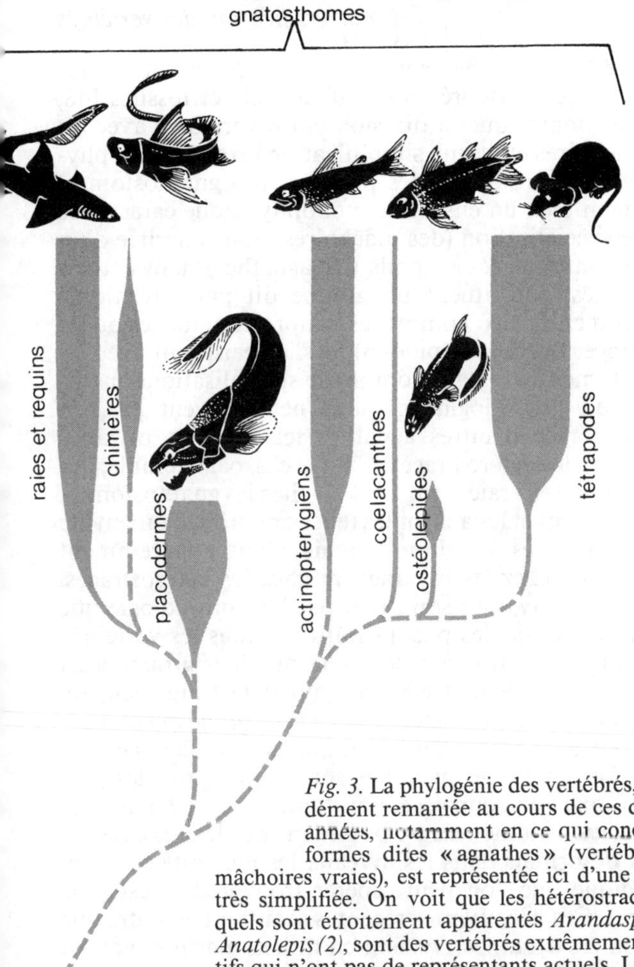


*Fig. 3.* La phylogénie des vertébrés, profondément remaniée au cours de ces dernières années, notamment en ce qui concerne les formes dites « agnathes » (vertébrés sans mâchoires vraies), est représentée ici d'une manière très simplifiée. On voit que les hétérostracés, auxquels sont étroitement apparentés *Arandaspis (1)* et *Anatolepis (2)*, sont des vertébrés extrêmement primitifs qui n'ont pas de représentants actuels. Les myxines, inconnues à l'état fossile, sont probablement les vertébrés les plus primitifs que l'on connaisse. On voit aussi que si les gnathostomes représentent un groupe monophylétique (caractérisé par une même spécialisation : présence de mâchoires), les « agnathes » forment un groupe hétérogène de vertébrés « non gnathostomes » (groupe paraphylétique).

Les recherches effectuées au cours de ces dernières années sur les vertébrés primitifs actuels et fossiles [48, 125] ont montré que la division entre vertébrés avec ou sans mâchoires était une simplification erronée de la phylogénie de ce groupe. Si les premiers (ou gnathostomes) constituent bien un ensemble monophylétique caractérisé par une spécialisation (des mâchoires vraies) héritée d'un ancêtre commun, les seconds (ou agnathes), tant actuels que fossiles, constituent un groupe dit paraphylétique. Certains d'entre eux, comme les lamproies actuelles ou les ostéostracés (« céphalaspides ») fossiles partagent avec les gnathostomes un certain nombre de spécialisations anatomiques ou physiologiques qu'ils ne partagent pas, en revanche, avec d'autres agnathes tels que les myxines actuelles ou les hétérostracés. C'est le cas, par exemple, des nageoires paires vraies, qui existent chez les gnathostomes, les ostéostracés et les anaspides (elles ont probablement été perdues chez les lamproies), mais n'ont apparemment jamais existé chez les myxines, ni chez les hétérostracés. En outre, les myxines sont, tant par leur physiologie que par leur anatomie, les plus primitifs de tous les vertébrés actuels et il ne fait guère de doute que leur groupe s'est séparé très tôt, peut-être même avant le Cambrien, du reste des vertébrés. La place attribuée à *Arandaspis* et *Anatolepis (fig. 3)* montre clairement que, malgré des spécialisations évidentes, ces agnathes sont aussi parmi les plus primitifs que l'on connaisse. Pourtant, ils possédaient déjà un squelette externe que ne possèdent pas les myxines.

C'est désormais dans les niveaux les plus inférieurs du Paléozoïque que l'on peut espérer trouver des restes de vertébrés. Ces découvertes récentes montrent en outre que ces premiers agnathes vivaient en milieu marin et non en eau douce. C'est, du reste, ce que suggérait la physiologie des myxines actuelles [126].

*La Recherche*, janvier 1979

# 7. L'origine des tétrapodes

*Peter Forey*

Le groupe des tétrapodes comprend l'ensemble des vertébrés terrestres à quatre membres, classiquement subdivisés en amphibiens, reptiles, oiseaux et mammifères. La plupart des tétrapodes ont conservé la locomotion quadrupède qui leur est primitive, mais quelques groupes se sont adaptés à une démarche bipède (certains dinosaures, oiseaux, homme), au vol (oiseaux, chauves-souris) ou à la nage (ichthyosaures, cétacés), modifiant parfois profondément l'anatomie de leurs membres. Il est maintenant certain que les tétrapodes sont issus des poissons, peut-être au début de la période dévonienne (vers − 400 millions d'années), mais on est encore dans l'ignorance des processus qui conduisirent à cette conquête du milieu terrestre par des vertébrés. L'importance biologique de cet événement, qui a conditionné l'histoire de la majeure partie des vertébrés actuels, a longtemps stimulé l'imagination des chercheurs, qui depuis un demi-siècle ont vécu dans l'espoir que les fossiles répondraient à leurs questions sur ce sujet. Si cela a bien été le cas pour certains détails, force est de reconnaître que cette quête des ancêtres fossiles des tétrapodes a été, dans l'ensemble, bien décevante.

C'est pour cette raison que quelques chercheurs ont décidé de prendre du recul par rapport aux données paléontologiques, de les critiquer et de voir si une autre voie d'approche, celle de la recherche de simples liens de parenté entre les tétrapodes et certains groupes de poissons actuels, ne serait pas plus fructueuse [127].

La plupart des manuels modernes sur l'évolution des vertébrés traitent de l'origine des tétrapodes et le lecteur y apprend que cette lignée peut être retracée jusqu'à certains

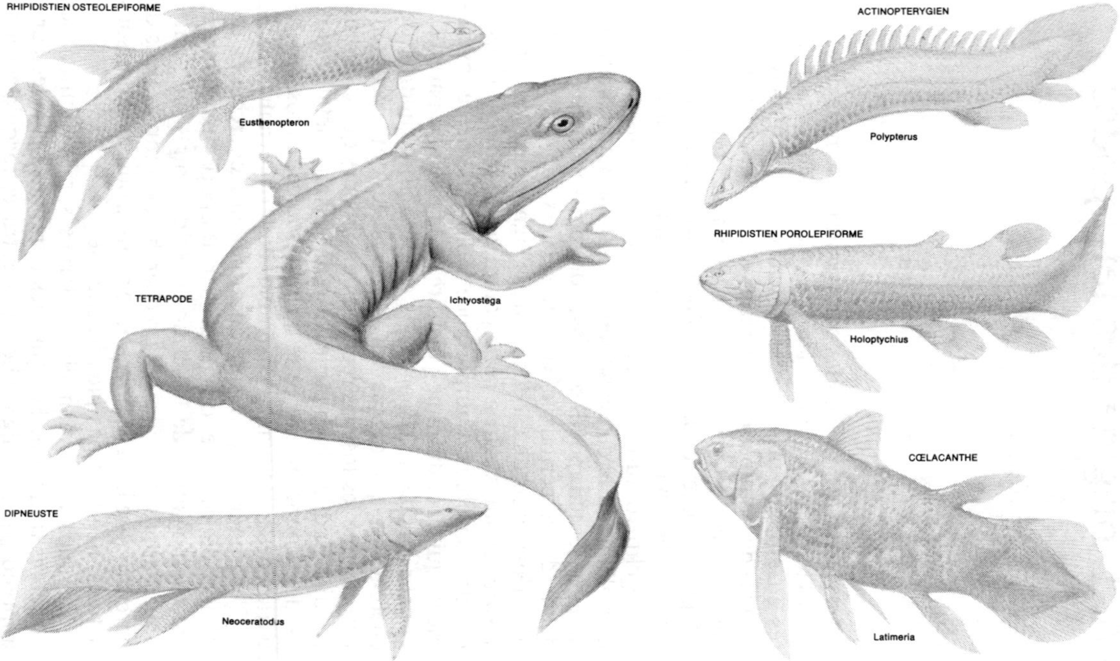
RHIPIDISTIEN OSTEOLEPIFORME
Eusthenopteron
TETRAPODE
Ichtyostega
DIPNEUSTE
Neoceratodus
ACTINOPTERYGIEN
Polypterus
RHIPIDISTIEN POROLEPIFORME
Holoptychius
CŒLACANTHE
Latimeria

fossiles du Dévonien supérieur (— 370 millions d'années) et que son origine peut être recherchée dans un ensemble de poissons fossiles nommés « rhipidistiens », dont *Eusthenopteron (fig. 1)* est un exemple classique. Les textes des manuels peuvent varier dans le détail : ainsi la plupart des auteurs suggèrent-ils que les tétrapodes ont une origine unique [128], tandis que quelques autres considèrent qu'il y a deux sortes de tétrapodes, chacune ayant une origine indépendante à partir des rhipidistiens [129]. Mais tous les auteurs sont d'accord sur le fait que l'ancêtre des tétrapodes est à rechercher dans ce groupe de poissons fossiles *(fig. 1).*

Le problème de l'origine des tétrapodes est, en fait, plus un problème de relation de parenté que d'ascendance directe ; il se résume à une question : quel est le poisson qui est le plus étroitement apparenté aux tétrapodes ? Pendant plus d'un siècle, la signification de la relation de parenté a été presque uniquement évolutionniste, c'est-à-dire consi-

←

*Fig. 1.* Tout le monde s'accorde à reconnaître que les tétrapodes sont issus des poissons. Mais le problème de leur origine reste l'un des plus débattus de la paléontologie. Divers poissons ont, tour à tour, été considérés comme les plus proches parents des tétrapodes ou comme leurs ancêtres. On voit ici quelques-uns des meilleurs candidats, avec au centre *Ichthyostega,* le plus ancien tétrapode connu. Ce gros amphibien primitif, qui possédait déjà des membres pairs à cinq doigts, vivait au Groenland à la fin du Dévonien (— 360 millions d'années). Parmi les ancêtres possibles des tétrapodes, on trouve les dipneustes (poissons à poumons, illustrés ici par un représentant vivant, *Neoceratodus*), car les zoologistes leur avaient trouvé de nombreuses ressemblances avec les tétrapodes. Mais les paléontologues ont opté pour les rhipidistiens (représentés ici par *Eusthenopteron* et *Holoptychius,* deux poissons fossiles du Dévonien supérieur), comme ancêtre des tétrapodes. Le cœlacanthe, dont il ne reste plus qu'une espèce vivante, *Latimeria,* est souvent considéré comme le parent actuel le plus proche des tétrapodes. Enfin, le polyptère, poisson actuel des fleuves africains, fut longtemps classé dans les crossoptérygiens, un groupe qui incluait les cœlacanthes et *Eusthenopteron,* et utilisé pour considérer les crossoptérygiens comme ancêtres des tétrapodes (le polyptère est aujourd'hui classé avec les actinoptérygiens qui regroupent les esturgeons, brochets, morues...). Nous suggérons dans cet article que ce sont en fait les dipneustes qui occupent cette place.

dérée dans une perspective historique, et le but a été de retracer une histoire comportant des relations d'ancêtres à descendants entre les organismes. C'est ainsi que la paléontologie a joué un rôle particulier car les ancêtres, s'ils existent, devaient être retrouvés à l'état fossile. Par conséquent l'histoire de l'origine des tétrapodes, telle qu'on la trouve dans les manuels, est devenue essentiellement une histoire paléontologique façonnée dans le moule des relations évolutionnistes d'ancêtre à descendant. Mais la question fondamentale que soulèvent encore les chercheurs cladistes (voir l'article de P. Janvier, P. Tassy et H. Thomas, p. 47), à savoir quel groupe de poissons actuels est le plus étroitement apparenté aux tétrapodes, a été posée bien avant l'avènement de la théorie de l'évolution, et nous pouvons y répondre sans se référer à la notion d'ancêtre et de descendant.

## Les poissons à poumons : ancêtres ou frères des tétrapodes ?

Au début du XIX^e siècle, la distinction entre poissons et tétrapodes semblait claire pour les naturalistes. Les poissons vivent dans l'eau, respirent au moyen de branchies et se déplacent à l'aide de nageoires, tandis que les tétrapodes vivent primitivement sur la terre ferme, ont des poumons et des pattes. Mais dans les années 1830, la découverte des dipneustes, ou poissons à poumons, contribua à obscurcir cette distinction. En 1840, le zoologiste allemand Theodor von Bischoff étudia le dipneuste sud-américain *Lepidosiren* et le considéra comme un amphibien (tétrapodes primitifs représentés actuellement par les grenouilles, salamandres et un groupe étrange, adapté à la vie fouisseuse, les apodes) car, en dépit de son apparence de poisson, il possède plusieurs caractères d'amphibiens tels que des narines internes (ou choanes), de grands poumons reliés à l'œsophage par une glotte, des branchies réduites, un cœur à deux oreillettes et un système de valvules séparant le sang branchial du sang pulmonaire.

Presque à la même époque, le dipneuste africain, *Protopterus,* a été soigneusement étudié par l'anatomiste anglais Richard Owen, qui fut intrigué par ce curieux mélange de caractères de poissons et de tétrapodes et voulut approfondir la recherche des différences essentielles entre ces deux groupes. Il conclut qu'un seul caractère fiable permettait de les distinguer : les tétrapodes ont des narines internes, mettant en communication les fosses nasales et la bouche, tandis que les poissons n'en ont pas. Curieusement – et peut-être parce que cela ébranlait ses convictions antiévolutionnistes – Owen nia l'existence de choanes chez ce dipneuste. Par la suite on a prouvé que *Protopterus,* comme *Lepidosiren,* possédait ces narines internes d'apparence si semblable aux choanes des tétrapodes.

En dépit de ce désaccord initial, Bischoff et Owen ont essayé de résoudre le même problème. Chacun était confronté à trois groupes : les poissons, les dipneustes et les tétrapodes. Von Bischoff reconnut que les dipneustes partageaient avec les tétrapodes des ressemblances rencontrées dans aucun autre groupe de vertébrés, et, par conséquent, leur étaient plus étroitement alliés. Owen décida, lui, que, parce que les dipneustes n'ont pas de choanes (d'après ses observations), ils doivent être plus étroitement alliés aux poissons.

La différence entre ces deux solutions réside dans le fait que Bischoff utilisait des caractères positifs (que les dipneustes ont effectivement), tandis qu'Owen utilisait des caractères négatifs (caractères que les dipneustes n'ont pas). Il est important de noter que, dans cette première analyse, le mot « allié » n'avait pas de signification évolutionniste et n'impliquait pas de relations d'ancêtre à descendant. En termes modernes, l'argument de Bischoff peut être traduit en langage cladistique, où les dipneustes et les tétrapodes sont des « groupes frères », c'est-à-dire qu'ils partagent des caractères jamais rencontrés dans d'autres groupes.

Vers le milieu du XIXe siècle, beaucoup d'autres biologistes ont exprimé leur point de vue sur les affinités des dipneustes et les opinions étaient divisées [127].

A la fin du XIX^e siècle, la théorie de l'évolution de Darwin pénétra la communauté scientifique et suscita une façon différente de voir les problèmes de relations entre poissons et tétrapodes. Si, comme le suggère la théorie de l'évolution, une forme évolue à partir d'une autre par une succession d'intermédiaires, on peut s'attendre que les distinctions entre les groupes s'estompent et que les formes intermédiaires soient difficiles à placer dans l'un ou l'autre des groupes. Le zoologiste allemand Ernst Haeckel fut l'un des premiers à produire un arbre évolutif des vertébrés *(fig. 2)* et, en 1866, il proposa que les lignées évolutives des premiers tétrapodes et des dipneustes ont divergé au Dévonien (— 400 millions d'années) à partir de dipneustes inconnus. Plus tard, lorsque les dipneustes fossiles les plus anciens (du Dévonien) furent comparés à leurs représentants actuels, Haeckel conclut que les dipneustes étaient les ancêtres directs des tétrapodes.

En 1870 fut annoncée la découverte d'un dipneuste australien vivant, *Neoceratodus,* qui a une allure moins « amphibienne » que ses cousins africain et sud-américain (nageoires plus de type poisson et branchies plus développées). Là encore, après avoir été considéré comme un amphibien, ce nouveau dipneuste fut classé parmi les poissons. Toutefois, il consolida l'idée que les dipneustes sont des intermédiaires entre poissons et tétrapodes, conduisant Thomas Huxley, un puissant supporter de Darwin, à remarquer qu'il illustre bien la théorie de l'évolution. Ainsi, à la fin du XIX^e siècle, y avait-il une école de pensée qui considérait les dipneustes comme les plus proches parents, voire les ancêtres directs des tétrapodes.

## De meilleurs candidats

Pour comprendre la naissance de ces idées sur les dipneustes et l'origine des tétrapodes, il faut revenir quelques années en arrière, jusque vers 1860, quand T. Huxley réunit plusieurs poissons actuels et fossiles dans un groupe qu'il nomma « crossoptérygiens ». Ce groupe incluait ainsi le polyptère africain *(Polypterus)*, les cœlacanthes fossiles (à cette époque aucun cœlacanthe vivant n'était encore connu), *Eusthenopteron* (un poisson fossile du Dévonien), ainsi que quelques poissons fossiles du Primaire qui sont maintenant appelés « rhipidistiens ». Bien que le contenu de ce groupe des crossoptérygiens ait varié selon les auteurs, il fut à l'origine d'un profond changement dans les idées sur l'origine des tétrapodes. On objecta que les dipneustes étaient trop spécialisés pour être des ancêtres des tétrapodes parce qu'ils possèdent, entre autres, des plaques dentaires broyeuses et n'ont pas de maxillaire. En revanche, les crossoptérygiens apparaissaient comme suffisamment primitifs pour convenir comme ancêtres des tétrapodes. Cette intuition fut encouragée par des ressemblances entre crossoptérygiens et tétrapodes primitifs, notamment dans la dentition, la disposition des os du crâne et la structure du squelette des nageoires paires. D'un point de vue évolutionniste, les crossoptérygiens étaient — et sont toujours — considérés comme les meilleurs candidats au statut d'ancêtres des tétrapodes, et plusieurs chercheurs ont suggéré que les crossoptérygiens ont donné naissance aux dipneustes d'une part et aux tétrapodes de l'autre [130].

Dans la saga des crossoptérygiens, le cas du polyptère, poisson des fleuves africains, est intéressant. Lorsqu'il fut classé dans les crossoptérygiens, on s'est appuyé sur la structure de son palais, de sa boîte crânienne et de son oreille interne, qui évoque celle des tétrapodes, pour dire que les crossoptérygiens étaient les ancêtres des tétrapodes. Plus tard, le polyptère fut classé comme parent des poissons à nageoires rayonnées (actinoptérygiens), auxquels appartiennent les esturgeons, brochets, morues, harengs, etc. ; dès lors il ne fut plus pris en considération dans le débat sur l'origine des tétrapodes, bien qu'il fût à l'origine de l'hypothèse d'une relation crossoptérygiens-tétrapodes ! Avec le retrait du polyptère hors des crossoptérygiens, le problème de l'origine des tétrapodes ne reposait plus que sur l'étude d'un ensemble de crossoptérygiens fossiles et demeurait donc entre les mains des paléontologues.

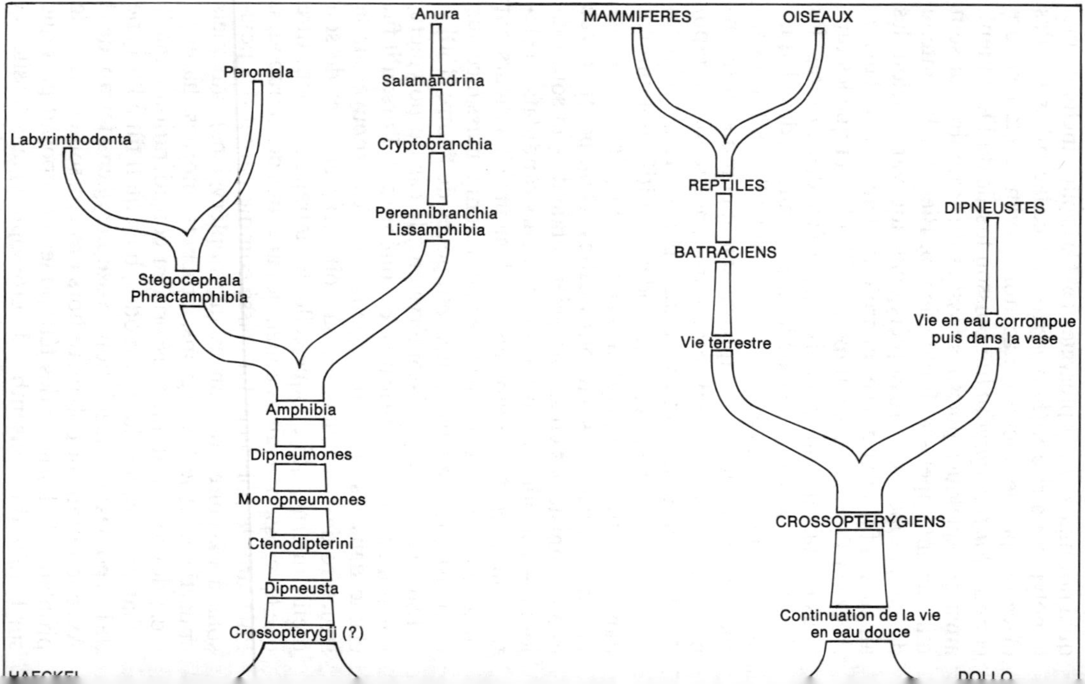

Anura
Salamandrina
Cryptobranchia
Perennibranchia
Lissamphibia
Peromela
Labyrinthodonta
Stegocephala
Phractamphibia
Amphibia
Dipneumones
Monopneumones
Ctenodipterini
Dipneusta
Crossopterygii (?)
MAMMIFERES
OISEAUX
REPTILES
BATRACIENS
Vie terrestre
DIPNEUSTES
Vie en eau corrompue
puis dans la vase
CROSSOPTERYGIENS
Continuation de la vie
en eau douce

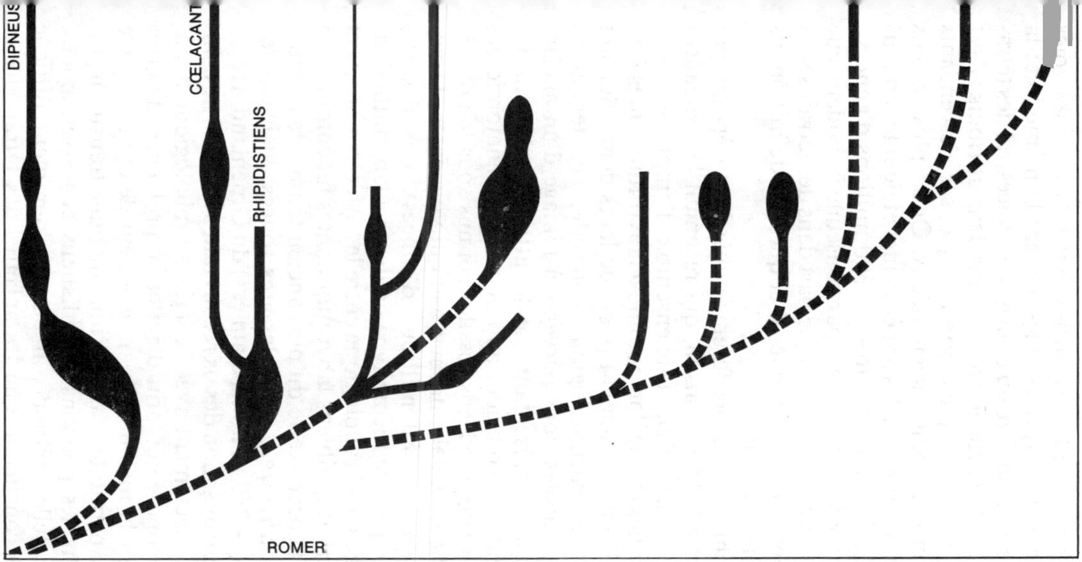


*Fig. 2.* Depuis la fin du XIXe siècle, marquée par la théorie de l'évolution de Darwin, les idées sur l'origine des tétrapodes ont été exprimées en termes d'ancêtres à descendants et illustrées sous forme d'arbres phylogénétiques. Ernst Haeckel [133] fut l'un des premiers à établir un arbre de l'évolution des vertébrés dans lequel il place les dipneustes comme ancêtres des tétrapodes. Louis Dollo [134] suggéra, en 1896, que le groupe des crossoptérygiens est à l'origine des tétrapodes et des dipneustes. Par la suite, les dipneustes ont été totalement retirés de l'origine des tétrapodes, comme le suggère l'arbre du bas tiré d'un manuel sur l'histoire des vertébrés, écrit par le paléontologue américain A.S. Romer [128].

A partir de ce moment, la paléontologie prit le pas sur les comparaisons entre les organismes vivants, et, si les voies d'approche étaient variées, elles avaient le même but : la découverte d'un ancêtre ou d'un groupe ancestral des tétrapodes. En effet, un ancêtre a au moins deux attributs : il est morphologiquement plus primitif que ses descendants présumés et il est plus ancien qu'eux. Or les plus anciens tétrapodes connus dans les années vingt étaient les amphibiens du Carbonifère (environ — 300 millions d'années), ou labyrinthodontes. Il était par conséquent évident que leurs ancêtres existaient quelque part dans des terrains plus anciens (notamment dévoniens) et que, par définition, ils seraient plus primitifs.

Les amphibiens fossiles furent étudiés à cette époque par le professeur D.M.S. Watson, qui reconnut les tendances évolutives au sein d'un vaste ensemble d'amphibiens fortement ossifiés et que l'on nomme « labyrinthodontes » en raison de l'émail fortement plissé de leurs dents. Suivant une pratique paléontologique courante, ces tendances étaient extrapolées pour parvenir à l'image d'un ancêtre hypothétique ne présentant que des attributs primitifs. Ce modèle semblait coïncider au mieux avec l'anatomie des poissons crossoptérygiens fossiles connus sous le nom de « rhipidistiens ostéolépiformes » et qui vivaient au Dévonien moyen (— 380 millions d'années). Ces derniers avaient, de plus, le même type de dents « labyrinthodontes ». La lacune chronologique entre les ostéolépiformes et les premiers amphibiens labyrinthodontes fut comblée, en 1932, par la découverte du plus ancien tétrapode connu à ce jour, *Ichthyostega,* dans les grès rouges du Dévonien supérieur (— 360 millions d'années) du Groenland. Hélas, le plan d'organisation des os recouvrant son crâne ne coïncidait pas exactement avec la série morphologique hypothétique proposée et, afin d'éviter ce problème, diverses théories sur la fusion ou le mouvement de ces os ont été proposées, permettant ainsi d'imaginer une transition graduelle entre les poissons rhipidistiens et les tétrapodes. Avec une telle méthode, il était évidemment difficile d'éviter la conclusion que les ancêtres des tétrapodes se trouvaient parmi les rhipidistiens !

## Les dipneustes évincés

Tandis que les paléontologues concentraient leur attention sur les rhipidistiens, des ressemblances, en particulier dans la structure des membres, étaient mises en évidence entre les dipneustes et certains amphibiens : les urodèles (salamandres et tritons). Ces ressemblances étaient alors expliquées par la plupart des paléontologues comme étant dues soit à une évolution parallèle (acquisition indépendante dans les deux groupes), soit comme des structures primitives héritées d'ancêtres rhipidistiens communs. Cependant, pour quelques chercheurs, ces ressemblances étaient trop importantes pour être expliquées par un caprice de l'évolution et ils suggéraient plutôt une double origine pour les tétrapodes (diphylétisme des tétrapodes). Deux chercheurs suédois, G. Säve-Söderbergh et Nils Holmgren [131], pensèrent donc que les urodèles descendaient des dipneustes du Primaire, tandis que les autres tétrapodes étaient issus des rhipidistiens. Un autre Suédois, E. Jarvik, formula une idée selon laquelle les tétrapodes étaient apparus à deux reprises : les urodèles à partir d'un type de rhipidistiens représenté par *Porolepis* (Dévonien du Spitsberg) et les autres tétrapodes (grenouilles et amniotes) à partir d'un autre type de rhipidistiens représenté par *Eusthenopteron* (Dévonien du Canada) [132]. Cette hypothèse de Jarvik n'a guère été retenue par les paléontologues américains et européens, qui considéraient que celui-ci exagérait les différences entre les urodèles et les autres tétrapodes et minimisait les ressemblances entre *Porolepis* et *Eusthenopteron*. Au contraire, les paléontologues anglo-américains considèrent que les tétrapodes sont monophylétiques, c'est-à-dire apparus une seule fois à partir d'un ancêtre commun propre, et sont issus de rhipidistiens proches d'*Eusthenopteron* [135].

Que deviennent les dipneustes dans ce dédale d'hypothèses ? Évincés par le triomphe des rhipidistiens, on parle de moins en moins de leurs affinités avec les tétrapodes, et Jarvik va jusqu'à dire que leurs narines internes ne sont pas de vraies choanes de tétrapodes, mais le simple fruit d'une convergence. Ainsi n'est-il même plus question des dipneustes dans les articles modernes sur l'origine des tétrapodes, et il est devenu un « fait » que ces derniers dérivent des rhipidistiens.

## Le cœlacanthe, « ancêtre de l'homme » ?

Comme conclusion à ce long historique, qui reflète bien les vicissitudes du cheminement des idées évolutionnistes, on peut citer l'histoire des recherches sur les cœlacanthes, un groupe de poissons classés également dans les crossoptérygiens par Huxley, et qui n'est plus représenté dans la nature actuelle que par une espèce, *Latimeria chalumnae*. Cette dernière ne fut découverte au large des Comores qu'en 1938, longtemps après que leur position de « descendants des rhipidistiens » fut suggérée par les paléontologues, et elle fut donc considérée comme le plus proche parent actuel des tétrapodes, d'où les nombreux articles de la presse scientifique, où elle était présentée comme un « ancêtre de l'homme ». On espérait donc de *Latimeria* des données nouvelles sur les ancêtres des tétrapodes, mais ce fut une grande déception à cet égard. En effet, contrairement à ce que l'on pouvait attendre d'un descendant des rhipidistiens, *Latimeria* n'a pas de choanes, a des branchies bien développées et une circulation sanguine de type « poisson » ! Certains chercheurs ont même récemment suggéré qu'il était le plus primitif de tous les poissons osseux actuels, tandis que d'autres ont dit qu'il était apparenté aux requins et aux raies [136]. Cette incertitude quant aux affinités du cœlacanthe actuel doit donc susciter des doutes sur notre habileté à reconstituer les tissus mous, les nerfs et les vaisseaux sanguins des rhipidistiens fossiles.

Au bout de ce chemin long et tortueux de la recherche

des ancêtres des tétrapodes, restent les ressemblances entre dipneustes et tétrapodes notées par Bischoff, il y a cent quarante ans ! En outre, plus les zoologistes examinent les dipneustes, plus ils trouvent de ressemblances avec les tétrapodes. Leighton Kesteven [137], un anatomiste australien, a fait une liste de cinquante-quatre caractères, auxquels on peut ajouter des ressemblances chimiques dans la structure des protéines, la nature des hormones hypophysaires, les sels biliaires (bufonol), voire dans certains aspects du comportement lors de la recherche de la nourriture. Ainsi existe-t-il un abîme considérable entre l'évaluation des zoologistes et celle des paléontologues qui reconnaissent dans les rhipidistiens les ancêtres des tétrapodes.

Devant ces contradictions, nous pensons qu'il est temps de réévaluer la question des relations entre tétrapodes et poissons, notamment à la lumière de nouvelles méthodes d'analyse des caractères dans la construction des phylogénies.

## A quoi reconnaît-on un ancêtre ?

S'il existe actuellement un consensus sur le fait que les ancêtres des tétrapodes doivent être recherchés dans les rangs des rhipidistiens, on est en droit de se poser la question suivante : comment reconnaît-on un ancêtre ? En principe, un ancêtre, ou un groupe ancestral, doit être plus ancien et plus primitif que ses descendants. Par conséquent, il ne présente pas tous les caractères de ses descendants. En somme, un ancêtre n'a pas de caractères propres et c'est la raison pour laquelle les dipneustes, qui, eux, ont de nombreux caractères propres (par exemple les plaques dentaires broyeuses), ont été rejetés de l'ascendance des tétrapodes.

La conséquence de cette définition négative de l'ancêtre est que l'on ose rarement nommer une espèce ancestrale précise et que, le plus souvent, on se contente de désigner des « groupes ancestraux » fossiles assez vastes et présentant suffisamment de caractères primitifs. Les groupes ancestraux sont dits « paraphylétiques », car ils n'ont pas de réalité phylogénétique, pas d'histoire qui leur soit propre et pas de caractères uniques par lesquels on les reconnaisse. Dans le cas présent, les rhipidistiens représentent l'un de ces groupes paraphylétiques.

A côté de la relation ancêtre à descendant, il y a une autre façon d'envisager les relations entre les groupes : la méthode cladistique qui consiste en une recherche, non pas de l'ancêtre, mais du plus proche parent possible, qu'il soit actuel ou fossile (voir p. 47). Cette recherche est fondée sur la mise en évidence de caractères uniques, évolués et partagés par au moins deux groupes que l'on nomme « groupes frères ». Ces caractères sont la preuve que ces deux groupes partagent un ancêtre commun qui leur est propre à eux seuls et, par conséquent, qu'ils constituent, à eux deux, un groupe « monophylétique », c'est-à-dire un groupe dont l'histoire est unique.

Par exemple, dans notre problème des affinités des tétrapodes, on peut dire que la présence des narines internes, ou choanes, est propre uniquement aux tétrapodes et aux dipneustes, qui constitueraient alors un groupe monophylétique : les choanates *. Mais ce qui est beaucoup plus important, c'est que ce regroupement est renforcé par d'autres caractères ayant la même répartition que les choanes (glotte, valvules du cône artériel du cœur, hormones hypophysaires, etc.), tandis qu'il n'existe pratiquement pas de caractères suggérant un regroupement différent.

Ainsi, c'est en appariant les groupes actuels ou fossiles grâce à la répartition de caractères de plus en plus généraux que l'on peut arriver à établir une hypothèse de relations phylogénétiques d'où est exclu le flou (réconfortant pour certains !) des groupes primitifs ancestraux. Dans la suite de cet article, nous parlerons uniquement des espèces ou des groupes qui ont été, à un moment ou à un autre, impliqués dans le problème des affinités des tétrapodes.

* Les choanes des dipneustes ne sont plus considérés comme des homologues de celles des tétrapodes, voir p. 12 et note 12.

Nous ne discuterons ici que quelques-uns des principaux arguments à l'appui de la relation rhipidistiens-tétrapodes, notamment ceux qui sont invariablement répétés dans tous les manuels de paléontologie [128], de façon à en montrer toute la fragilité.

## La choane, pierre angulaire de l'orthodoxie

L'un des principaux arguments en faveur d'une relation rhipidistiens-tétrapodes est la présence d'une choane chez les premiers, tandis que les dipneustes sont censés ne pas posséder de vraies choanes [132]. La choane d'un tétrapode primitif, tel qu'*Ichthyostega,* est une ouverture ovale, bordée à l'extérieur par le maxillaire et à l'intérieur par des os du palais. La narine externe, elle, s'ouvre sur le bord de la mâchoire, entre les os maxillaire et prémaxillaire. Les dipneustes actuels n'ont pas ces os et c'est pourquoi les relations morphologiques de leurs choanes sont difficilement comparables avec celles des tétrapodes. En revanche, la découverte de dipneustes bien ossifiés dans des terrains dévoniens d'Australie a permis de confirmer que leur choane présente bien, avec les os du palais, les mêmes relations que chez les tétrapodes (voir cependant note 12).

Contrairement à ce qui est prétendu, la présence des choanes chez les rhipidistiens est, à mon avis, bien moins certaine. S'il existe bien, par exemple dans le palais d'*Eusthenopteron,* des lacunes s'ouvrant dans les fosses nasales et qui évoquent des choanes, il faut se souvenir que des lacunes similaires avaient été observées chez certains cœlacanthes fossiles et furent même interprétées comme des choanes. La découverte du cœlacanthe actuel *Latimeria* a ensuite montré que ces lacunes étaient recouvertes de tissus mous et qu'aucun cœlacanthe n'a eu de choanes. Cela montre à quel point peuvent être subjectives des conclusions tirées à partir de formes uniquement fossiles.

Les prétendues choanes de rhipidistiens, et particulièrement d'*Eusthenopteron,* pourraient donc n'être que des lacunes ouvertes dans le plancher des fosses nasales et servant soit au logement des crocs de la mâchoire inférieure, soit à rendre plus mobile le palais. Si bien conservé que soit le matériel fossile, ces choanes des rhipidistiens sont condamnées à rester hypothétiques, tandis que celles des dipneustes sont bien réelles, et même leur développement embryonnaire peut en être étudié.

## Structure contre processus

On soutient depuis longtemps que tétrapodes et rhipidistiens présentent la même disposition des os couvrant la surface du crâne. En fait, cette disposition n'est pas la même dans les deux groupes et, de plus, présente d'importantes variations au sein même des rhipidistiens. C'est pour cette raison que l'on a essayé d'imaginer les modifications qui permettraient de transformer un plan crânien de type rhipidistien en un plan crânien de type tétrapode. Il n'y a jamais eu de consensus entre ces différents processus — totalement imaginaires — de transformation du crâne, et qui n'ont apporté que de la confusion au problème. Pour certains, les os du crâne se sont déplacés vers l'avant ou l'arrière par rapport au cerveau au cours de la transition rhipidistien-tétrapode ; pour d'autres, ils ont fusionné ; pour d'autres encore, ils se sont fragmentés, ou se sont déplacés par rapport aux lignes sensorielles. La diversité de ces arguments montre qu'ils ne portent plus sur des structures observées, mais sur la vraisemblance plus ou moins grande de processus imaginaires, non observables sur les fossiles.

Si l'on regarde le plan des os de la face dorsale du crâne du polyptère, des rhipidistiens, des dipneustes et des premiers tétrapodes, il est très difficile de décider quelles sont les ressemblances entre les uns et les autres sans avoir une idée préconçue sur les processus de transformation. On conçoit aisément que, s'il est si difficile de choisir entre de simples ressemblances, il l'est encore plus de choisir entre des hypothèses concernant un événement qui aurait eu lieu il y a plus de 350 millions d'années !

## Le mythe du palais

Le palais d'un poisson rhipidistien tel qu'*Eusthenopteron* est constitué de plusieurs os couverts de dents granuleuses et de quelques grands crocs. En outre, il est articulé de manière lâche avec la boîte crânienne en avant et en arrière des yeux. Les paléontologues ont prétendu que ce type de palais est plus proche de celui des tétrapodes que ne l'est celui des dipneustes actuels, qui n'est plus représenté que par une paire de grosses dents broyeuses.

A l'exception des grands crocs, la structure du palais des rhipidistiens n'est que celle des poissons osseux en général, puisqu'une structure similaire existe chez le polyptère et d'autres poissons à nageoires rayonnées. Elle est donc primitive pour tous les poissons osseux. En outre, le palais du dipneuste fossile *Griphognathus* (Dévonien d'Australie) présente une structure assez voisine de celle des rhipidistiens, prouvant ainsi que, si le palais des dipneustes a évolué dans une voie qui lui est propre, sa structure primitive est fondamentalement la même que celle des autres poissons osseux primitifs. Cependant, il faut noter, dans le palais de tous les dipneustes, certaines spécialisations qu'ils ne partagent qu'avec les tétrapodes, notamment le fait que les grands os ptérygoïdes se rejoignent le long de la ligne médiane.

Enfin, l'os hyomandibulaire des poissons osseux, qui devient chez les tétrapodes l'étrier de l'oreille moyenne, est toujours impliqué dans la suspension des mâchoires, sauf chez les dipneustes, où il est très réduit et, bien entendu, chez les tétrapodes, où cette réduction s'accompagne d'un rôle de conduction des sons.

En somme, ce que l'on avait pris pour des ressemblances significatives entre le palais des rhipidistiens et celui des

*Fig. 3.* La nageoire pectorale d'*Eusthenopteron (A)* a longtemps été considérée comme préfigurant les membres des tétrapodes *(C)* : l'élément basal rattaché à la ceinture évoque l'humérus des tétrapodes ; la paire d'os de longueur inégale attachée à l'« humérus » rappelle le couple radius-cubitus des tétrapodes (hachures verticales). En réalité, les tétrapodes partagent davantage de caractères avec les dipneustes *(B)* qu'avec *Eusthenopteron* ou tout autre poisson : on retrouve une articulation à chaque extrémité de l'humérus (correspondant à l'épaule et au coude) ; le jeune dipneuste possède un cubitus et un radius individualisés (ils sont fusionnés chez l'adulte) tout comme les tétrapodes ; toujours chez le jeune dipneuste, le cubitus s'articule sur la surface supérieure de l'humérus et, à l'autre extrémité, sur l'axe central de la nageoire ; de plus, sa nageoire pectorale présente une torsion comparable à l'orientation du membre des tétrapodes. Ces ressemblances entre les dipneustes et les tétrapodes ne se retrouvent ni chez *Eusthenopteron* ni chez aucun autre poisson. Il faut cependant noter la forme complexe de l'humérus chez le dipneuste adulte, qui est comparable à celle d'*Eusthenopteron* et des tétrapodes primitifs et qui permet de regrouper les tétrapodes, les dipneustes et les rhipidistiens, mais aussi les cœlacanthes, dans un même groupe monophylétique (sarcoptérygiens). Pour en revenir à *Eusthenopteron,* il semble que la structure dichotomique du squelette de la nageoire pectorale (qui pouvait faire penser au couple radius-cubitus) soit en fait le reste d'une structure ancienne. On retrouve en effet un squelette semblable dans les nageoires du requin (*D*, hachures horizontales), considéré comme ayant une structure relativement primitive. Par comparaison, on voit également que *Eusthenopteron,* tout comme les dipneustes et les tétrapodes, ont perdu les rayons antérieurs, de sorte qu'un seul élément assure l'articulation avec la ceinture.

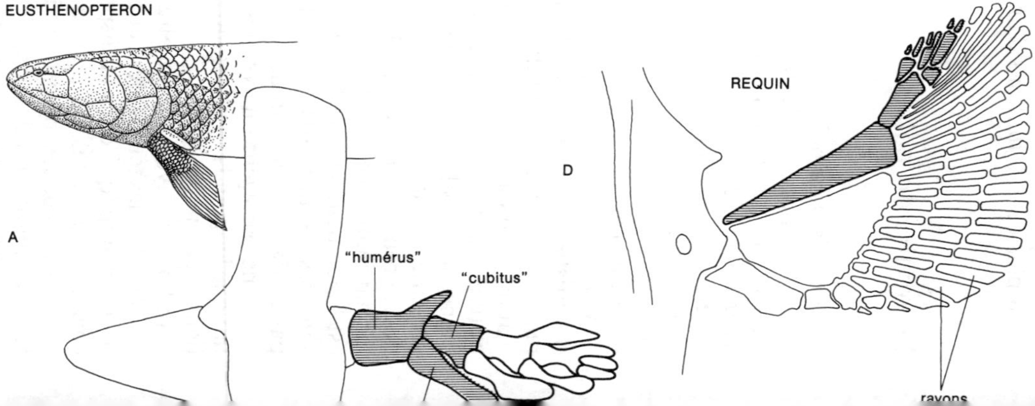

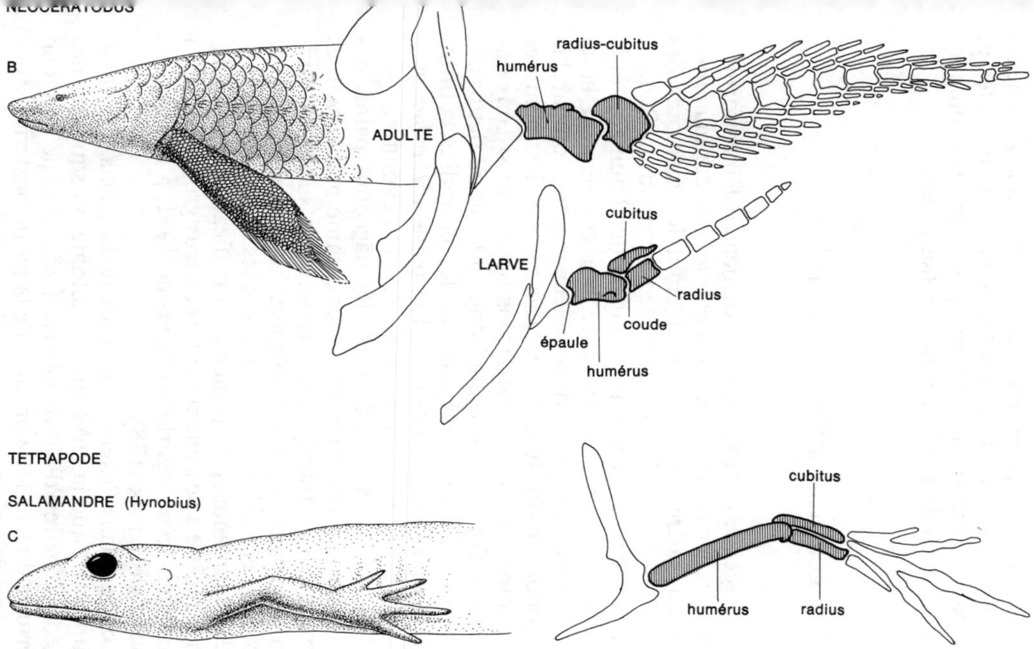
NEOCERATODUS
B
ADULTE
humérus
radius-cubitus
LARVE
cubitus
radius
coude
épaule
humérus
TETRAPODE
SALAMANDRE (Hynobius)
C
cubitus
humérus
radius

tétrapodes ne sont que des caractères primitifs, propres à tous les poissons osseux et aux tétrapodes, tandis que les spécialisations du palais propres uniquement aux dipneustes et aux tétrapodes étaient beaucoup plus discrètes et sont passées inaperçues car masquées par les profondes modifications du palais des dipneustes actuels.

## Des nageoires paires aux membres

Les nageoires paires des rhipidistiens ostéolépiformes, en particulier celles d'*Eusthenopteron*, ont été unanimement considérées comme préfigurant les membres des tétrapodes. En effet, leur squelette comprend un élément basal rattaché à la ceinture et qui évoque l'humérus et le fémur des tétrapodes. En outre, sur cet élément basal s'attache une paire d'os de longueur inégale, comparable aux couples radius-cubitus et tibia-péroné des membres des tétrapodes. Ces comparaisons paraissent si convaincantes que l'on n'a pas hésité à donner les noms des os des membres des tétrapodes (humérus, fémur, radius, cubitus, péroné, tibia) à ces os des nageoires paires d'*Eusthenopteron*, renforçant ainsi l'idée d'une relation évolutive.

Mais au XIX^e siècle, c'étaient les nageoires paires des dipneustes qui étaient considérées comme préfigurant les membres des tétrapodes, et l'anatomiste suédois Holmgren vit dans les ressemblances structurales entre la nageoire pectorale des dipneustes et les membres des urodèles (salamandres) la principale justification d'une relation d'ancêtre à descendant entre ces deux groupes, jusqu'à l'entrée en scène des rhipidistiens en 1941, à la suite des travaux de Jarvik [138].

Comme dans l'exemple précédent du palais, il semble bien en fait que la structure dichotome du squelette des nageoires paires d'*Eusthenopteron (fig. 3A)* ne soit que l'héritage du squelette primitif de la partie postérieure des nageoires des poissons osseux. On a en effet retrouvé un squelette semblable dans les nageoires des esturgeons et même des requins ou des chimères *(fig. 3D)*. Ce type de squelette des nageoires ne serait donc pas une étape sur la voie conduisant au membre des tétrapodes, mais plus simplement le reste d'une structure ancienne existant à l'origine chez tous les poissons osseux.

En revanche, il existe dans le squelette des nageoires paires des dipneustes certains détails que l'on ne retrouve que chez les tétrapodes, notamment l'existence d'un véritable coude mobile, la longueur égale du radius et du cubitus, et surtout l'étrange phénomène de torsion de la nageoire pectorale, qui survient au cours du développement embryonnaire *(fig. 3)*. Ainsi, une fois de plus, c'est chez les dipneustes que l'on retrouve le plus de caractères partagés avec les tétrapodes. Il faut toutefois noter que l'existence d'un unique élément basal dans le squelette des nageoires paires et des membres représente un caractère important regroupant les tétrapodes, les dipneustes, mais aussi les rhipidistiens et les cœlacanthes. C'est pour cette raison que ces cinq groupes sont considérés comme formant un groupe monophylétique : les sarcoptérygiens *(fig. 4)*.

## L'épine dorsale du problème

Enfin, l'une des ressemblances les plus frappantes entre *Eusthenopteron* et *Ichthyostega* réside dans la structure des vertèbres, mais, là encore, cette structure peut être retrouvée dans bien d'autres groupes de poissons, notamment les formes primitives des poissons à nageoires rayonnées ou actinoptérygiens. Cette ressemblance ne semble donc être due qu'à la conservation de caractères primitifs pour, au moins, l'ensemble des vertébrés à mâchoires. En revanche, les dipneustes fossiles du Dévonien possèdent des corps vertébraux bien ossifiés qui évoquent fortement ceux de la plupart des tétrapodes primitifs.

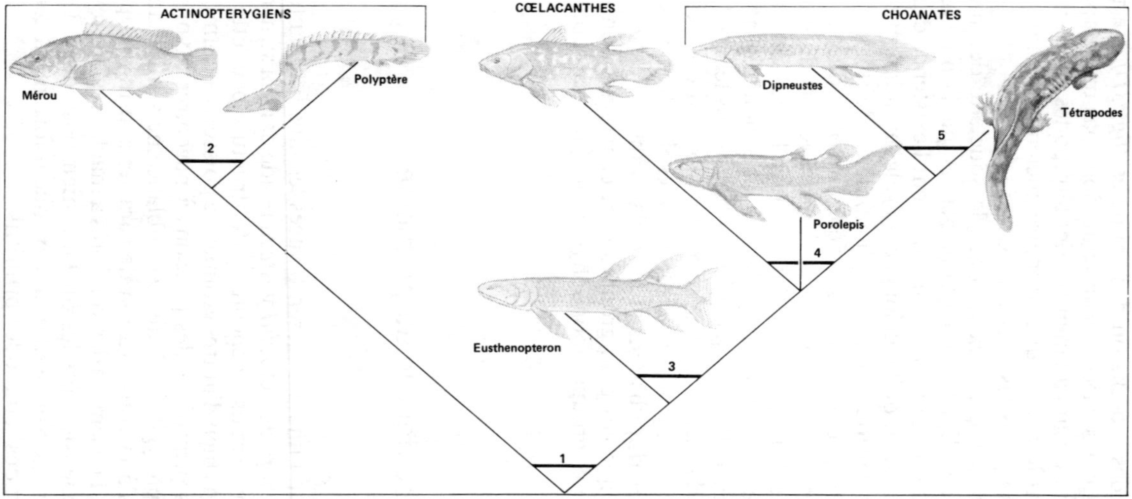
ACTINOPTERYGIENS
CŒLACANTHES
CHOANATES
Mérou
Polyptère
Dipneustes
Tétrapodes
Porolepis
Eusthenopteron
1
2
3
4
5

Parmi les raisons qui justifièrent jadis l'exclusion des dipneustes d'une proche parenté des tétrapodes, il y avait le fait que les premiers ont des côtes pleurales (situées dans la paroi de la cavité du tronc), tandis que les seconds ont des côtes dorsales (enrobées dans la musculation du tronc). Bien entendu, la nature exacte des côtes des rhipidistiens, uniquement fossiles, est inconnue. Or, chez les poissons, il existe trois séries différentes de côtes (parfois présentes simultanément chez certains poissons téléostéens, comme les harengs par exemple). La distinction entre ces séries de côtes dépend de leurs relations avec les tissus mous qui entourent la colonne vertébrale, ainsi que de la manière dont elles croissent. Le rhipidistien *Eusthenopteron* n'a qu'une seule série de côtes, qui doit certainement correspondre à l'une de ces trois séries, mais laquelle ? Cette

←

*Fig. 4.* Ce schéma dichotome, ou cladogramme, exprime les relations de parenté entre les principaux groupes fossiles et actuels de poissons osseux et les tétrapodes tels qu'on peut les reconstituer à partir de l'analyse cladistique des caractères morphologiques, physiologiques ou biochimiques. Chaque dichotomie de ce cladogramme est définie par le partage de caractères uniques, que l'on ne rencontre dans aucun autre groupe. Par exemple, la dichotomie dipneustes-tétrapodes est définie par les nombreux caractères uniques à ces deux groupes cités dans cet article. On constate que les poissons osseux comprennent ainsi deux grands groupes monophylétiques (groupes ayant un ancêtre unique propre) : d'une part, les actinoptérygiens (la plupart des poissons osseux actuels et le polyptère) et, d'autre part, les sarcoptérygiens avec le cœlacanthe, les dipneustes et les tétrapodes, ainsi que plusieurs formes fossiles *(Eusthenopteron, Porolepis)*. Les principales dichotomies sont définies comme suit : *1.* (poissons osseux), quatre caractères uniques, dont des os pourvus de dents bordant la bouche, une vessie natatoire ou des poumons ; *2.* (actinoptérygiens), deux caractères, dont la présence d'un capuchon de tissu dur particulier, l'acrodine, sur les dents ; *3.* (sarcoptérygiens), trois caractères, dont l'émail vrai sur les dents, et des nageoires paires constituées par un axe unique ; *4.* six caractères dont la veine pulmonaire, la rotation de la nageoire pectorale et la structure de l'appareil branchial ; *5.* (choanates), 17 caractères, dont les hormones hypophysaires, la structure des poumons et la structure du cœur. Il faut noter, en *4*, une trifurcation qui est un aveu d'ignorance, quant aux relations précises entre cœlacanthe, *Porolepis* et choanates. Tout ce que l'on peut dire, pour le moment, est que ces trois groupes forment un ensemble monophylétique, mais la position de *Porolepis* au sein de cet ensemble est encore incertaine.

question reste sans réponse car il s'agit d'un fossile. Il est donc illusoire de prétendre que les côtes des rhipidistiens soient plus de type « tétrapode » que ne le sont celles des dipneustes.

Même si les côtes des dipneustes et des tétrapodes ne semblent pas avoir exactement les mêmes relations avec les tissus mous du tronc (quoique cette différence soit minime), il faut remarquer que, dans les deux groupes, les côtes commencent juste en arrière de la tête, où elles sont les plus longues, puis deviennent de plus en plus courtes vers l'arrière, au contraire des autres poissons (dont *Eusthenopteron*) chez qui les côtes les plus longues se situent vers le milieu du tronc.

## Les dipneustes : groupe frère des tétrapodes

Ainsi, les ressemblances invoquées le plus souvent pour justifier d'une relation d'ancêtre à descendant entre rhipidistiens et tétrapodes se rencontrent aussi soit chez les dipneustes seuls, soit chez la plupart des autres poissons. En revanche, nous avons vu qu'il existe quelques caractères discrets mais très significatifs, qui ne sont propres qu'aux dipneustes et aux tétrapodes. Ces caractères, d'autant plus fiables qu'ils sont observables sur des formes actuelles, témoignent de l'existence, au Dévonien ou même avant, d'un ancêtre commun aux dipneustes et aux tétrapodes seuls, mais qui n'est pas connu (et ne le sera sans doute jamais) à l'état fossile. On peut donc dire que dipneustes et tétrapodes sont des groupes frères.

Pour compléter cette analyse, nous présentons une classification des poissons osseux et des tétrapodes sous la forme d'un diagramme *(fig. 4)* construit selon la méthode décrite plus haut, c'est-à-dire en essayant de spécifier des assemblages de groupes frères, définis par un ou plusieurs caractères propres. Certains de ces caractères sont cités dans la légende. On voit sur ce diagramme que les dipneustes sont les plus proches parents des tétrapodes et que les rhipidistiens sont constitués de plusieurs formes dont quelques-unes (les porolépiformes) seraient plus étroitement apparentées aux dipneustes et aux tétrapodes qu'aux autres *(Eusthenopteron)*. On voit ici qu'*Eusthenopteron*, considéré par les paléontologues comme l'ancêtre des tétrapodes, n'apparaît en fait que comme étant un poisson très primitif !

La relation de groupes frères entre dipneustes et tétrapodes est justifiée par la présence de 17 caractères propres uniquement à ces groupes, et 7 caractères permettent de placer les cœlacanthes comme groupe frère de l'ensemble dipneustes + tétrapodes. Pour justifier des relations privilégiées entre *Eusthenopteron* et les tétrapodes, les paléontologues doivent désormais trouver plus de 24 caractères propres à ce fossile et aux tétrapodes. Ce score est loin d'être atteint. Quant à la question que se posait Owen : comment les tétrapodes sont-ils caractérisés ? nous concluons qu'ils le sont par des membres à cinq doigts, et non par leurs choanes, ou narines internes.

Peut-on, dans ce cas, se permettre d'imaginer cet ancêtre commun aux dipneustes et aux tétrapodes, même s'il nous est encore inconnu en tant que fossile ? Ce n'est pas interdit ! Il s'agirait alors d'un « poisson » pourvu de poumons et de branchies et possédant des narines internes (choanes). Les narines externes seraient situées très près du bord de la bouche, laquelle serait constituée d'un maxillaire, d'un prémaxillaire et d'un dentaire, les trois os caractéristiques de tous les poissons osseux, mais qui ont disparu chez les dipneustes actuels. Son palais, probablement dépourvu de plaques dentaires de type dipneuste, serait plutôt semblable à celui d'un poisson osseux primitif quelconque. A partir de ce modèle théorique, on peut envisager l'individualisation des dipneustes d'une part, des tétrapodes de l'autre. Quand vivait cet ancêtre ? Nul ne peut le dire. Peut-être au Dévonien inférieur (— 390 millions d'années) ou, plus probablement, au Silurien (— 410 millions d'années).

POUR EN SAVOIR PLUS

Jarvik E., *Basic Structure and Evolution of Vertebrates*, Londres, Academic Press, 1980 (2 vol.).
Rosen D., Forey P., Gardiner B., Patterson D., « Lungfishes, Tetrapods. Paleontology and Plesiomorphy », *Bull. American Museum of Natural History*, vol. 167 (4), New York, 1981.
Schultze H.P., « Hennig und der Ursprung der Tetrapoda », *Paläontologische Zeitschrift*, Stuttgart, vol. 55, 1981, p. 71.

*La Recherche*, avril 1984

# *La vie au Mésozoïque*

# 8. La vie au Secondaire : plus d'hypothèses que de certitudes

*Armand de Ricqlès*

L'abondance de beaux ouvrages de vulgarisation sur les dinosaures, avec leurs superbes planches en couleurs reconstituant en détail animaux et paysages végétaux, suggère un niveau de connaissance dans ce domaine plus élevé que ce qu'il en est réellement. En fait, l'on ne sait toujours pas exactement comment ils se nourrissaient [139], pourquoi et comment ils ont disparu [140], ni quel était leur type général de physiologie. Du premier symposium international sur les écosystèmes continentaux du Mésozoïque qui s'est tenu à Paris du 4 au 8 septembre 1978, se dégageait aussi cette même impression d'incertitude. En effet, à cette réunion d'approche résolument transdisciplinaire, on devait vite se rendre compte combien les problèmes méthodologiques qui se posent aux paléobiologistes sont ardus ; lorsqu'il tente de dépasser la seule description anatomique pour parvenir à une restitution de l'animal vivant dans son milieu, le chercheur doit utiliser des données très variées, souvent incomplètes et peu sûres, parfois contradictoires.

## Une hypothèse sur la sellette : sang chaud ou sang froid ?

Prenons comme exemple la question si controversée de la physiologie thermique des dinosaures. Les débats autour de ce sujet font appel à tous les types de documents disponibles en paléontologie : paléohistologie, paléoanatomie, comportements (étude des pistes fossiles), paléoécologie, biogéographie, etc. ; tous les travaux effectués dans ces divers domaines peuvent servir d'arguments dans la discussion.

Deux thèses en présence divisent les spécialistes [141]. Selon les uns, les dinosaures étaient des endothermes, c'est-à-dire des animaux fonctionnant à des niveaux métaboliques sensiblement comparables à ceux des « animaux à sang chaud », oiseaux et mammifères actuels [142]. Selon les autres, plus classiques, les dinosaures sont simplement des « animaux à sang froid », c'est-à-dire « de bons reptiles », ectothermes (un peu grands, il est vrai) et fonctionnant à des niveaux métaboliques beaucoup plus bas...

L'étude détaillée des célèbres gisements de dinosaures du Jurassique et du Crétacé apporte-t-elle des informations décisives pour trancher ? Au Jurassique supérieur, on connaît avec quelque précision les gisements de la formation de Morrison, aux États-Unis, présentés pendant le symposium par P. Dodson (Philadelphie), et celui du Tendaguru (Tanzanie), présenté par D. Russel et P. Béland (Ottawa). Au Crétacé supérieur les gisements de Mongolie (P. Osmolska, Varsovie) et du Canada fournissent aussi des modèles remarquables, peut-être d'exploitation plus pratique, et dont on peut penser que l'étude minutieuse livrera la clef de l'énigme.

Mais comment passer de la « communauté » de fossiles dans un gisement — ou thanatocénose — à la biocénose (communauté vivante) dont elle dérive ? Les documents paléontologiques, on le sait, sont partiaux et partiels. Ils impliquent le plus souvent une distorsion considérable, mais inconnue en grandeur et en direction, entre communautés vivantes et fossiles. Un exemple quelque peu anecdotique est la différence, statistiquement significative, entre les nombres de pattes droites et gauches dont les os ont été recueillis lors de la découverte des grands dinosaures sauropodes du Tendaguru. Les animaux ont-ils tous longé les bords de l'eau selon une direction préférentielle, s'enlisant tous plus profondément par le même côté qui, finalement, sera mieux représenté statistiquement ? Faut-il penser que, comme les éléphants, les dinosaures mourants s'abattaient préférentiellement sur le côté gauche ? Quelle que soit l'interprétation, elle montre combien les comportements peuvent introduire un biais dans les documents disponibles...

Malgré ces difficultés, une approche écologique fondée sur l'étude quantitative des gisements se propose d'élucider la physiologie des dinosaures. Compte tenu des besoins énergétiques moindres des « animaux à sang froid », un écosystème donné devrait pouvoir nourrir plus d'herbivores « à sang froid » qu'à « sang chaud ». De même, une certaine biomasse d'herbivores pourrait nourrir beaucoup plus de carnivores « à sang froid » qu'à « sang chaud ». Il suffirait donc d'étudier quantitativement les communautés de vertébrés fossiles pour pouvoir en déduire leur type de physiologie. Les résultats de Bakker, initiateur de cette méthode, indiquaient à cet égard que les dinosaures auraient été des endothermes [142, 143]. Toutefois, les estimations de Farlow [144] et plus récemment celles présentées au symposium par R. Béland et D. Russel d'Ottawa [145] plaident plutôt en faveur de dinosaures ectothermes. La raison de ces dissensions est le nombre élevé d'inconnues : biomasses, taux de productivité, pourcentages de transfert d'un échelon trophique à l'autre. Aussi les résultats quantifiés obtenus à partir de ces données demeurent toujours discutables et ne permettent pas de départager les diverses hypothèses physiologiques en présence. Ainsi, dans l'hypothèse de l'ectothermie,

D. Russel et P. Béland sont-ils conduits à envisager, pour les écosystèmes à grands dinosaures, des biomasses par kilomètre carré dix à douze fois plus élevées que dans les réserves actuelles de grands mammifères. De même, ils attribuent au sauropode géant *Brachiosaurus* un poids d'une quinzaine de tonnes « seulement », alors que d'autres estimations frisent les 70 tonnes...

L'étude des flores fossiles permet de restituer certains aspects de l'environnement végétal des dinosaures, mais nous renseigne-t-elle avec assez de précision sur les climats et sur la productivité végétale pour pouvoir en tirer des données sur la densité des populations de dinosaures, partant sur leur physiologie ? Les paléobotanistes se montrent d'une grande prudence dans les déductions climatiques à partir de la flore — ou du pollen — et dans l'évaluation de la productivité primaire des écosystèmes continentaux du Mésozoïque. On est bien forcé de faire appel à des modèles actuels comme bases de calculs, mais la pertinence de ceux-ci n'est pas évidente. Ainsi on est généralement enclin à envisager les dinosaures comme hôtes de forêts luxuriantes à très forte productivité, sous un climat constamment chaud et humide. Pourtant, plusieurs communications des paléobotanistes ont insisté plutôt sur les adaptations « xériques » (liées à un climat sec) de certains végétaux mésozoïques. De même, certaines associations végétales que l'on aurait pu être tenté de reconstituer comme forêts denses ne seraient que des savanes arborées (J.C. Koeniguer, Paris). Le problème de la productivité végétale reste donc en suspens.

Quoi qu'il en soit, les espèces végétales et animales ont dû interréagir les unes sur les autres, comme c'est le cas actuellement. Étudiant les relations entre dinosaures et végétaux supérieurs, Bakker vient de proposer une interprétation [139] selon laquelle les dinosaures ont eu un rôle important dans l'expansion des plantes à fleurs (angiospermes) ; les grands dinosaures végétariens du Jurassique, adaptés à se nourrir de conifères arborescents, auraient été relayés au Crétacé par des espèces plus adaptées à l'exploitation de la végétation basse. Ce changement dans la pression sélective s'exerçant sur la végétation aurait favorisé l'expansion des plantes à fleurs, mieux adaptées, selon lui, par leur type de développement et leur cycle biologique à supporter le type d'exploitation imposé par les dinosaures du Crétacé que ne l'étaient les gymnospermes. Cette hypothèse est à l'opposé de celle de T. Swain qui voit dans les angiospermes les subtiles empoisonneuses qui seraient venues à bout des dinosaures ! Riches en alcaloïdes, les angiospermes prennent progressivement la dominance dans les flores continentales au Crétacé, et leur développement a dû retentir sur la quantité et la qualité de la nourriture végétale disponible pour tous les vertébrés terrestres. Or il se trouve que les reptiles végétariens actuels sont beaucoup moins capables de discriminer les alcaloïdes toxiques que ne le sont les mammifères. Il y aurait donc eu au Crétacé chez les dinosaures herbivores des empoisonnements chroniques ou aigus ; ou bien les alcaloïdes auraient interféré de quelque manière avec la physiologie des dinosaures au point de provoquer leur déclin, voire leur extinction...

La physiologie thermique et métabolique des dinosaures peut être encore abordée par d'autres approches. Nous avons déjà évoqué [141] l'interprétation de la microstructure de leurs os à cet égard. Cependant, d'autres interprétations des faits peuvent être proposées. Ainsi Miss M. Bouvier (Duke University) expliquerait les différences relevées entre les tissus osseux des reptiles et des dinosaures par les contraintes mécaniques particulières subies par les os de ces animaux. Toutefois, s'il est clair que les contraintes mécaniques sont en effet impliquées dans le remaniement du tissu osseux, ce facteur ne saurait à lui seul rendre compte de l'ensemble des particularités structurales des os de dinosaures, par rapport à celles des autres reptiles [146].

La reproduction des dinosaures (ou ce que nous en savons) apporte-t-elle des arguments au débat ? L. Ginsburg (Paris), étudiant les conditions de dépôt des fameuses pontes de dinosaures du Crétacé supérieur du bassin d'Aix-en-Provence, y trouve argument en faveur de l'ectothermie (mais personne n'a jamais prétendu qu'un dinosaure de 15 tonnes *couvait* ses œufs !). Pourtant, R. Seymour (Adélaïde, Australie), étudiant la porosité des coquilles, montre au contraire que les pontes de dinosaures devaient être normalement enterrées ou couvertes de débris végétaux pendant l'incubation. En fait, comme le fit remarquer E. Buffetaut (Paris), il existe un continuum entre les comportements reproducteurs des reptiles ovipares actuels et des oiseaux de telle sorte que, là encore, l'argumentation disponible à propos des œufs et du mode d'incubation ne saurait être tenue pour décisive.

Par contre, des calculs sur la croissance des jeunes dinosaures viennent à l'appui de l'hypothèse « sang chaud », puisque T.J. Case [147] a pu montrer que, dans l'hypothèse inverse, le dinosaure *Hypselosaurus,* de taille médiocre, aurait dû atteindre un âge d'une soixantaine d'années, au minimum, pour débuter sa période de reproduction, aux deux tiers de sa taille maximale. Un sauropode de grande taille, comme *Brachiosaurus*, aurait nécessité beaucoup plus d'un siècle pour aborder l'âge de la maturité sexuelle ! Or les tissus osseux de ces animaux indiquent des vitesses de croissance élevées, comparables à celles des grands mammifères actuels.

Les géochimistes, enfin, apportent peut-être au débat une dimension toute nouvelle. En effet, leurs données suggèrent des variations positives assez considérables de la concentration de l'atmosphère en oxygène au Jurassique et au Crétacé (J. Maisonneuve, Marseille). Des variations importantes de la teneur en $CO_2$ sont également envisageables et il est évident que les conséquences de telles transformations du milieu atmosphérique (rarement envisagées dans une perspective paléophysiologique) pourraient avoir eu un retentissement considérable, tant sur la productivité primaire des végétaux que sur l'évolution et la physiologie des animaux...

Le problème de la physiologie des dinosaures était aussi au centre des débats d'un très récent symposium de l'Association américaine pour l'avancement des sciences [148]. S'il est encore trop tôt pour départager les deux thèses en présence, les deux réunions semblent converger vers des idées comparables : à l'heure actuelle, une troisième voie, moyenne, semble se dessiner. Dans cette perspective, on interpréterait les dinosaures comme des êtres quelque peu intermédiaires, au point de vue métabolisme et physiologie thermique, entre endo et ectothermes « typiques ». Un certain consensus s'établit d'ailleurs pour considérer que même s'ils étaient ectothermes, les grands dinosaures (plus de 100 kilos) étaient *au minimum* des animaux à sang « tiède », à température constante et élevée. C'est sans doute cette voie moyenne, bien exprimée par le titre d'un travail de P. Dodson (1974) : « Dinosaurs as Dinosaurs » [149] qu'il convient à présent d'explorer en détail.

## Ont-ils disparu rapidement ?

Autre domaine brûlant, c'est, nous l'avons vu, l'extinction du Crétacé terminal qui vit — outre la disparition des dinosaures — celle de maintes autres lignées terrestres et marines. Les données présentées par le Dr W.A. Clemens (Berkeley) au symposium de Paris suggèrent un phénomène d'extinction rapide, mais s'effectuant à des rythmes distincts selon les groupes et les environnements. L'histoire paléontologique des crocodiles, « cousins » des dinosaures et pourtant rescapés de la grande extinction, montre que ces reptiles ont traversé la crise du Crétacé terminal sans beaucoup d'aléas (E. Buffetaut, Paris). Actuellement, la tendance est à la suspicion vis-à-vis des théories « néo-catastrophistes », telle celle de l'explosion d'une super nova, proposée par D. Russell. Il semble que l'on s'oriente plutôt vers des explications « multifactorielles », plus subtiles et plus ménagées. Le morcellement géographique des supercontinents au Crétacé a sans doute entraîné des conséquences multiples, notamment géologiques (réduction des mers épicontinentales) [150], climatiques et donc aussi écologiques. Plutôt qu'un refroidissement catastrophique et généralisé des climats, au demeurant mal documenté, un accroissement de la « saisonalité » de ceux-ci pourrait avoir joué un grand rôle. Enfin certaines interprétations, toutes récentes, attribuent l'extinction à un « effet de serre » au Crétacé terminal [140] dû à une augmentation du $CO_2$ atmosphérique.

*La Recherche,* décembre 1978

# 9. *Archaeopteryx*, un fossile énigmatique

*Armand de Ricqlès*

Fossile célèbre s'il en est, pièce à conviction capitale dans le débat historique sur l'évolution, mais aussi, de ce fait, animal ambigu d'interprétation difficile et controversée, *Archaeopteryx* demeure une énigme imparfaitement résolue *(fig. 1).* Représenté en tout et pour tout par cinq spécimens * plus une empreinte de plume, il est, depuis sa première découverte en 1861, considéré comme un terme de passage entre reptiles et oiseaux, comblant ainsi le hiatus entre deux grandes classes de vertébrés. Mais reptile emplumé pour les uns, oiseau extrêmement primitif pour les autres, il suscite des divergences d'opinion [151]. Trois conceptions contradictoires sur la signification évolutive d'*Archaeopteryx* se partageaient la faveur des évolutionnistes depuis quelques années. Selon une première interprétation, proposée par Alick D. Walker (Newcastle), *Archaeopteryx* et les oiseaux partageaient des spécialisations avec les crocodiliens [152]. Les oiseaux seraient donc issus d'une souche crocodiloïde dès le Trias.

Une autre interprétation, avancée par John Ostrom (Yale University), souligne au contraire les spécialisations partagées par *Archaeopteryx* et par les petits dinosaures carnivores coureurs et bipèdes du groupe des cœlurosauriens [153]. En d'autres termes, *Archaeopteryx* (et, à travers lui, les oiseaux) dériverait des dinosaures cœlurosauriens. De plus, Ostrom, considérant qu'*Archaeopteryx* ne montre pas d'adaptations manifestes à la vie arboricole,

* Un sixième spécimen vient d'être découvert (*La Recherche, 203,* 1988, p. 1210).

*Fig. 1.* Découvert en 1877, le spécimen de Berlin est, des cinq *Archaeopteryx* connus, celui qui montre le plus clairement à la fois l'ensemble du plumage et la disposition générale du squelette. (Cliché du Musée de paléontologie de Berlin, DDR.)

suggère un « scénario » qui conduit directement d'un ancêtre terrestre bipède coureur au vol battu des oiseaux [153].

Une troisième conception, défendue par M. Hecht et S. Tarsitano (New York) [154], propose un retour aux anciennes conceptions de Heilmann (1926). Celui-ci considérait qu'ils dérivent, par une lignée particulière encore inconnue, de certains thécodontes du Trias. Les thécodontes sont classiquement considérés comme un « groupe souche » d'où dérivent les diverses lignées d'archosauriens « progressifs » (crocodiliens, ptérosaures ou reptiles volants, dinosaures, oiseaux) du Jurassique à l'actuel [151].

En parallèle à ces diverses conceptions, et s'intriquant plus ou moins avec elles, s'opposent des vues très divergentes sur l'origine du vol avien, sur les fonctions primitives de la plume avienne, sur les capacités aérodynamiques et métaboliques d'*Archaeopteryx,* sur son environnement, etc.

Pour tenter de clarifier la question, un symposium international exclusivement consacré à *Archaeopteryx,* et dont les annales seront prochainement publiées, s'est déroulé en septembre 1984 à Eichstätt, ville du Jura bavarois située à deux pas de Solnhofen, lieu même de sa découverte. Comment les différentes conceptions sur la signification évolutive d'*Archaeopteryx* se sont-elles confrontées à Eichstätt ?

## La phylogénie d'*Archaeopteryx* : une affaire de doigté

En premier lieu, les travaux d'anatomie poursuivis par Alick Walker ont convaincu celui-ci que les hypothèses phylogénétiques qu'il avait proposées [152] n'étaient pas fondées. Par ailleurs, les conceptions originales de B. Gardiner (Londres), qui rapprochent les oiseaux des mammifères plutôt que des reptiles ([4, 155] et voir p. 219) ne furent pas sérieusement prises en considération à Eichstätt.

Il restait donc en présence la conception d'Ostrom, favorable à une origine cœlurosaurienne d'*Archaeopteryx,* et celle d'Hecht et Tarsitano, favorable à une origine thécodontienne. Une critique essentielle de la filiation entre dinosaures cœlurosauriens et *Archaeopteryx* porte sur l'homologie des doigts de la main. On considère généralement que la main à trois doigts des dinosaures cœlurosauriens est formée par les doigts 1, 2 et 3. Si *Archaeopteryx* dérive de ce groupe, il est donc clair que la main tridactyle des oiseaux devrait être formée elle aussi par ces mêmes doigts 1, 2 et 3. Or Hecht et Tarsitano considèrent que la main avienne est constituée des doigts 2, 3 et 4. Elle ne pourrait donc pas dériver de celle des cœlurosaures et, dans ces conditions, la main avienne dériverait directement de la structure primitive à cinq doigts présente chez les thécodontes du Trias. L'interprétation de la main avienne (doigts 2, 3 et 4) est fondée sur des considérations embryologiques développées à Eichstätt par J. Hinchliffe (Dyfed, Grande-Bretagne) et celle de la main des cœlurosauriens (doigts 1, 2 et 3) est tirée d'arguments paléontologiques. Si l'on admet ces deux interprétations, il n'y a donc pas homologie entre les doigts des cœlurosaures et d'*Archaeopteryx* (et des oiseaux).

On peut, en revanche, supposer, comme R. Thulborn et T.L. Hamley (St Lucia, Australie), que les doigts d'*Archaeopteryx,* mais aussi ceux des cœlurosaures, représentent bien les rayons 2, 3 et 4 [156], conformément aux données de l'embryologie. A l'inverse, on peut se demander si ces arguments embryologiques sont véritablement fiables... Ne se pourrait-il pas qu'il s'agisse des rayons 1, 2 ct 3 ?

Il est donc apparu indispensable de reprendre aussi bien les travaux d'embryologie sur des matériels aviens et reptiliens plus variés que ceux analysés jusqu'à présent, mais aussi de réviser de façon critique les interprétations paléoanatomiques concernant la réduction du nombre des rayons chez les cœlurosaures. Dans cette attente, force est donc d'analyser d'autres données.

## Décollage en puissance ou plané en douceur ?

En faveur de l'hypothèse phylogénétique d'Ostrom, l'analyse cladistique présentée par J. Gauthier (Berkeley) de plus d'une centaine de caractères anatomiques chez des reptiles actuels et fossiles met apparemment en évidence de nombreuses spécialisations partagées par *Archaeopteryx* et certains cœlurosauriens [5].

Par ailleurs, comme l'avait souligné l'analyse récente par Whetstone du crâne d'*Archaeopteryx* [157], la région des fosses temporales est incomplète et ne permet pas d'avoir la certitude formelle qu'il s'agit bien d'un crâne typique des archosauriens reptiliens (crâne diapside). L'explication de cette difficulté réside sans doute dans le mode de suture du squamosal (un os dermique de la région temporale), qui paraît chez *Archaeopteryx* avoir été lâchement fixé au crâne, de façon très comparable à la disposition déjà présente chez le cœlurosaurien *Syntarsus,* décrit par M. Raath (Johannesburgh), ce qui renforce encore les présomptions en faveur d'une proche parenté entre ces deux groupes.

Au crédit de la conception d'une origine directement thécodontienne des oiseaux demeure le problème de l'homologie sérielle des doigts. A son débit, le fait qu'aucun fossile concret ne venait documenter l'existence d'une hypothétique lignée indépendante thécodontes – *Archaeopteryx.* Aussi, la présentation préliminaire à Eichstätt de *Megalancosaurus,* un petit fossile du Trias supérieur d'Italie, par R. Wild (Stuttgart), a-t-elle été un événement. Ce petit reptile, au crâne de forme avienne, aux membres adaptés à l'arboricolisme, pourrait constituer un jalon de la lignée indépendante postulée par l'hypothèse d'une origine directement thécodontienne des oiseaux. Toutefois, en l'absence d'une description complète et détaillée du matériel, il est encore trop tôt pour se prononcer sur sa pertinence éventuelle dans le débat.

Qu'*Archaeopteryx* ait été capable d'un vol battu, ne fût-ce que marginal, semble avoir recueilli l'unanimité, compte tenu des remarques anatomiques avancées par différents chercheurs [158, 159] et notamment lors du symposium par A. Norberg (Göteborg) et S. Rietschel (Karlsruhe). Mais la confrontation entre le scénario « décollage actif du sol vers les arbres », à la Ostrom, et celui du « plané passif des arbres vers le sol » a été mémorable. A cet égard, tandis que V. Norberg favorisait le modèle « des arbres vers le sol » en montrant que la transition du parachutage au plané puis au vol battu est mécaniquement et énergiquement très plausible, des collègues R. Balda, G. Caple et W. Willis (Flagstaff, Arizona) ont démontré que l'hypothèse adverse ne l'était pas moins ! Particulièrement intéressantes, les brillantes interventions de l'aérodynamicien J. Rayner (Bristol) ont montré que si la transition par le vol plané était énergétiquement la plus plausible, la proposition « du sol vers les arbres » n'était pas mécaniquement et énergétiquement impossible pour autant, même si elle n'apparaît que marginalement réaliste.

Le débat n'est pas sans conséquences sur de multiples aspects de l'histoire évolutive des vertébrés. Ainsi, par exemple les conceptions sur l'origine du vol avien sont liées au problème de l'histoire de l'endothermie ([151] et voir p. 201), c'est-à-dire la capacité qu'ont les oiseaux actuels (et non les reptiles) de produire une abondante quantité de chaleur interne et de contrôler leur température par régulation physiologique, tout comme les mammifères. Pour les sympathisants de l'hypothèse d'Ostrom, l'acquisition de l'endothermie a précédé, chez des archosauriens terrestres, la différenciation du stade avien et les plumes se sont originellement différenciées comme revêtement isolant pour des endothermes de petite taille. Les plumes n'auraient donc eu initialement aucun rôle dans la locomotion. Au contraire, pour les tenants du scénario de l'arboricolisme, la plume s'est d'abord développée comme adaptation au vol parachutal, puis au vol plané, peut-être chez des formes encore ectothermes, et elle n'aurait acquis sa fonction thermorégulatrice que bien plus tardivement, une fois le vol battu pleinement différencié chez les oiseaux, endothermes.

Face à ces divers « scénarios », Ph. Regal (Minneapolis) a développé un intéressant argument méthodologique mettant en garde contre la confusion entre la (ou les) fonction(s) actuellement évidente(s) d'une structure et les raisons de son apparition au cours de l'évolution, raisons qui ont pu être fort différentes.

## Analyse phylogénétique ou scénarios évolutifs ?

Au-delà des différences d'opinions et d'interprétations, il apparaît d'ailleurs, plus profondément, qu'au cours du symposium une opposition d'un autre ordre fut celle des méthodologies, des approches différentes en biologie évolutive.

Pour les uns, en effet, les faits disponibles — de toutes natures — doivent être regroupés, organisés et interprétés dans le cadre d'un « scénario évolutif », d'autant plus recevable qu'il saura prendre en compte davantage de données variées. Le critère essentiel de la validité du scénario, on pourrait dire la « contrainte de construction » principale de celui-ci, apparaît comme devant être sa congruence avec la théorie synthétique de l'évolution. Ainsi, un tel scénario se doit de ne faire appel qu'à des transformations évolutives très graduelles, subdivisées en une multitude de petites étapes progressives, chacune d'entre elles étant adaptative et à la fois suscitée et contrôlée par la sélection naturelle. Cette conception, particulièrement illustrée par l'intervention de W. Bock (New York), revient évidemment à proposer pour les oiseaux une origine arboricole. A partir d'un ancêtre terrestre s'installe d'abord l'arboricolisme ; la conquête du milieu aérien est ensuite jalonnée par des étapes successives et très graduelles : saut, vol parachutal, vol plané et enfin vol battu. Dans une telle approche, l'histoire évolutive concrète de la lignée en cours de transformation (sa phylogénèse) n'est pas dissociée des mécanismes évolutifs qui sont censés intervenir comme moteur de cette transformation : canevas évolutifs *(patterns)* et mécanismes de l'évolution *(process)* sont intimement confondus.

Pour les autres, en revanche, de telles « phylogénies narratives » ne sont pas recevables. D'abord dans la mesure où elles confondent inextricablement canevas évolutifs et mécanismes de l'évolution, ensuite parce qu'elles ne sont pas susceptibles d'être testées. Il serait donc préférable, méthodologiquement, de dissocier les étapes de l'analyse. Tout d'abord, il conviendrait de reconstituer la phylogénie elle-même, c'est-à-dire l'histoire évolutive concrète du groupe considéré. Ceci n'est possible que par l'étude des seuls caractères véritablement intrinsèques aux organismes (caractères biochimiques, cytologiques ou anatomiques, par exemple) mais pas par les caractères de répartition géographique et stratigraphique, qui sont extrinsèques aux organismes : l'analyse cladistique apparaît évidemment comme l'outil de choix d'une telle approche (voir p. 47). Ce n'est que dans une deuxième étape, la phylogénèse étant précisée, qu'il serait possible de compléter notre conception des mécanismes évolutifs effectivement intervenus, par des « scénarios » faisant alors appel à des hypothèses supplémentaires d'ordre génétique, stratigraphique, fonctionnel, géographique, etc. Dans une telle approche, on voit que la « contrainte de construction » principale du scénario explicatif n'est plus la mécanique évolutive (c'est-à-dire, en pratique, le gradualisme sélectif/adaptatif de la théorie synthétique) mais bien la phylogénèse. Cette approche méthodologique est donc « agnostique » vis-à-vis des mécanismes de l'évolution.

Comme les analyses phylogénétiques utilisant la méthode cladistique (J. Gauthier et K. Padian, Berkeley) associent nettement *Archaeopteryx* aux dinosaures cœlurosauriens [5], elles laissent la place grande ouverte à des « scénarios évolutifs » variés, pas nécessairement associés à une conquête progressive du milieu aérien à partir de formes arboricoles à vol « passif ». Ainsi de tels scénarios, s'ils ne sont pas incompatibles avec la théorie synthétique dans ses aspects les plus orthodoxes (gradualisme) — c'est le cas de celui proposé par J. Ostrom —, prennent néanmoins, le cas échéant, leurs distances avec elle, ce qui n'est pas du goût de tous...

En conclusion, il est clair que les problèmes multiples évoqués lors du symposium ne pouvaient être résolus par un scrutin majoritaire ! Cependant il me semble que l'opinion actuellement dominante, à l'issue de cette confrontation, est la suivante : *Archaeopteryx* est bien un oiseau ; il était bien capable de vol plané et même, au moins marginalement, de vol battu. De même, une majorité semble favorable à l'hypothèse d'un mode de vie arboricole. La nouvelle interprétation des griffes, proposée par D.W. Yalden (Manchester) a fait en sa faveur, forte impression, bien qu'aucun arbre ne soit connu de l'environnement de Solnhofen, comme l'ont rappelé les spécialistes de la géologie locale, P.H. de Buissonjé (Amsterdam) et G. Viöhl (Eichstätt). En revanche, l'analyse des caractères semble confirmer le rapprochement phylétique entre oiseaux et cœlurosauriens, l'hypothèse d'une origine thécodontienne apparaissant, en tout état de cause, comme peu informative.

Ainsi, selon que l'on attache plus de confiance (et d'importance) aux scénarios évolutifs et adaptatifs liés à la théorie synthétique de l'évolution, d'une part, ou bien, d'autre part, à l'analyse des caractères, réalisée en toute neutralité par rapport à cette théorie, il sera loisible à chacun d'orienter son jugement vers des conclusions différentes — mais toujours révocables — en attendant de nouveaux modes de pensées... ou de nouvelles découvertes... Depuis 1861, les fouilles se poursuivent toujours à Solnhofen !

*La Recherche,* mars 1985

# 10. Le divorce de l'oiseau et du crocodile

*Philippe Janvier*

Dans tous les manuels de paléontologie moderne, on peut lire que les oiseaux sont, dans la nature actuelle, les plus proches parents des crocodiles et sont vraisemblablement les descendants de certains dinosaures. Ainsi, le groupe des archosaures, comprenant les oiseaux, les dinosaures et les crocodiles, est-il maintenant admis par la quasi-totalité des zoologistes et des paléontologues. Pourtant, il apparaît aujourd'hui que le groupe des archosaures n'est peut-être pas aussi naturel et immuable que certains ont bien voulu le croire. Des recherches récentes suggèrent en effet que les oiseaux sont en fait plus proches... des mammifères que des crocodiles. Nul doute qu'un tel bouleversement de la classification ne manquera pas de susciter d'âpres discussions sur le problème de l'origine des oiseaux : l'oiseau primitif, ou « proavis », était-il le « dinosaure emplumé » dont la reconstitution fictive a souvent excité l'imagination des paléontologues, ou bien ressemble-t-il plutôt à un petit animal velu apparenté aux mammifères *(fig. 1)* ? La question reste posée.

## Le cladisme au secours des oiseaux

L'idée longtemps admise d'une parenté entre oiseaux, dinosaures et crocodiles nous vient de T. Huxley, le célèbre défenseur de Darwin, qui, séduit par la première phy-

*Fig. 1.* La reconstitution de l'ancêtre théorique des oiseaux a souvent excité l'imagination des paléontologues et nombre de ces « proavis » (oiseaux primitifs) hypothétiques ont été figurés, le plus souvent inspirés d'un rapprochement avec les petits dinosaures cœlurosauriens. Rompant avec la tradition, nous proposons ici le premier « proavis » proche des mammifères, inspiré des nouvelles conceptions du zoologiste anglais B. Gardiner sur les étroites affinités entre ce groupe et les oiseaux. Ce petit animal velu, homéotherme, peut-être arboricole et développant déjà des phanères évoquant des plumes n'aurait, bien entendu, pas d'oreilles mammaliennes ni de mamelles !

logénie des vertébrés proposée par Haeckel, s'opposa avec passion à l'anti-évolutionniste Owen, celui-ci ayant proposé de classer les oiseaux avec les mammifères en raison de la structure de leur cœur, de leurs poumons, et de leur température constante.

Depuis ce débat, dans les années 1870, l'opinion de Huxley s'imposa, peut-être plus en raison de la personnalité de celui-ci que de la valeur de ses arguments. En outre, quelques années plus tard, l'anatomiste R. Lankester, puis au début de ce siècle un autre anatomiste, S. Goodrich, confirmèrent les vues de T. Huxley en montrant d'importantes différences dans la structure des arcs aortiques des oiseaux et des mammifères. Enfin, la paléontologie vint au secours de T. Huxley en trouvant de plus en plus de ressemblances entre l'anatomie des dinosaures cœlurosauriens ou théropodes et des oiseaux [160]. On a même pu déterminer lequel de tous les dinosaures connus était le plus proche parent des oiseaux : c'est *Deinonychus,* un petit dinosaure sautillant qui vivait au Crétacé [151]. Mais ces ressemblances entre oiseaux et dinosaures portent souvent sur de très petits détails que, peut-être, on n'aurait jamais songé à rapprocher si l'on n'avait eu l'idée *a priori* d'une parenté entre les deux groupes. Une parenté encore plus directe entre les oiseaux et certains crocodiles fossiles a aussi été suggérée [161], mais certains chercheurs n'en sont guère convaincus [157].

Ce n'est que très récemment que les paléontologues G. Gaffney, de l'American Museum of Natural History (New York) [162], et B. Gardiner, au Queen Elizabeth College (Londres), ont proposé une nouvelle analyse des relations entre les oiseaux et les autres tétrapodes, remettant en question l'existence de certains groupes, comme celui des archosaures. Leur démarche se fonde sur la méthode cladistique, ou systématique phylogénétique, qui consiste à réunir des organismes dans un même groupe (groupe monophylétique) si, et seulement si, ils partagent des caractères évolués car ce sont les seuls qui traduisent une étroite parenté (voir p. 47). La phylogénie proposée par Gaffney n'a guère choqué les non-cladistes car elle était, dans l'ensemble, cohérente avec les phylogénies évolutives, c'est-à-dire comportant des groupes ancestraux et des groupes descendants. La raison de cette concordance est que Gaffney a surtout utilisé des caractères squelettiques (structure de crâne, fosses temporales, etc.) qui sont précisément ceux utilisés par les paléontologues, lesquels sont les principaux responsables des phylogénies des vertébrés depuis un siècle. La phylogénie de Gardiner a, en revanche, profondément choqué la communauté paléontologique, car celui-ci, utilisant aussi bien des caractères squelettiques que des caractères biochimiques, physiologiques ou concernant les structures molles comme le cerveau ou les reins, est arrivé à la conclusion que les oiseaux étaient le « groupe frère » des mammifères, c'est-à-dire leurs plus proches parents. Il ressuscitait ainsi l'idée d'Owen, mais avec des arguments nouveaux fournis par des études récentes sur la biochimie et la micro-anatomie des oiseaux. Bien entendu, certains paléontologues, comme B. Cox à l'université de Londres [163], ont aussitôt brandi les « preuves » paléontologiques des affinités étroites entre oiseaux et certains dinosaures, mais celles-ci ne résolvent pas le problème puisque les dinosaures sont des animaux éteints, dont seuls les caractères squelettiques sont accessibles.

## L'imagination des uns contre le score des autres

Cette remise en question du groupe des archosaures, qui comprenait les oiseaux, les dinosaures et les crocodiles, va bien au-delà d'une simple querelle de savants car elle illustre le dilemme entre structure et processus. En effet, depuis que l'idée d'évolution est admise par la majorité des paléontologues, beaucoup sont persuadés que la découverte des fossiles leur permet de retracer fidèlement les processus par lesquels telle espèce s'est transformée en telle autre, le principal guide dans cette recherche étant le temps, qui permet d'orienter les séries de fossiles. En revanche, les néontologistes, qui ont à leur disposition un nombre de caractères morphologiques, physiologiques et biochimiques bien plus important que n'en ont les paléontologues, considèrent que c'est la distribution de ces caractères (le *pattern* des Anglo-Américains) qui dicte la reconstitution de la phylogénie. Pour les cladistes, qui ne prennent en considération que la répartition des caractères évolués, ou synapomorphies, la phylogénie doit être reconstituée d'abord à partir des formes actuelles, puis on peut y insérer des formes fossiles, qui parfois, mais très rarement, viennent modifier les relations proposées entre les formes actuelles. Ainsi a-t-on tendance à considérer que, si le défaut de certains paléontologues traditionnels est de faire trop confiance à la façon dont ils « imaginent » l'évolution, le défaut des cladistes est de ne voir dans la distribution des caractères qu'un « score » où l'hypothèse phylogénétique la plus plausible est celle qui est supportée par le grand nombre de synapomorphies. Dans le cas du problème oiseaux-mammifères-crocodiles : plus de quinze synapomorphies en faveur d'une relation oiseaux-mammifères et à peine six en faveur d'une relation oiseaux-crocodiles ; cela suffit pour choisir la première hypothèse, même si quelques fossiles suggèrent une relation entre les oiseaux et les dinosaures, qui eux-mêmes seraient proches des crocodiles (voir cependant [5]).

## L'homéothermie : un problème clé

On peut reprocher à cette méthode une certaine sécheresse dans les procédés, un rejet total de toute interprétation fonctionnelle des caractères et de tout essai d'évaluation du poids relatif des caractères. Les phylogénéticiens évolutifs, non cladistes, qui comptent dans leurs rangs un grand nombre de paléontologues considèrent que certains caractères ont plus de « poids » que d'autres, ou que plusieurs caractères peuvent être liés fonctionnellement et, donc, compter comme un seul. En revanche, beaucoup de cladistes rejettent tout essai de pondération des caractères, considérant qu'une telle entreprise relève souvent de la divination, de l'argument d'autorité ou de la fantaisie. Toujours dans le cas du problème oiseaux-mammifères-crocodiles, les partisans de la thèse oiseaux-crocodiles considèrent que l'homéothermie (c'est-à-dire la capacité de maintenir constante la température du corps) des oiseaux est apparue indépendamment de celle des mammifères et que la majorité des caractères évolués rencontrés dans ces deux groupes sont liés à l'homéothermie. Par conséquent ces caractères ne peuvent être considérés comme hérités d'un même ancêtre (synapomorphes) *. Mais B. Gardiner répond à cela que c'est précisément parce que les oiseaux ont été éloignés des mammifères que l'on a considéré l'homéothermie comme acquise indépendamment dans les deux groupes. Il y aurait donc là un raisonnement circulaire. Pour B. Gardiner, l'homéothermie des oiseaux et des mammifères est une vraie synapomorphie et si ces animaux tremblent quand ils ont froid ou halètent quand ils ont chaud, c'est parce que leur ancêtre commun faisait de même !

Lorsqu'on lit la liste des synapomorphies des oiseaux et des mammifères citée par B. Gardiner on ne peut qu'être sinon convaincu, du moins ébranlé par leur nombre et leur diversité. Si d'aucuns peuvent arguer que la présence de poils et de plumes sont des caractères liés à l'homéothermie, il est saisissant de constater d'étroites similarités dans le développement précoce de ces deux types de phanères, ainsi que dans leur répartition, leur pigmentation et leur mode de remplacement. L'apparition de fièvre lors d'infections bactériennes chez les oiseaux et les mammifères pourrait être encore un exemple de caractère lié à l'homéothermie. En revanche, la structure du cervelet, avec son « arbre de vie », jadis bien connu des écoliers, la présence d'une pie-mère et d'une couche arachnoïde dans les méninges, d'îlots pancréatiques vascularisés, d'un organe pinéal transformé en glande endocrine et innervé par une branche sympathique autonome dérivée du gan-

* Voir p. 47 et note 14.

glion cervical, d'une production d'hormones particulières comme la prolactine ou l'ocytocine, d'une anse de Henle dans les reins ou encore d'un sommeil paradoxal, sont autant de synapomorphies dont on ne peut affirmer qu'elles sont liées à l'homéothermie et qui semblent bien être héritées d'un ancêtre commun aux deux groupes. En outre, contre toute attente, la structure de la myoglobine des crocodiles, récemment étudiée, ne présente aucune affinité particulière avec celle des oiseaux, qui, elle, présente de très grandes ressemblances avec celle des mammifères.

## L'informatique fait son entrée dans la paléontologie

La démarche logique de B. Gardiner illustre en fait une tendance nouvelle au sein du cladisme, tendance désignée sous le nom de « cladisme structural » *(pattern cladistics)* et qui, par certains aspects, se rapproche de la phénétique, ou taxonomie numérique. En effet, le cladisme structural, qui a pour but l'établissement d'hypothèses phylogénétiques, ne justifie plus les choix des caractères évolués (synapomorphies) par la comparaison extra-groupe, mais par la concordance de leur distribution, parfois renforcée par l'étude de leur développement ontogénétique. Ainsi, on ne parle plus de caractères évolués partagés, mais de caractères uniques partagés. Le plus grand nombre de caractères uniques concordants par leur distribution justifie des relations phylogénétiques privilégiées. Par exemple, toujours dans le cas des oiseaux et des mammifères, c'est cette congruence de nombreux caractères uniques aux deux groupes qui en fait des synapomorphies, et non une justification évolutive en invoquant tel ou tel processus de spécialisation. Si demain un nombre encore plus grand de caractères uniques aux crocodiles et aux oiseaux est mis en évidence, ce sont eux qui, à leur tour, deviendront des synapomorphies et la phylogénie sera modifiée en conséquence. La différence principale entre le cladisme structural et l'analyse phénétique est qu'il ne tient jamais compte des absences de caractères, sauf si l'on peut démontrer, grâce à l'embryologie, que celles-ci représentent un état évolué (absence de branchies chez les tétrapodes, absence de pattes chez les serpents, absence de dents chez les baleines, etc.). Comme le souligne le paléontologue anglais C. Patterson [164] dans un article qui constitue l'une des bases du cladisme structural : il n'est pas nécessaire de « peser » les caractères, ils se pèsent eux-mêmes en montrant des associations qui ne peuvent être dues au hasard.

Cette nouvelle approche du problème des affinités des oiseaux illustre ce qui peut être l'entrée de la phylogénie dans l'ère de l'informatique. C'est en effet l'abondance des caractères étudiés qui permet d'affiner les phylogénies et de comparer plusieurs hypothèses de relations de parenté. Lorsque les groupes étudiés sont nombreux et les caractères disponibles très abondants, seul un ordinateur peut rapidement sélectionner la ou les hypothèses les plus économiques. Du reste, les programmes permettant cette analyse existent déjà aux États-Unis.

Quant aux oiseaux, dont la galerie des ancêtres semble être en perpétuel réaménagement, ils constituent un matériel de choix pour une telle expérience. Comme les mammifères et les crocodiles, ils peuvent fournir de nombreuses données néontologiques, et leurs représentants fossiles sont, sinon abondants, du moins existants. Sans négliger des caractères qui lui sont difficilement conciliables, comme la structure de l'oreille moyenne, l'hypothèse d'une relation phylogénétique privilégiée oiseaux-mammifères, qui défie les visions paléontologiques nées d'un *Archaeopteryx* vaguement dinosauroïde, est une voie de recherche originale et passionnante.

*La Recherche,* novembre 1983

# *L'aube des mammifères*

# 11. Les premiers mammifères

*Zofia Kielan-Jaworowska*

L'ère cénozoïque, dans laquelle nous vivons et qui a débuté il y a environ 65 millions d'années, est couramment qualifiée « d'âge des mammifères ». De fait, pendant ces subdivisions du Cénozoïque que sont le Tertiaire et le Quaternaire, les mammifères ont dominé la faune des vertébrés terrestres dans le monde entier, comme aujourd'hui d'ailleurs.

En revanche, ce que l'on sait généralement moins, c'est que les mammifères ne sont pas apparus au début du Tertiaire, mais bien avant, pendant l'ère secondaire, et plus précisément il y a quelque 200 millions d'années (fin du Trias). Parce qu'ils ont successivement dominé les continents, beaucoup de gens sont enclins à se représenter la séquence suivante : les dinosaures se différencient les premiers, les mammifères apparaissent plus tard. En fait, dinosaures et mammifères ont fait leur apparition à peu près en même temps au cours de l'ère secondaire, mais l'évolution des uns et des autres a été très différente.

A la fin du Secondaire, il y a environ 65 millions d'années, interviennent des changements brutaux. Les derniers dinosaures disparaissent et les débuts du Tertiaire voient poindre l'ascension rapide des deux grandes catégories de mammifères actuels : les placentaires, qui représentent la majorité d'entre eux, et les marsupiaux ou mammifères à poches. Cela veut dire que « l'âge des mammifères » n'embrasse qu'un tiers de l'histoire réelle des mammifères ! Les deux premiers tiers demeurent enfouis dans l'ère secondaire, communément appelée « l'âge des reptiles ».

Les mammifères du Secondaire ou mammifères mésozoïques étaient de petits animaux, de la taille d'une souris

*Fig. 1.* Les mammifères du Secondaire étaient de petits animaux, de la taille d'une souris ou d'un rat, tout au plus d'un chat. Jusqu'à ces dernières années, ces mammifères n'étaient connus que par quelques dents isolées ou quelques fragments de mandibules. Aujourd'hui, les recherches intensives menées dans différentes parties du monde ont permis de récolter de nombreux fossiles, constitués en particulier de crânes et de certains squelettes postcrâniens. Ce schéma est la reconstitution d'un triconodonte, mammifère du Trias (— 200 millions d'années), de la taille d'une souris. (Dr R.T. Bakker *in* A.W. Crompton, *Optima,* 1968.)

ou d'un rat, tout au plus d'un chat *(fig. 1).* Encore tout récemment, nous ne connaissions que très peu de mammifères fossiles provenant des terrains mésozoïques du monde entier. Les premiers vestiges étaient constitués de dents isolées ou de quelques fragments de mandibules portant des dents. C'est la raison pour laquelle l'évolution des mammifères au cours du Mésozoïque était, il y a peu de temps encore, si mal connue, et c'est pourquoi l'ère secondaire était souvent qualifiée de « Moyen Age » de l'histoire des mammifères.

Cependant, au cours des vingt dernières années, la récolte de fossiles de mammifères mésozoïques s'est immensément accrue, grâce aux recherches intensives menées dans diverses parties du monde, en particulier en Amérique du Nord, en Europe, en Mongolie et en Afrique du Sud, de telle sorte qu'aujourd'hui nous connaissons non seulement les crânes de ces petits animaux, mais aussi certaines parties du squelette.

## A la découverte de mammifères mésozoïques dans le désert de Gobi

Comme les fossiles de mammifères mésozoïques sont rares, on considère comme un événement important, en paléontologie des vertébrés, toute découverte d'une localité nouvelle en renfermant, ou toute constitution d'une nouvelle collection.

Aussi, la grande chance de ma carrière scientifique est d'avoir eu l'occasion de récolter des mammifères mésozoïques dans une région riche en fossiles, le désert de Gobi, et d'y découvrir plusieurs gisements nouveaux renfermant des restes de mammifères du Crétacé (dernière période de l'ère secondaire) et enfin d'avoir pu étudier cette collection unique.

Voici comment tout a commencé. En 1962, l'Académie des sciences de Pologne et l'Académie des sciences de la république populaire de Mongolie ont signé un protocole de coopération scientifique. Celui-ci permettait à l'institut de paléobiologie de l'Académie des sciences de Pologne d'organiser, en coopération avec son homologue mongol, des expéditions communes en Mongolie.

Je fus chargée d'organiser et de superviser les huit expéditions qui s'échelonnèrent de 1963 à 1971 [165, 166] ; la première, en 1963, fut une mission de reconnaissance. Pendant les quatre expéditions de 1964, 1965, 1970 et 1971, de quatre mois chacune, notre équipe était composée de dix à quinze chercheurs polonais, et de six ou sept chercheurs mongols, avec un programme comprenant : des fouilles à grande échelle pour recueillir des squelettes de dinosaures géants, dans des grès du Crétacé ; la recherche de petits mammifères mésozoïques et quelques recherches complémentaires dans les terrains du Tertiaire. Les trois autres missions, en 1967, 1968 et 1969 furent organisées de façon beaucoup plus légère et centrées sur les mammifères mésozoïques, sans entreprendre de fouilles spectaculaires.

Quand nous avons entrepris d'organiser ces expéditions, nous savions que nous aurions à travailler dans un désert totalement inhabité, parfois à des centaines de kilomètres des plus proches habitations humaines.

Nous savions qu'il ne fallait pas compter sur le moindre apport extérieur en nourriture, carburant, matériel d'empaquetage ou quoi que ce soit d'autre, près de notre lieu de travail. Nous devions donc avoir avec nous tout ce qu'il fallait pour une autosuffisance absolue, durant quatre mois. Nous sommes partis de Pologne avec des camions tout terrain à six roues motrices, seuls véhicules capables de venir à bout des étendues sableuses du Gobi.

Chaque année, en mars, tout le matériel nous était envoyé par le train de Varsovie à Ulan-Bator, la capitale de la Mongolie, de telle sorte qu'il soit disponible en mai, quand les membres de l'expédition polonaise rejoignaient Ulan-Bator par avion. Là, nous passions habituellement une quinzaine de jours à préparer les équipements et à régler le programme de l'expédition avec nos collègues mongols, puis les camions lourdement chargés s'enfonçaient dans le Gobi.

La piste traversait d'abord la steppe, qui perdait graduellement sa végétation, faisant place à un semi-désert, puis au désert total, où nous aurions à passer les trois mois suivants.

Pendant nos expéditions, les difficultés techniques rencontrées pour dégager les dinosaures étaient dues à leur grande taille. Pour les mammifères du Secondaire, elles étaient dues au contraire à leur taille très petite, et il fallut adapter des méthodes de collecte à ces minuscules fossiles. Ces derniers étaient conservés dans des concrétions du grès, généralement plus solides que la roche avoisinante, d'où ne dépassait qu'un infime fragment d'os ou de dent, souvent long d'un millimètre au plus, seule indication visible. Ces difficultés techniques firent que nous avons été obligés de marcher sur les genoux, quelque douze heures par jour, examinant à l'aide de loupes chaque morceau de grès cimenté avec une attention scrupuleuse !

De temps en temps, nous avions la chance de découvrir un minuscule os blanc à la surface de la roche. Hélas, ceux-ci n'étaient, le plus souvent, que des esquilles d'os fragmentés de dinosaures, ou bien des restes de lézards qui sont bien plus communs dans ces grès crétacés du désert de Gobi que les os de mammifères !

Cependant, de temps en temps, nous ne pouvions identifier un os dépassant de la roche. Il était impossible de préjuger si l'os appartenait au squelette d'un mammifère ou d'un lézard, avant qu'il n'ait été dégagé davantage du sédiment. Ce travail pouvait prendre des jours, voire des semaines, aux meilleurs techniciens de Varsovie. Pendant ces huit étés de dur travail sur le terrain, nous avons réuni une collection de 165 crânes de mammifères, généralement très bien conservés, quelquefois rattachés à des restes de squelette. Un tiers de cette collection correspond à des mammifères placentaires et renferme les plus anciens crânes connus de placentaires. Le reste est constitué de représentants d'un groupe éteint de mammifères : les multituberculés.

## Les mammifères vivant au Mésozoïque

Malgré les lacunes qui subsistent en ce qui concerne les formes du Secondaire, l'histoire des mammifères se précise peu à peu, grâce aux acquisitions récentes concernant leur phylogénie et leur répartition dans le temps et dans l'espace. Dès leur apparition, il y a quelque 200 millions d'années, ils se sont divisés en deux grands ensembles distincts désignés respectivement comme thériens et « non-thériens » [167], qui se différencient essentiellement par la constitution de leur paroi crânienne et par la forme de leurs dents *(fig. 2)*.

Les premiers mammifères non thériens connus sont les triconodontes, dont la phylogénèse s'étend de la fin du

*Fig. 2.* Dès leur apparition il y a quelque 200 millions d'années, les mammifères se différencient en deux groupes, les thériens et les « non-thériens ». Les premiers non thériens sont représentés par *Morganucodon* qui conserve des dents comparables à celles de leurs ancêtres les cynodontes (reptiles mammaliens) et caractérisées par l'alignement des trois principales pointes ou cuspides. Ils ont donné naissance à deux lignées, les triconodontes et les docodontes qui se sont éteints au Crétacé. Les deux autres groupes de mammifères non thériens sont les multituberculés, apparus au Triasique et encore florissants au Crétacé, et les monotrèmes actuels (ornithorynque, échidné) qui n'ont laissé de restes fossiles qu'au Tertiaire. On ne sait pas encore si ces deux groupes proviennent de la même famille de reptiles mammaliens que les triconodontes. De plus les relations de parenté parmi les mammifères non thériens ne sont pas claires.
L'autre grand groupe de mammifères est celui des thériens qui ont évolué à partir des reptiles mammaliens cynodontes. Le plus ancien connu est *Kuehneotherium* dont la denture est caractérisée par la disposition en triangles de trois cuspides principales. On connaît deux branches de mammifères thériens primitifs : les symmétrodontes, qui s'éteignent sans descendance avant la fin du Crétacé, et les panto-thériens qui donneront naissance aux marsupiaux et aux placentaires. Ces deux groupes apparaissent au Crétacé (environ 105 millions d'années). Ils ont en commun des dents tribosphéniques, caractérisées par les molaires supérieures munies de trois cuspides principales placées en triangle (trigone). La molaire inférieure comprend un trigonide triangulaire, qui s'encastre entre deux trigones successifs, et un talonide dont la surface concave encastre une des cuspides du trigone. Le succès des marsupiaux et placentaires sera considérable : ils élimineront progressivement les autres groupes mammaliens à l'exception de quelques monotrèmes.

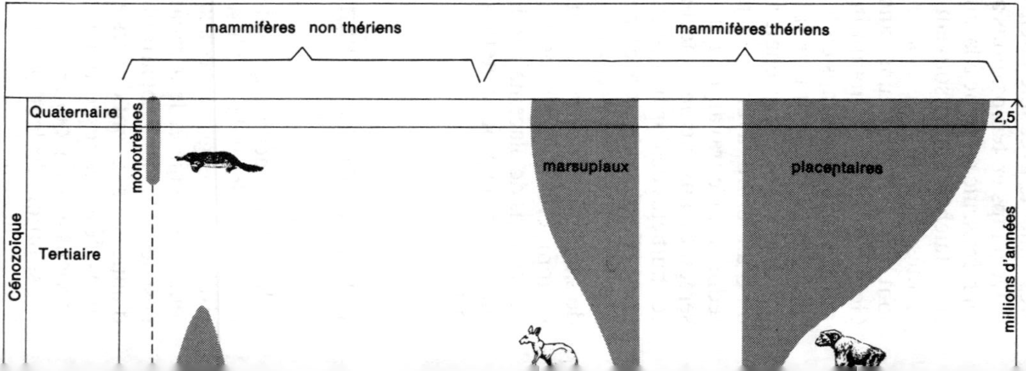

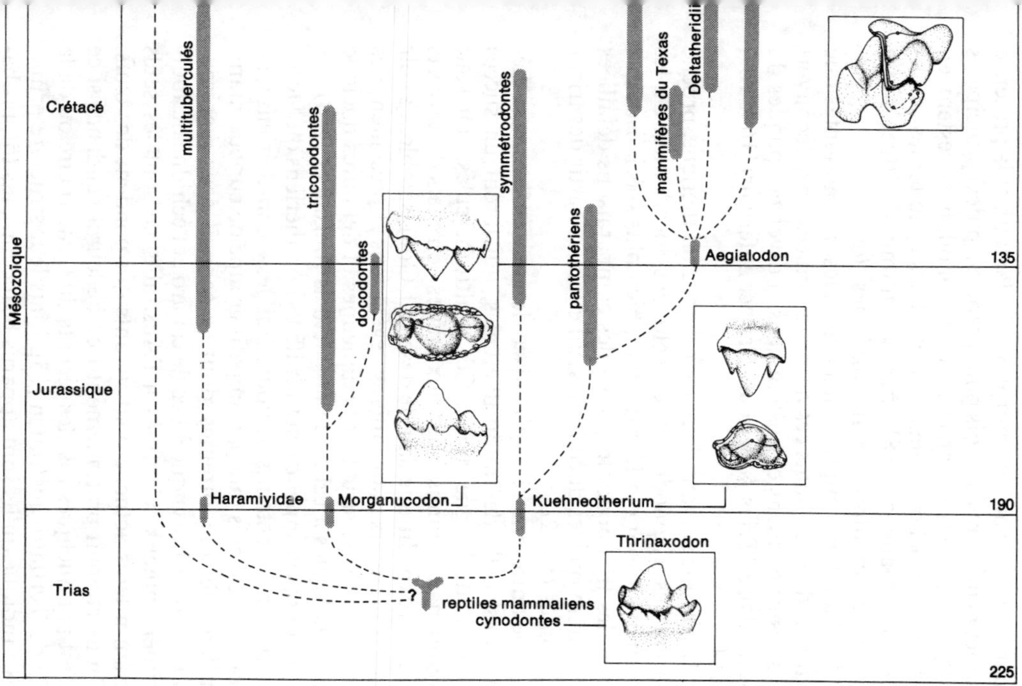

Mésozoïque
Crétacé
Jurassique
Trias
135
190
225
multituberculés
triconodontes
docodontes
symmétrodontes
pantothériens
mammifères du Texas
Deltatheridii
Aegialodon
Haramiyidae
Morganucodon
Kuehneotherium
Thrinaxodon
?
reptiles mammaliens
cynodontes

Trias jusqu'au Crétacé supérieur. Ces triconodontes représentent une étape importante de l'évolution des premiers mammifères. Par leur morphologie dentaire et la présence sur leurs molaires de trois pointes (ou cuspides) principales alignées d'avant en arrière, les triconodontes restent en effet plus proches de leurs ancêtres, les cynodontes (reptiles mammaliens) [168], que de n'importe quel autre groupe de mammifères mésozoïques *(fig. 2).*

Pendant longtemps, on n'a connu les triconodontes que par leur denture, mais ces dernières années on a découvert des restes crâniens et postcrâniens, à diverses époques du Secondaire (Trias supérieur, Crétacé inférieur) [168, 169, 170].

Le groupe suivant de mammifères non thériens, proche parent des triconodontes, est celui des docodontes. On les connaît surtout par leur denture, bien plus spécialisée que celle des triconodontes, mais des comparaisons détaillées montrent que les docodontes ont évolué à partir des triconodontes *(fig. 2).*

Une autre branche spécialisée de mammifères non thériens est celle des multituberculés, qui furent un succès évolutif de longue durée. Ces multituberculés, qui sont maintenant connus grâce aux crânes complets découverts par nos expéditions dans le désert de Gobi, semblent avoir été les premiers mammifères végétariens et présentent des adaptations de structures crâniennes et dentaires quelque peu analogues à celles de nos actuels rongeurs *(fig. 3).*

Tous ces groupes de mammifères non thériens du Mésozoïque se sont éteints. Aujourd'hui, les « non-thériens » ne sont représentés que par un petit groupe de curieux mammifères, les monotrèmes, dont on connaît deux représentants, l'ornithorynque à bec de canard et l'échidné ou fourmilier épineux. Confinés à l'Australie, ce sont les seuls mammifères actuellement vivants qui pondent des œufs. On ne connaît pratiquement rien de leur ascendance si ce n'est par quelques fossiles récents du Quaternaire ou de la fin du Tertiaire australien [15]. Mais leur structure primitive indique qu'ils sont apparus beaucoup plus tôt, probablement au Trias.

L'autre grand ensemble de mammifères est celui des

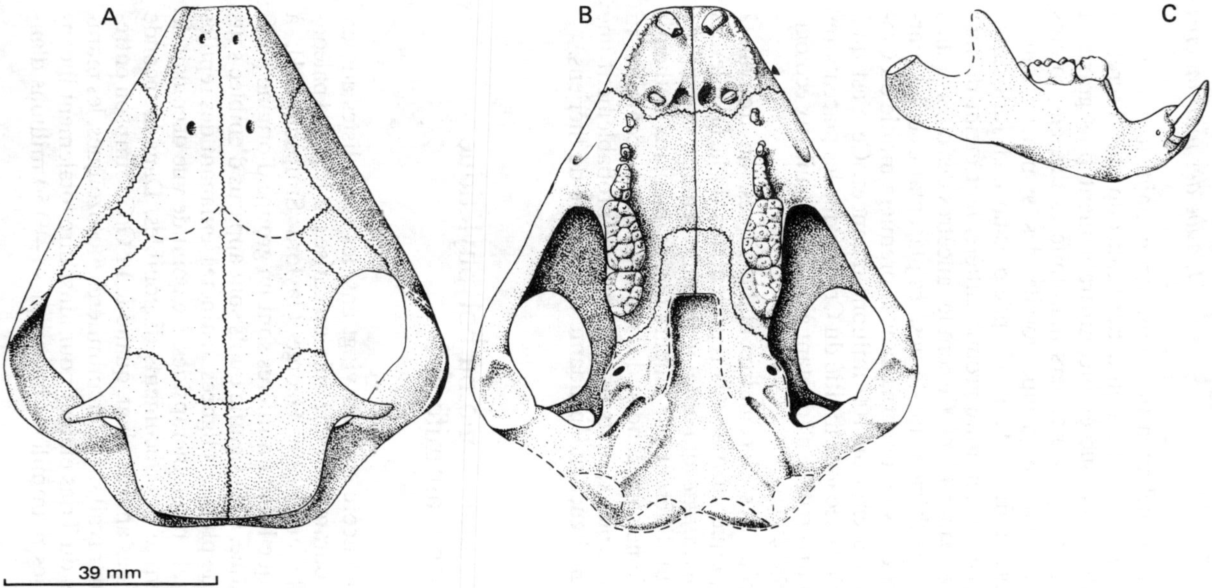


*Fig. 3.* La reconstitution du crâne de *Catopsalis,* un multituberculé du Crétacé supérieur, découvert en Mongolie. C'est l'un des plus grands mammifères du Secondaire connu (*A* : crâne en vue dorsale, *B* : vue ventrale, *C* : mandibule).

thériens auquel appartient l'immense majorité des mammifères actuels. Après un début beaucoup plus discret, ils connaîtront un succès incomparablement plus grand et plus durable. Les premiers mammifères thériens connus appartiennent au groupe fossile des symmétrodontes, apparus à la fin du Trias. Un peu plus tard, au Jurassique, s'est épanoui un autre groupe entièrement éteint de thériens, les pantothères. Ce sont les ancêtres des deux grands groupes de thériens modernes, les placentaires et les marsupiaux qui sont apparus dans la première moitié du Crétacé, il y a environ 100 millions d'années. Ce n'est qu'à partir de la seconde moitié du Crétacé que les placentaires se sont diversifiés, s'adaptant à différents milieux écologiques *(fig. 4 et 5).*

En plus des placentaires authentiques, on trouvait à cette époque en Asie des représentants de la famille des *Deltatheridiidae,* qui ont une formule dentaire marsupiale mais qui diffèrent par ailleurs des marsupiaux authentiques. Ce ne sont donc ni des mammifères placentaires, ni des marsupiaux, mais ils représentent probablement une troisième lignée indépendante et abortive de thériens.

## Une origine mono ou polyphylétique pour les mammifères ?

Il y a encore environ vingt ans, les spécialistes admettaient couramment une opinion émise par le grand paléontologiste américain George Gaylord Simpson [171], à savoir que les mammifères sont un groupe d'origine polyphylétique. Cela signifie qu'ils sont apparus d'emblée sous forme de plusieurs lignées distinctes, émanant des reptiles mammaliens ou thérapsides. Ce point de vue découlait de la pauvreté des documents disponibles. Dans la seconde moitié des années vingt, quand le Pr G.G. Simpson entreprit son travail sur les mammifères mésozoïques, les mammifères du Trias étaient pour ainsi dire totalement inconnus et les mammifères jurassiques (— 150 millions d'années) n'étaient connus à peu près exclusivement que par des dents. Or celles-ci étaient très diverses. Cette apparente diversité précoce fournissait à G.G. Simpson une bonne raison de proposer une origine polyphylétique de groupes de mammifères d'emblée distincts à partir de certains reptiles mammaliens du Trias, les cynodontes. De plus, l'apparition et le développement de plusieurs caractéristiques mammaliennes, dans différents autres groupes de reptiles mammaliens du Permo-Trias, fournissaient un argument supplémentaire en faveur de l'origine polyphylétique des mammifères [172, 173]. A partir du milieu des années soixante, après qu'on eut recueilli de nouveaux fossiles de mammifères du Secondaire, les choses commencèrent à changer. La connaissance des structures crâniennes de ces divers groupes de mammifères s'accrut énormément et, en conséquence, divers auteurs penchèrent en faveur de la conception monophylétique. Au premier rang des partisans de cette conception se place le Pr A.W. Crompton, de l'université de Harvard, et ses collègues les Prs F.A. Jenkins (Harvard) et J.A. Hopson (Chicago) [168, 174]. A.W. Crompton et ses collaborateurs ont comparé la denture du mammifère non thérien le plus ancien connu, le triconodonte *Morganucodon* du Trias supérieur, avec celle du plus ancien mammifère thérien connu, le symmétrodonte *Kuehneotherium,* qui provient des mêmes terrains triasiques supérieurs. A.W. Crompton a ainsi pu montrer que la denture des triconodontes est très proche de celle de certains cynodontes (reptiles mammaliens). Elles sont toutes deux caractérisées par la présence de trois cuspides principales disposées selon une rangée linéaire d'avant en arrière. Par contre, on retrouve sur les molaires du plus ancien thérien, *Kuehneotherium,* le même nombre de cuspides, mais, au lieu d'être disposées en lignes, les cuspides commencent à se disposer selon un triangle. C'est la première étape conduisant à la différenciation de molaires à cuspides disposées en triangles, caractéristiques des thériens ultérieurs *(fig. 2).* Selon A.W. Crompton [173], ce que l'on appelle les molaires tribosphéniques, de formes triangulaires et à cuspides élevées, qui caractérisent les premiers groupes de marsupiaux

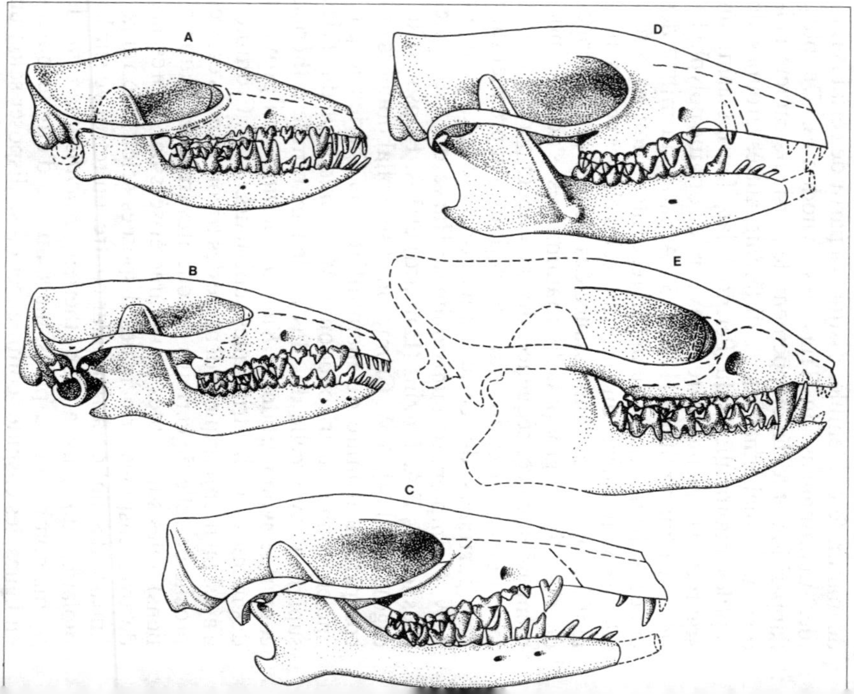
A
D
B
E
C

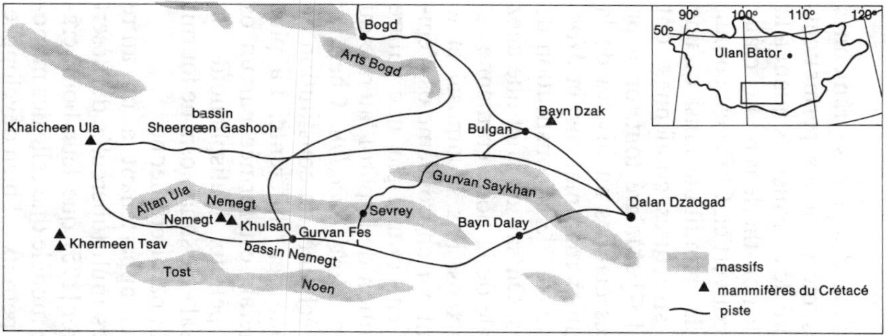


*Fig. 4.* Ces cinq dessins sont les reconstitutions des crânes de différents mammifères thériens du Crétacé supérieur découverts dans le désert de Gobi. *Kennalestes (A)* et *Zalambdalestes (C)* ont été retrouvés à Bayn Dzak dans les sédiments de la formation de Djadokhta. *Asioryctes (B)* et *Barunlestes (D)* ont été découverts à Nemegt et Khulsan, dans la formation de Baroun Goyot. Quant à *Deltatheridium (E)* on le retrouve dans les deux types de formations. *Kennalestes, Asioryctes, Zalambdalestes* et *Barunlestes* sont des mammifères placentaires. *Kennalestes* est le plus primitif d'entre eux. Il possède des molaires très primitives, dont sont probablement issues les molaires des autres mammifères placentaires. Ces quatre mammifères étaient des insectivores tandis que *Deltatheridium* était carnivore. Ce dernier appartient à la famille des Deltatherididae : ce n'est ni un placentaire ni un marsupial (au Crétacé, les marsupiaux étaient absents d'Asie) mais un troisième groupe de mammifères thériens qui s'est éteint. Les cinq genres de mammifères, dont les crânes sont représentés ici, vivaient dans un demi-désert et étaient probablement des animaux nocturnes.

et de placentaires, ont pu dériver du type de molaire encore primitif, retrouvé chez *Kuehneotherium* et qui aurait lui-même évolué à partir du type de molaire caractéristique des mammifères triasiques les plus primitifs tels que *Morganucodon.*

Les quelques éléments connus des boîtes crâniennes appartenant aux mammifères mésozoïques permettent, aussi, de tirer un certain nombre de conclusions quant à la phylogenèse des thériens et « non-thériens ». Le crâne complet de *Morganucodon* découvert en Chine est connu, mais seule la description de la mandibule ainsi qu'une description préliminaire des structures crâniennes, ont jusqu'à présent été publiées [167]. Malgré tout, on a pu montrer que les ressemblances établies au niveau de la denture entre cynodontes (reptiles mammaliens) et *Morganucodon* se retrouvent au niveau de la constitution de certaines structures crâniennes. On sait en effet que chez les cynodontes, la paroi latérale de la boîte crânienne est constituée à l'arrière par deux os, l'os squamosal et le pétreux, et plus antérieurement par un troisième os, l'épiptérygoïde (ou alisphénoïde) en contact par une suture avec le pétreux. Cette constitution de la paroi latérale du crâne est similaire à celle de *Morganucodon.* Chez les monotrèmes (ornithorynque, échidné), la constitution de la boîte crânienne est quelque peu différente. La plus grande partie de la paroi latérale est formée par un os appelé la lame antérieure du pétreux. L'alisphénoïde est réduit à un petit élément ventral et le squamosal ne fournit qu'une petite contribution à la paroi crânienne.

Le matériel bien conservé, appartenant à un autre groupe de « non-thériens », les multituberculés du désert de Gobi, a permis de montrer [175] que leur boîte crânienne était bâtie sur le même modèle que celle des monotrèmes : la lame antérieure du pétreux est bien développée, l'alisphénoïde est réduit à un petit élément ventral, le squamosal est étroit et placé postérieurement.

A l'opposé des reptiles mammaliens et des mammifères non thériens, les mammifères thériens n'ont pas de lame antérieure du pétreux. Sa place est entièrement occupée par l'alisphénoïde et le squamosal. Malheureusement, le

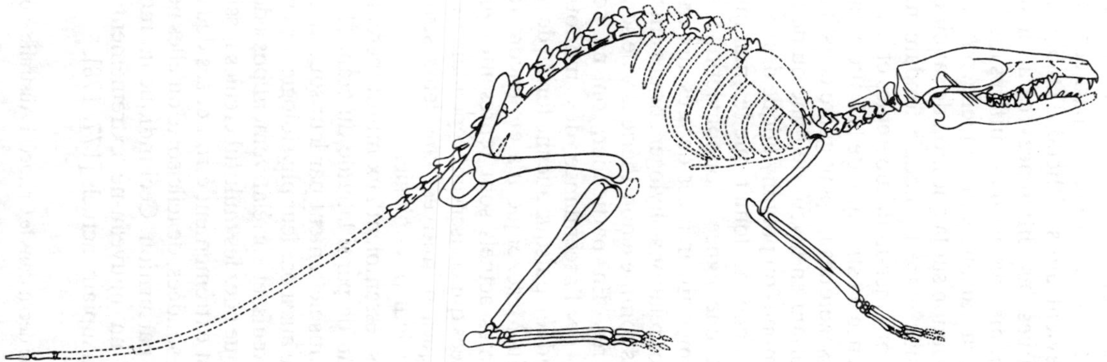

*Fig. 5.* Cette reconstitution est celle du squelette de *Zalambdalestes,* un mammifère placentaire du Crétacé supérieur découvert dans le désert de Gobi (formation de Djadokhta). Il est âgé d'environ 75 millions d'années. L'anatomie des membres postérieurs et antérieurs ressemble à celle des macroscélidés (insectivores qui vivent actuellement en Afrique), ce qui laisse penser que leur locomotion était la même : marche quadrupède, course et même galop ainsi que la possibilité d'effectuer des sauts. Mais ces ressemblances ne permettent pas de conclure s'il existe une relation phylogénétique proche entre ces deux animaux. (D'après Gregory et Simpson.)

crâne du thérien le plus ancien connu, *Kuehneotherium,* n'a pas encore été découvert. Cela est particulièrement regrettable car il devient alors difficile d'établir à quel moment sont apparues les différences caractéristiques entre les structures crâniennes des mammifères thériens, et non thériens. C'est la raison pour laquelle on ne peut encore risquer une opinion sur la question de savoir quand s'est établie la division entre le modèle fondamental de boîte crânienne monotrèmes-multituberculés et le modèle thérien. En conséquence, la structure de la boîte crânienne des mammifères mésozoïques ne peut guère constituer un argument bien important en faveur de l'une ou de l'autre hypothèse : origine mono- ou polyphylétique des mammifères. On ne peut cependant douter que les mammifères thériens constituent une lignée monophylétique, qui a pour origine des formes apparentées de près aux triconodontes. Par contre, les relations phylogénétiques entre toutes les formes réunies comme « non-thériens » ne sont toujours pas très claires. En particulier, on ne connaît pratiquement rien de l'ascendance des monotrèmes (ornithorynque, échidné), puisque aucune forme de monotrèmes provenant du Mésozoïque n'a été encore retrouvée *. Les monotrèmes actuels sont représentés par des formes très spécialisées qui conservent cependant de nombreuses caractéristiques primitives dans leurs structures squelettiques et dans leur physiologie.

Si les monotrèmes ressemblent aux multituberculés par leur modèle commun de paroi latérale du crâne [176], ils en diffèrent néanmoins nettement par leur squelette post-crânien et sans doute aussi par leur physiologie. Les monotrèmes pondent des œufs, et corrélativement possèdent un bassin large, tandis que chez les multituberculés fossiles du Crétacé, le bassin est extrêmement étroit et ses deux moitiés sont solidement soudées, de telle sorte qu'elles ne pouvaient s'écarter à la parturition. Ceci indique un mode de vie vivipare, avec un nouveau-né extrêmement petit, comme chez les marsupiaux actuels [177, 178].

* Un monotrème a été décrit dans le Crétacé d'Australie, voir p. 13 et notes 15, 16.

Les multituberculés triasiques ne sont connus que par de petites dents isolées, attribuées à la famille des haramyidés. Il paraît difficile de faire dériver les dents des haramyidés de celles des triconodontes. Il faut aussi signaler que les dents d'haramyidés les plus anciens connus ont été découvertes dans des gisements du Keuper du Trias supérieur, c'est-à-dire dans des formations sédimentaires 5 à 10 millions d'années plus anciennes que celles où se trouvent les plus anciens triconodontes connus.

Compte tenu de ces arguments, je pense que, dans l'état actuel de nos connaissances, il est possible de montrer sans équivoque que tous les animaux que nous classons comme mammifères ont une origine monophylétique. Par la comparaison d'un certain nombre de caractères, et principalement la denture, il semble probable que les mammifères thériens, ainsi que les premiers mammifères non thériens (triconodontes et docodontes), dérivent d'un même ancêtre commun qui leur est exclusif.

Mais la question de savoir si les monotrèmes et les multituberculés proviennent de la même famille de cynodontes que les triconodontes et les mammifères thériens doit pour l'instant demeurer ouverte.

## Le problème de la dichotomie marsupiaux-placentaires

Depuis longtemps, anatomistes et paléontologistes s'accordent à penser que les deux groupes de thériens modernes, à savoir les marsupiaux d'une part, les placentaires d'autre part, sont proches parents et dérivent d'un ancêtre commun qui leur est propre.

Les types de boîtes crâniennes et de squelettes postcrâniens sont fondamentalement semblables. La seule différence ostéologique vraiment importante est la présence de ce que l'on appelle les os marsupiaux à l'avant de la ceinture pelvienne des marsupiaux, leur absence chez les placentaires. Toutefois, il semble que les os marsupiaux étaient présents chez tous les mammifères primitifs, et probablement même aussi chez les premiers placentaires [179]. Marsupiaux et placentaires ont en commun un type particulier de structure des molaires *(fig. 2)* qu'on ne trouve pas dans les autres groupes de mammifères. Ce sont les molaires du type appelé tribosphénique, de forme triangulaire, avec des pointes ou cuspides très élevées. Les molaires supérieures et inférieures antagonistes constituent une série de triangles inversés. Le triangle d'une molaire supérieure formé de trois cuspides principales placées à ses sommets s'appelle le trigone. Par contre, la molaire inférieure comprend deux parties : un trigonide triangulaire qui s'encastre à l'occlusion entre deux trigones successifs des molaires supérieures d'une part, et le talonide d'autre part (ce talonide est une portion basse située postérieurement au trigonide). Sa surface est concave et, à l'occlusion, elle encastre la cuspide du trigone de la molaire supérieure *(fig. 2)*.

Chez les ancêtres des marsupiaux et des placentaires (pantothériens du Jurassique), les molaires n'avaient pas encore atteint cette disposition en triangles inversés.

Bien que cela paraisse peut-être difficile à croire pour ceux qui ne sont pas familiarisés avec le matériel paléontologique, le fait est que l'ancêtre commun proche et direct des marsupiaux et des placentaires n'est connu que par une molaire inférieure unique, qui a à peine plus d'un millimètre de long ! Elle a été découverte et décrite par le Pr K.A. Kermack de l'université de Londres et ses collaborateurs [180]. Découverte dans des terrains du Crétacé inférieur de Grande-Bretagne, elle a été appelée *Aegialodon.* C'est la molaire tribosphénique la plus ancienne découverte à ce jour.

Mais si les marsupiaux et les placentaires dérivent d'un ancêtre commun qui leur est propre, la question se pose de savoir comment ces deux groupes ont pris naissance à peu près simultanément.

Pourquoi cette dichotomie alors qu'ils possèdent des structures similaires et diffèrent surtout par le mode de reproduction, la structure de l'appareil génital et quelques autres détails ? Cela ne peut être possible que si l'un des groupes a pris naissance complètement isolé de l'autre. Cette idée est en accord avec les données paléogéographiques [181]. Au Trias et au Jurassique, les faunes de mammifères ne montrent pas de diversification géographique. C'est ainsi que l'on retrouve le même genre *Morganucodon* (nommé aussi *Eozostrodon*) dans les couches du Trias supérieur de régions aussi éloignées que l'Afrique du Sud, le sud de la Chine et la Grande-Bretagne.

De même, le Jurassique a été une période d'exceptionnelle uniformité des flores et des faunes sur toutes les masses continentales [182]. Cela se comprend bien si l'on jette un coup d'œil aux cartes paléogéographiques reconstituées de ces époques *(fig. 6)*. Au Trias et au Jurassique, l'Atlantique n'existait pas encore, car les Amériques ne s'étaient pas encore écartées des continents de l'Ancien Monde. La situation change à partir du début du Crétacé, quand les bras de mer importants commencent à se développer entre les principales masses continentales. Malheureusement, les documents paléontologiques relatifs à l'évolution des mammifères thériens du Crétacé inférieur sont très rares. Comme nous l'avons vu, l'ancêtre commun proche des marsupiaux et des placentaires est *Aegialodon,* du Crétacé tout à fait inférieur et il n'est connu que par une seule molaire. Il y a ensuite une longue lacune dans les documents et les faunes mammaliennes suivantes ne sont connues qu'à partir de la fin du Crétacé inférieur. Elles proviennent de deux régions éloignées : d'une part en Asie, le désert de Gobi, d'autre part en Amérique du Nord, le Texas.

La faune du Gobi, trouvée dans la localité de Hovbour [183] est mieux conservée et plus abondante que celle du Texas. Les paléontologistes soviétiques et mongols ont lavé des sédiments contenant les mammifères de Hovbour et ont ainsi obtenu une collection d'une dizaine de mâchoires et de mandibules fragmentaires, porteuses de dents, ainsi que des dents isolées. La structure tribosphénique de ces dents, ainsi que les formules dentaires démontrent qu'il s'agit incontestablement des plus anciens mammifères placentaires jamais découverts, d'où pourraient provenir tous les types de dents tribosphéniques des mammifères placentaires plus récents. De plus, si on a retrouvé dans cette région les traces de différents mammifères non thé-

A

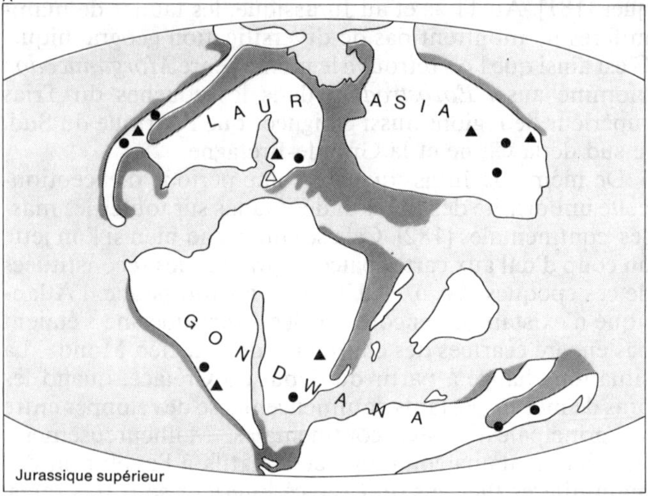


*Fig. 6.* Ces deux cartes montrent la répartition des continents au Jurassique supérieur, il y a quelque 135 millions d'années *(A)* et à la fin du Crétacé, il y a environ 65 millions d'années *(B)*. Au Jurassique supérieur, l'océan Atlantique n'existait pas encore. Les ronds montrent les emplacements où ont été découverts au Jurassique des vertébrés terrestres autres que les mammifères. Les triangles indiquent les gisements de mêmes âges où des mammifères ont été trouvés. Au début du Crétacé, des bras de mer importants commencent à se développer entre les principales masses continentales. Malheureusement, les documents paléontologiques relatifs à l'évolution des mammifères thériens du Crétacé inférieur sont très rares. Les faunes mammaliennes ne sont connues qu'à partir de la fin du Crétacé inférieur. Elles

riens (triconodontes, multituberculés), on n'a jamais pu retrouver trace de marsupiaux dans cette faune.

La faune du Texas, de son côté, est surtout représentée par des dents isolées. Leur obtention a exigé un effort tout particulier. Le Pr B.H. Slaughter, de l'université de Dallas, a lavé et trié environ 50 tonnes de sédiment, pour obtenir une collection de plusieurs dizaines de dents isolées et deux fragments de mandibules [184]. Aucun paléontologiste travaillant sur les mammifères mésozoïques ne pour-

B

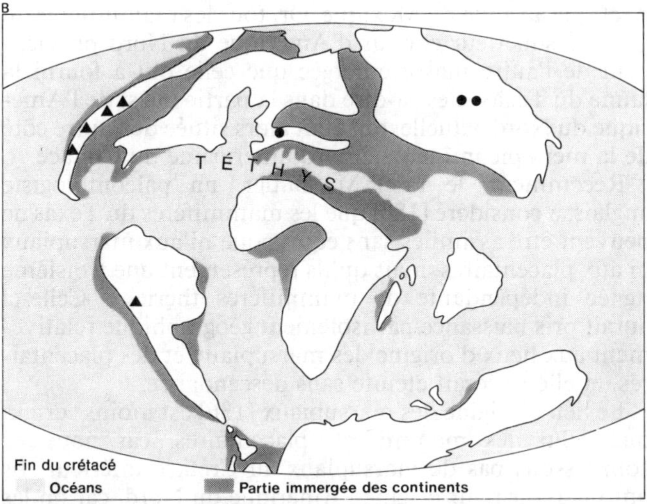


proviennent de deux régions éloignées : d'une part en Asie, le désert de Gobi, d'autre part en Amérique du Nord. Les ronds indiquent les localités ayant fourni des mammifères placentaires, c'est-à-dire essentiellement l'Amérique du Nord et peut-être l'Amérique du Sud. Par contre, on ne les retrouve jamais en Asie. A la fin du Crétacé supérieur, les placentaires commencent à se répandre et à se diversifier en Amérique du Nord *(B)*. On pense que pendant le Crétacé les migrations de mammifères ne se firent que dans une direction, d'Asie vers l'Amérique du Nord mais pas dans l'autre sens. (D'après R.H. Tedford, 1974. « Marsupials and the New Paleogeography », *in* C.A. Ross ed., « Paleogeographic provinces and provincionality », Tulsa, *Soc. Econ. Mineral. Spec. Publ.* 21, p. 109.)

rait se dispenser de discuter cette faune du Crétacé inférieur du Texas ! Certains spécialistes estiment qu'il y a dans la faune du Texas à la fois des marsupiaux et des placentaires (voir article suivant). Si l'on veut bien saisir les implications des discussions concernant cette faune du Texas, il ne faut pas perdre de vue la paléobiogéographie. On doit se rappeler que, pendant le Crétacé, l'Amérique du Nord était coupée en deux par un bras de mer nord-sud, de telle sorte qu'il y avait une continuité marine de l'océan

Arctique au golfe du Mexique. Or, tous les mammifères du Crétacé supérieur connus d'Amérique du Nord proviennent de l'autre masse émergée que celle qui a fourni la faune du Texas, c'est-à-dire dans la partie ouest de l'Amérique du Nord actuelle, qui était alors située de l'autre côté de la mer épicontinentale nord-américaine du Crétacé.

Récemment, le Pr P.M. Butler, un paléontologiste anglais, a considéré [185] que les mammifères du Texas ne peuvent être assimilés sans équivoque ni aux marsupiaux ni aux placentaires, mais qu'ils représentent une troisième lignée indépendante de mammifères thériens. Celle-ci aurait pris naissance par isolement géographique relativement aux lieux d'origine des marsupiaux et des placentaires, et elle se serait éteinte sans descendance.

Le lieu d'origine des marsupiaux [186] est moins certain que celui des mammifères placentaires, car nous ne connaissons pas de marsupiaux au Crétacé inférieur. Ils ont pu avoir pour origine l'Amérique du Nord, car on les trouve assez communément dans cette région vers la fin du Crétacé, ou bien l'Amérique du Sud ; mais on a aussi suggéré [187] qu'ils sont originaires d'Australie, reliée alors à l'Amérique du Sud par l'Antarctique.

Tout ce que nous pouvons conclure, c'est que les marsupiaux n'ont pas pris naissance en Asie.

Que se passe-t-il ensuite ? En Asie, la faune de mammifères devient remarquablement riche à partir du Crétacé supérieur. On y découvre les plus anciens crânes connus de mammifères placentaires ainsi que des squelettes postcrâniens, témoins d'une large expansion de ces mammifères en Asie. Ces découvertes se sont révélées d'autant plus importantes que la structure squelettique et dentaire de ces mammifères placentaires du Crétacé supérieur d'Asie nous montre quelques caractéristiques que l'on tient pour typiques des marsupiaux, et qui disparaissent ultérieurement au cours de l'évolution des placentaires. C'est là encore une preuve que ces deux groupes ont une origine commune. A cette même époque, les marsupiaux dominent en Amérique du Nord alors que les mammifères placentaires y sont rares. C'est seulement à la fin du Crétacé supérieur que les placentaires commencent à se répandre et à se diversifier dans cette région du monde. On peut ainsi en déduire que, pendant le Crétacé, les migrations de mammifères ne se firent que dans une direction, d'Asie vers l'Amérique du Nord, mais pas dans l'autre sens.

Cela est en outre confirmé par la comparaison des faunes de certains mammifères non thériens, les multituberculés d'Asie et d'Amérique du Nord. En Asie, on trouve des représentants d'un sous-ordre de multituberculés, les Taeniolabidoidea, alors que les Ptilodontoidea, qui dominent dans les faunes du Crétacé supérieur d'Amérique du Nord, y manquent complètement [188]. Par contre, les Taeniolabidoidea qui apparaissent en Amérique du Nord au Crétacé supérieur sont les descendants des formes asiatiques.

Les mammifères placentaires et plusieurs familles de multituberculés ont donc envahi l'Amérique du Nord depuis l'Asie, mais les marsupiaux, ainsi que les multituberculés d'origine américaine (du sous-ordre des Ptilodontoidea) n'ont jamais envahi l'Asie. On peut penser qu'Asie et Amérique du Nord étaient séparées pendant le Crétacé et que les courants marins existants ne permettaient les migrations que dans un seul sens.

## Mammifères et dinosaures

Ainsi, l'ensemble des mammifères non thériens du Mésozoïque est représenté par trois groupes : les triconodontes, les docodontes et les multituberculés. De plus, il faut en rapprocher les monotrèmes, ces mammifères archaïques actuels qui devaient déjà exister au Mésozoïque, mais que l'on n'a pas encore pu retrouver dans les terrains fossilifères de cet âge. De ces quatre groupes, seuls les monotrèmes survivent encore aujourd'hui. Pour les thériens, les symétrodontes archaïques ainsi que les pantothères disparaissent au Crétacé, tandis que les placentaires et les marsupiaux survivent. Pour beaucoup de gens, les mammifères sont apparus sur terre bien après les dinosaures. Cette fausse impression résulte essentiellement du fait que les mammifères mésozoïques étaient petits, assez peu nombreux, et toujours incomplètement connus. En fait, comme nous l'avons vu, dinosaures et mammifères ont fait leur apparition à peu près en même temps, à la fin du Trias, mais l'histoire évolutive subséquente des uns et des autres a été très différente. Peu après leur apparition, les dinosaures atteignent des tailles corporelles peu ordinaires et se différencient pendant le Jurassique et le Crétacé en de nombreuses lignées, avant de disparaître totalement à la fin du Crétacé. Les mammifères, tout au contraire, restent anormalement petits et assez peu nombreux pendant le Jurassique et le Crétacé, et ne commencent à se diversifier rapidement en atteignant de grandes tailles corporelles qu'après le début du Tertiaire.

On a suggéré [189] que les spéculations relatives aux mécanismes de contrôle de la température, chez les reptiles mammaliens du Trias supérieur et les premiers mammifères, pouvaient peut être expliquer à la fois la raison de l'extinction des reptiles mammaliens d'une part, et le problème posé par la petite taille des mammifères mésozoïques d'autre part. Selon cette hypothèse, deux facteurs clefs du mécanisme complexe de la température corporelle ne se seraient pas développés au cours de l'évolution mammalienne. Le premier de ces facteurs serait l'aptitude à conserver une température donnée dans un environnement froid, le second serait l'aptitude à disperser l'excédent de chaleur produite par l'activité spontanée ou recueillie à partir de l'environnement. Il semble que les cynodontes (reptiles mammaliens) étaient en partie des homéothermes, c'est-à-dire qu'ils étaient déjà capables de maintenir une température interne constante pendant de longues périodes, mais n'avaient pas encore perfectionné leur aptitude à disperser la chaleur. Tous les mammifères modernes (sauf les monotrèmes) ont acquis au cours de l'évolution des mécanismes spéciaux à cet effet, tels que par exemple la transpiration et le halètement.

Les grands reptiles mammaliens dispersaient probablement leur chaleur corporelle seulement par radiation. Cela semble une adaptation appropriée à un climat froid. Pourtant, au cours du Trias, au moins dans l'hémisphère Sud, le climat s'est progressivement réchauffé. Corrélativement, on assiste à une réduction drastique de la taille corporelle dans diverses lignées de reptiles mammaliens (ce qui, en augmentant leur surface corporelle par rapport à leur volume, leur permettait de dissiper efficacement la chaleur).

Quand le climat est devenu très chaud, les premiers mammifères auraient résolu ce problème de la dispersion de la chaleur par une diminution spectaculaire de leur taille. Et ils restèrent petits jusqu'à la fin du Crétacé. Il semblerait ainsi que les mammifères aient eu besoin d'une centaine de millions d'années d'évolution pour « mettre au point » leur système perfectionné de régulation de la température, qui leur accorde une si large indépendance par rapport aux fluctuations de l'environnement.

Leur adaptation à tous les rôles écologiques possibles s'ensuivit au Tertiaire, et cela explique que les mammifères demeurent présentement les véritables maîtres de la Terre.

POUR EN SAVOIR PLUS

Kielan-Jaworowska Z., *Hunting for Dinosaurs,* MIT Press, Cambridge, Massachusetts et Londres, 1969.

Lillegraven J.A., Kielan-Jaworowska Z. et Clemens W.A. (eds.), *Mesozoic Mammals : the First Two-Thirds of Mammalian History,* Univ. California Press, Berkeley, Los Angeles, Londres, 1979.

Kermak D.M. et K.A. (eds.), « Early mammals », *J. Linnean* Soc. Zool., 50, suppl. 1, 1971.

Kermak D.M. et K.A., *The Evolution of Mammalian Characters,* Croom Helm, 1984.

*La Recherche,* février 1980

# 12. Histoire des mammifères et dérive des continents

*Robert Hoffstetter*

La distribution actuelle et passée des mammifères s'explique difficilement si, comme c'était le cas il n'y a pas si longtemps, on admet que les continents et les océans sont restés stables dans leurs étendues respectives et leurs positions relatives, au moins depuis le Crétacé.

Ainsi les biogéographes ont toujours été frappés par la profonde originalité des faunes australo-papoues et par le caractère très tranché de la frontière (ligne de Wallace, à l'est de Bornéo et de Java) qui les sépare des faunes du Sud-Est asiatique. Plus étonnant encore est le fait que l'Australie ait des affinités fauniques plus marquées avec la lointaine Amérique du Sud qu'avec les divers continents de l'Ancien Monde.

D'autres problèmes sont posés par les groupes de mammifères dont l'habitat comprend des aires largement disjointes. En fait, quelques cas peuvent s'expliquer sans faire intervenir des changements géographiques majeurs. Les fossiles nous enseignent par exemple que les camélidés, nés en Amérique du Nord, y sont restés longtemps confinés ; l'assèchement temporaire du détroit de Behring et l'émersion de l'isthme de Panama suffisent pour expliquer qu'ils aient pu atteindre tardivement l'Asie et l'Afrique d'une part, où ils ont donné les chameaux et les dromadaires, l'Amérique du Sud d'autre part, où se sont différenciés les lamas et les vigognes ; l'extinction ultérieure de la famille dans le berceau nord-américain a provoqué la disjonction des répartitions actuelles. Une explication analogue vaut pour les tapirs, qui ne survivent qu'en Amérique tropicale et dans le Sud-Est asiatique. L'histoire des équidés, bien connue de nos lycéens, est déjà plus complexe : elle fait intervenir des migrations multiples, dont la première, responsable de l'arrivée d'*Hyracotherium* en Europe à l'Éocène, implique une communication directe avec l'Amérique du Nord, par voie nord-atlantique.

## Dérive des continents contre paléogéographie fixiste

D'autres cas sont encore plus embarrassants et continuent à alimenter des débats passionnés. Comment rendre compte de la présence de singes dès le début de l'Oligocène en Afrique et en Amérique du Sud, donc de part et d'autre de l'Atlantique sud, alors qu'ils sont inconnus dans tout l'hémisphère nord avant le Miocène ? Comment expliquer l'évidente parenté entre marsupiaux américains et australiens, alors qu'apparemment aucun ancêtre direct de ces derniers n'a vécu en Asie ?

Certains auteurs ont imaginé des communications par l'émersion temporaire de ponts transocéaniques, mais, outre qu'il a fallu les multiplier jusqu'à l'absurde, ces spéculations ne reposent sur aucune base géologique, et de tels ponts auraient dû permettre des échanges multiples et bilatéraux. On a aussi fait appel à la convergence ou au parallélisme (acquisition indépendante des mêmes caractères par des groupes plus ou moins éloignés phylogénétiquement) pour tenter d'expliquer les ressemblances observées, mais celles-ci sont parfois si nombreuses et si complexes que l'hypothèse perd alors toute vraisemblance. Au total, aucune solution satisfaisante de ces problèmes n'a pu être avancée dans l'optique d'une paléogéographie fixiste.

On comprend dès lors que la dérive des continents, prônée par Wegener, ait été bien accueillie par la plupart des biogéographes et des paléontologistes. Les géophysiciens, naguère plus que réticents, et les géologues ont finalement apporté des bases solides à la théorie rénovée : paléomagnétisme, expansion des fonds océaniques, tectonique des plaques forment à présent un ensemble cohérent qui a entraîné l'acceptation quasi générale d'une paléogéographie mobiliste. Certes, les divergences demeurent, concernant les cartes proposées et le « calendrier » de la dérive. Il y a donc intérêt à confronter ces données aux apports de la paléobiogéographie, en particulier celle des mammifères, relativement bien documentée et dont les fossiles sont « parlants ». Mais, *a priori*, cette confrontation ne peut aboutir à une concordance parfaite. En effet, les géophysiciens ne tiennent pas compte des mers épicontinentales, des déserts, des zones glacées, qui constituent autant d'obstacles à la dispersion des faunes continentales. En revanche, un océan, même profond, peut parfois être franchi par des animaux terrestres... et plus encore par des graines ou des spores végétales (voir encadré). Les barrières biologiques révélées par les faunes et les flores ne coïncident donc pas toujours avec les limites des plaques, ni même avec celles des masses continentales. Dans une première approche, on peut cependant considérer chacune de ces masses et les faunes qu'elles hébergent comme un ensemble, ce qui permet déjà d'aborder les problèmes majeurs.

Les géophysiciens s'accordent à considérer qu'au Paléozoïque supérieur toutes les masses continentales étaient réunies en un seul bloc, la Pangée. Très tôt, cependant, celle-ci s'est divisée au moins partiellement en deux supercontinents, la Laurasie au nord (Amérique du Nord, Europe et Asie), le Gondwana au sud (Amérique du Sud, Afrique, Arabie, Madagascar, Inde, Australasie et Antarctide), séparés par la Téthys, ou Mésogée. Les mammifères ne nous informent pratiquement pas sur cette période, car ils n'apparaissent qu'à la fin du Trias ; mais les autres vertébrés, spécialement les reptiles, illustrent l'existence de faunes laurasiatiques et de faunes gondwaniennes (parmi les dernières, il convient de souligner celles, récemment découvertes, du Trias antarctique) [190]. Des problèmes subsistent, concernant par exemple la possible individualité d'une plaque chinoise (envisagée notamment par Tarling), ses rapports avec le Gondwana (suggérés par les

**Les migrations transocéaniques d'animaux terrestres**

Au temps de Wallace, le « père » de la zoogéographie, et longtemps après, on a cru qu'une barrière marine constituait un obstacle infranchissable pour les animaux terrestres non nageurs. Conséquemment, on pensait que des terres hébergeant un même groupe animal avaient dû présenter, à quelque moment de leur histoire, une communication terrestre continue. Or tout indique, par exemple, que Madagascar et les Grandes Antilles étaient déjà des îles lorsqu'elles ont reçu les fondateurs de leurs faunes mammaliennes. De même, c'est certainement à travers une mer que l'Amérique du Sud a reçu des rongeurs et des singes pendant son long isolement au Tertiaire, et que des muridés ont atteint tardivement la Nouvelle-Guinée et l'Australie à partir de l'Asie.

En fait, de tels peuplements ne peuvent s'expliquer que par des transports passifs, grâce à des radeaux naturels. On a observé, sur les fleuves tropicaux, de véritables îles flottantes, formées d'arbres enchevêtrés, certains encore enracinés dans de la terre végétale. De telles îles, parfois amarrées à la rive, ont été décrites comme lieux de ponte pour des oiseaux. En période de crue, de petits animaux, surtout des arboricoles, s'y réfugient, et une petite arche de Noé peut ainsi être entraînée à la mer. On a rencontré de ces radeaux en plein Atlantique, et des dérives ont pu être constatées sur près de 2 000 km. Le déplacement est d'ailleurs facilité par les courants : on sait que, grâce au courant équatorial, des bouteilles marquées traversent l'Atlantique *actuel,* du golfe de Guinée au Brésil, en 12 semaines. La même traversée, pour une île flottante donnant prise au vent, peut être facilitée par les alizés. Elle était d'ailleurs plus brève quand l'Atlantique n'avait pas atteint sa largeur actuelle et quand, en outre, le courant équatorial était intensifié par l'ouverture entre les deux Amériques.

Bien qu'un tel exploit reste très aléatoire, il est vraisemblable que de petits animaux aient pu ainsi réussir, exceptionnellement, des migrations transocéaniques (voir *la Recherche,* n° 47, 1973, p. 685).

faunes du Trias inférieur) et sa soudure avec la Sibérie (soudure marquée, selon Tarling, par d'énormes épanchements basaltiques du Trias supérieur).

A partir du Trias terminal ou Rhétien (— 200 millions d'années), la géographie mondiale se modifie fortement, par la fragmentation des supercontinents et par l'ouverture des océans Indien et Atlantique. C'est aussi à ce moment que commence vraiment l'histoire des mammifères. Les deux phénomènes sont liés. Mais c'est surtout pendant les cent derniers millions d'années que des stocks mammaliens, plus ou moins isolés géographiquement, se différencient et réalisent des équilibres fauniques distincts. A la même période correspond l'extraordinaire explosion des plantes à fleurs (angiospermes) et des insectes butineurs, explosion dont l'influence sera considérable sur le milieu continental et donc sur l'évolution et la diversification des mammifères terrestres.

## Brève histoire des mammifères

Malgré les lacunes qui subsistent en ce qui concerne les formes mésozoïques, l'histoire des mammifères se précise peu à peu, grâce aux acquisitions récentes concernant leur phylogénie (voir *fig. 1*) et leur répartition dans le temps et dans l'espace.

Dès leur apparition, il y a quelque 200 millions d'années, on y reconnaît deux lignées, souches respectives des protothériens et des thériens, qui se différencient essentiellement par la constitution de leur paroi crânienne et par la forme de leurs dents.

Les premiers protothériens, *Morganucodon* et ses alliés, ont connu dès le Rhétien une extension mondiale ou quasi mondiale : on en a récolté en Europe, en Chine et au Lesotho, mais leur absence (au moins apparente) en Amérique est assez troublante et pourrait être significative. Il semble ensuite que la Téthys (ou la zone équatoriale) ait joué le rôle d'une barrière, car les faunes dérivées sont différentes au nord et au sud. C'est surtout en Laurasie que l'on connaît des fossiles, notamment des triconodontes (dont les ultimes témoins viennent d'être découverts dans le Crétacé supérieur du Canada) et des multituberculés (dont l'adaptation précoce au régime végétarien leur a permis de jouer un rôle important au sein des faunes laurasiatiques jusque dans l'Éocène). Les monotrèmes actuels, l'ornitho-

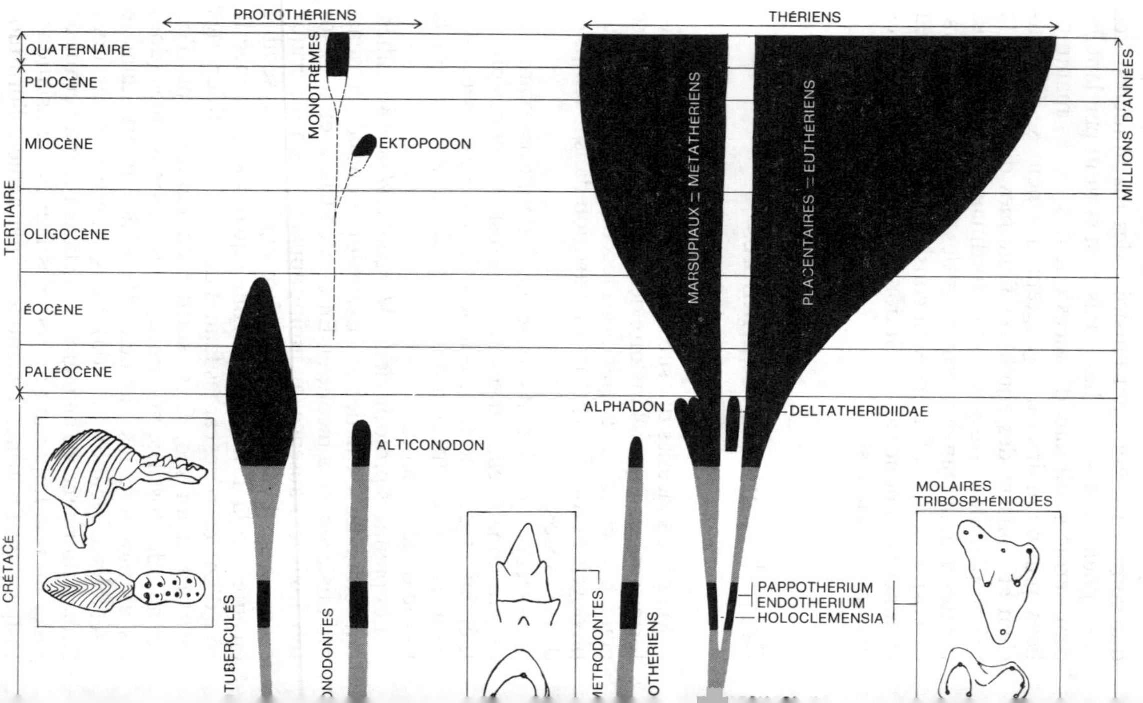

PROTOTHÉRIENS
THÉRIENS
QUATERNAIRE
PLIOCÈNE
MIOCÈNE
OLIGOCÈNE
ÉOCÈNE
PALÉOCÈNE
TERTIAIRE
CRÉTACÉ
MILLIONS D'ANNÉES
MONOTRÈMES
EKTOPODON
MARSUPIAUX = MÉTATHÉRIENS
PLACENTAIRES = EUTHÉRIENS
ALPHADON
DELTATHERIDIIDAE
ALTICONODON
TUBERCULÉS
ONODONTES
METRODONTES
OTHERIENS
PAPPOTHERIUM
ENDOTHERIUM
HOLOCLEMENSIA
MOLAIRES
TRIBOSPHÉNIQUES

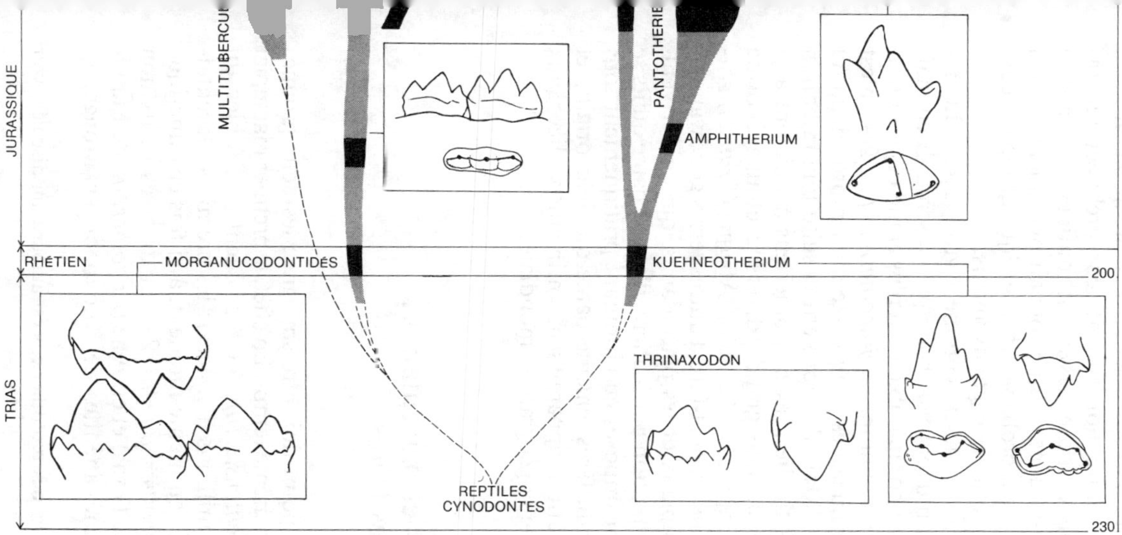


*Fig. 1. Phylogénie des mammifères.* Issus des reptiles mammaliens, et plus précisément des cynodontes, les mammifères apparaissent au Rhétien (— 200 millions d'années). Selon les idées modernes, leur phylogénie comporte une succession de dichotomies, lesquelles se traduisent par la morphologie dentaire et aussi par divers caractères anatomiques et physiologiques ; chacune d'elles est à l'origine de groupes frères, d'égale ancienneté géologique. Un clivage initial a provoqué la différenciation de deux sous-classes, les protothériens et les thériens.

rynque et les échidnés appartiennent au même ensemble *, comme le démontre notamment leur architecture crânienne ; mais ils sont exclusivement confinés en Australie et en Nouvelle-Guinée ; on ne connaît pratiquement rien de leur ascendance, probablement quelque groupe encore inconnu de protothériens gondwaniens.

Les thériens apparaissent comme le groupe frère du précédent. Après un début beaucoup plus discret, ils connaîtront un succès incomparablement plus grand et plus durable. Leur premier témoin, *Kuehneotherium (fig. 2 A)*, n'est illustré que par quelques dents d'âge rhétien provenant du pays de Galles. Mais ils montrent ensuite une radiation notable. En particulier, les pantothériens acquièrent à la fin du Jurassique une grande diversité et une énorme extension géographique : Laurasie, Afrique (*Brancatherulum,* de Tanzanie) et peut-être d'autres terres gondwaniennes. Les marsupiaux et les placentaires, qui en dérivent, méritent une attention particulière, d'abord parce qu'ils se sont finalement imposés en éliminant pratiquement tous les autres mammifères, ensuite parce que leur origine et leur diversification apparaissent intimement liées aux changements de la géographie mondiale.

## Marsupiaux et placentaires : deux groupes frères

Un premier point doit être souligné : les deux groupes sont apparus en même temps. En effet, le premier marsupial connu, *Holoclemensia (fig. 2 C)*, provient de l'Albien du Texas (— 105 millions d'années) ; les premiers placentaires sont attestés au même moment, à la fois en Amérique du Nord (*Pappotherium, fig. 2 C,* et diverses dents non dénommées du Texas) et en Asie (*Endotherium* de Mandchourie et formes inédites de Khovboor, en Mongolie).

* La monophylie des protothériens est aujourd'hui discutée, voir note 16.

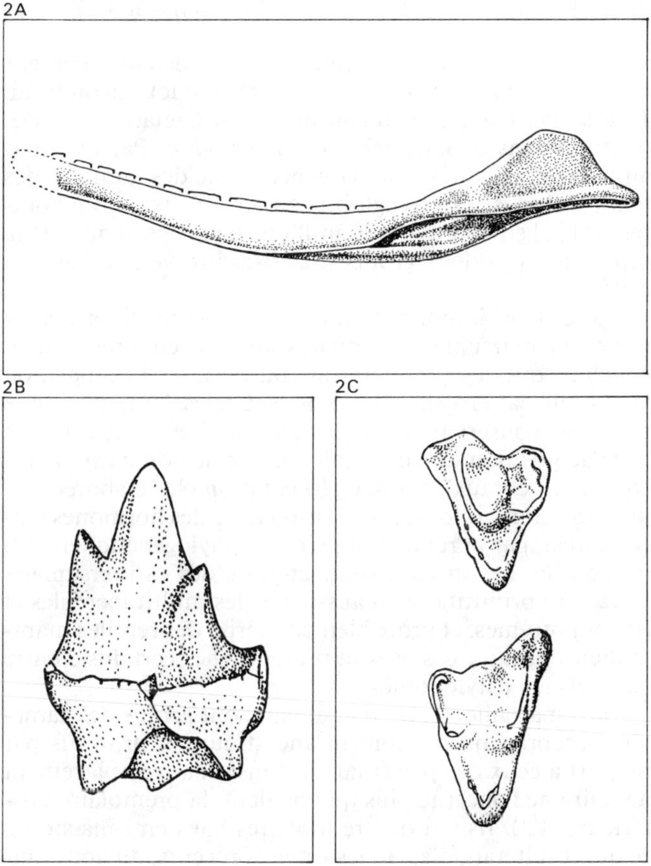


*Fig. 2A* et *B.* Mandibule et molaire inférieure de *Kuehneotherium praecursoris.* Celui-ci est le plus ancien représentant connu des thériens, c'est-à-dire du groupe qui inclut la presque totalité des mammifères actuels (à l'exclusion des monotrèmes). Découvert et étudié par W. Kühne, il provient d'un remplissage de fentes d'âge rhétien (— 200 millions d'années) au sud du pays de Galles. On l'a longtemps connu comme « Welsch pantothere », avant qu'il soit dédié à son inventeur par D.M. Kermack, K.A. Kermack et F. Mussett.

*C.* Les *Trinity sands,* sables continentaux d'âge albien (— 105 millions d'années) du Texas, ont livré des dents de mammifères, dont les premières ont été décrites par B. Patterson. Les plus intéressantes, figurées ici, sont les molaires types de *Holoclemensia texana,* en bas, le plus ancien marsupial, et de *Pappotherium pattersoni,* en haut, l'un des plus anciens placentaires (on en connaît d'autres du même âge en Chine) ; ces pièces ont été décrites et nommées par B.H. Slaughter.

Leur origine ne peut être beaucoup plus ancienne, car leur type commun de molaires (tribosphénique), inconnu au Jurassique, n'apparaît qu'au début du Crétacé, chez des pantothériens évolués tels que *Aegialodon.* Par une tout autre voie, d'après les séquences d'acides aminés des hémoglobines et myoglobines, Air et ses collaborateurs [191] situent à — 130 millions d'années la date de la séparation des deux groupes, c'est-à-dire vers la base du Crétacé.

Autre point important : il est abusif de qualifier d'inférieurs les marsupiaux comparés aux placentaires et d'en conclure que les premiers ont pu occuper une position ancestrale par rapport aux seconds. Certes, les marsupiaux sont plus conservateurs, et les placentaires se distinguent par l'acquisition du corps calleux (connexion entre hémisphères cérébraux), par une placentation plus élaborée, par une gestation prolongée (en liaison avec des hormones placentaires), par la réduction précoce (phylogénétiquement) du nombre des incisives, par la perte des os marsupiaux (caractère primitif connu aussi chez les multituberculés et les monotrèmes, et probablement hérité des reptiles mammaliens, puisque ces os sont présents chez certains d'entre eux, tels les tritylodontes).

Mais, par ailleurs, les marsupiaux ont acquis des caractères propres, qui ne sont ni ancestraux, ni primitifs par rapport à ceux des placentaires. Ainsi, leur remplacement dentaire ne concerne plus qu'une dent, la prémolaire postérieure (P3). Ils ont quatre molaires par demi-mâchoire, ce qui résulterait, d'après les travaux récents, du non-remplacement de la dernière prémolaire de lait (dP4), qui est molariforme : il s'agirait donc d'un caractère dérivé et non pas primitif. Les conduits génito-urinaires ont des relations différentes ; et l'on y note même des néoformations, tel le pseudovagin [192]. La physiologie de la reproduction comporte des caractères uniques suggérant [193] que marsupiaux et placentaires auraient pu acquérir indépendamment la viviparité. Tout concourt à montrer que les deux groupes ont emprunté des voies évolutives divergentes et ne peuvent donc dériver l'un de l'autre. En fait, ce sont bien deux groupes frères, issus d'une dichotomie.

## La dichotomie marsupiaux-placentaires résulte de l'ouverture des océans Indien et Atlantique au Crétacé

La distribution dans le temps et dans l'espace des marsupiaux et des placentaires, telle qu'on la connaît aujourd'hui, apparaît très significative, et modifie profondément les conceptions classiques. Si l'on s'en tient aux formes avérées, l'importance des marsupiaux va croissant (et celle des placentaires décroît) dans une séquence de continents ainsi ordonnée *(fig. 3 A) :* Afrique et Asie, Europe, Amérique du Nord, Amérique du Sud, Australie et Nouvelle-Guinée. Quand on connaîtra les faunes post-triasiques de l'Antarctide, il est probable que celle-ci, voie d'accès obligée à l'Australie, se placera dans la séquence entre cette dernière et l'Amérique du Sud.

On ne connaît aucun marsupial antérieur aux placentaires, ce qui confirme l'égale ancienneté des deux groupes. Les marsupiaux sont loin d'avoir connu l'extension mondiale postulée par certains auteurs, ce qui élimine divers schémas proposés pour leur histoire biogéographique. Il est clair que la radiation s'est effectuée dans la « guirlande » Amérique du Nord — Amérique du Sud — Antarctide (où la présence de marsupiaux, postulée, n'est pas encore attestée [notes 17, 18 et p. 13]) — Australie ; on y trouve tous les genres connus, y compris *Peratherium,* la sarigue de Montmartre, seul marsupial indiscutable qui ait émigré hors de cette aire.

Cette distribution s'accorde parfaitement avec le canevas géographique du Crétacé, résultant de l'ouverture des océans Indien et Atlantique [194]. On peut imaginer que cette ouverture a divisé l'aire occupée au début du Crétacé par des pantothériens évolués, ayant acquis la molaire tribosphénique. De ceux-ci ont dû émerger deux rameaux à succès, les marsupiaux en Amérique, les placentaires en

3A

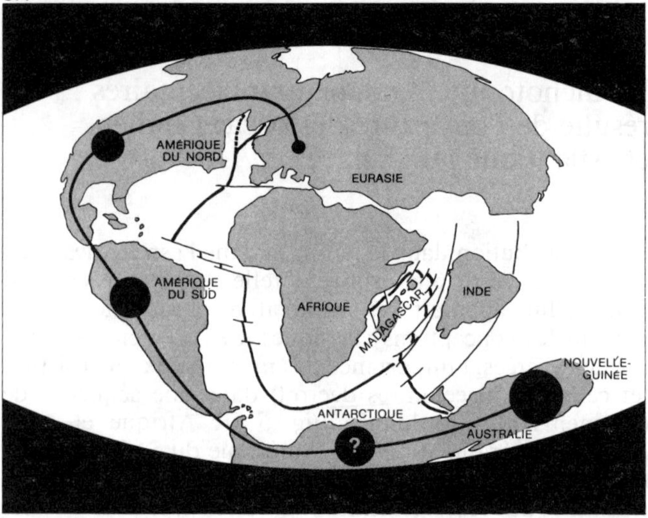


*Fig. 3A.* Distribution géographique et importance relative des marsupiaux. (Le canevas géographique, emprunté à Dietz et Holden, et complété d'après Freeland et Dietz [198] pour la région caraïbe, correspond au Crétacé terminal.) Les marsupiaux, fossiles et actuels, sont particulièrement florissants en Australie et en Nouvelle-Guinée, où ils constituent la presque totalité de la faune mammalienne, ne laissant qu'une place modeste aux monotrèmes et à quelques placentaires, ceux-ci arrivés ou introduits tardivement. En Amérique du Sud, marsupiaux et placentaires sc sont partagé les rôles écologiques, mais les premiers ont subi une forte régression, à la fin du Tertiaire, par suite de l'émersion de Panama, qui a permis l'arrivée massive de placentaires nordiques. En Amérique du Nord, les marsupiaux dominent d'abord les placentaires, mais seront ensuite presque éliminés, à la fin du Crétacé. Enfin l'Europe n'a reçu qu'un marsupial, *Peratherium,* d'origine nord-américaine. Quant à l'Afrique et à l'Asie, elles n'ont jamais hébergé de marsupiaux, à l'exception peut-être des deltathérididés du Crétacé supérieur de Mongolie, que certains auteurs leur attribuent. Cette distribution implique la présence ancienne du groupe en Antarctide. Les diamètres des cercles en noir traduisent l'importance relative présentée par la radiation marsupiale dans chacun des continents intéressés.

3B

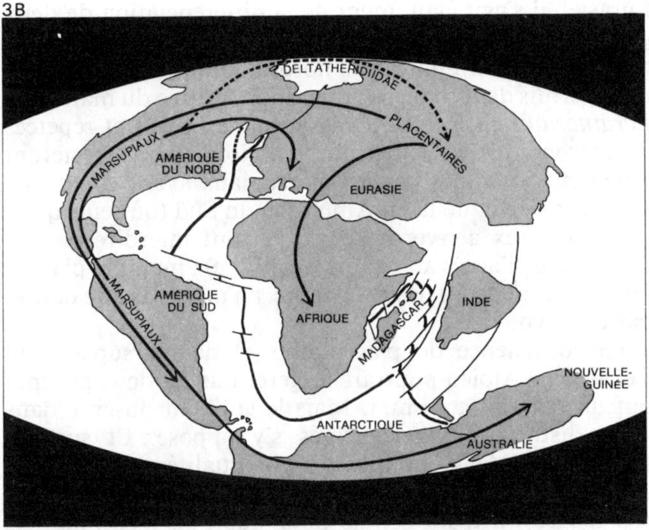


*Fig. 3B.* Berceaux et migrations des marsupiaux et des placentaires (même canevas géographique). Les distributions des formes fossiles et actuelles indiquent qu'il s'agit de deux groupes frères, issus des pantothériens, et différenciés par ségrégation géographique à la suite de l'ouverture de l'océan Indien et de l'Atlantique. Les marsupiaux se sont différenciés dans la guirlande Australie-Antarctide-Amérique, et un genre nord-américain (la sarigue de Cuvier) a atteint l'Europe à l'Éocène. Les deltathérididés, possibles marsupiaux, ont atteint l'Asie au Crétacé, probablement par voie nord-pacifique (ou peut-être nord-atlantique). Les placentaires sont nés en Eurasie, d'où ils ont gagné l'Afrique et les Amériques. Madagascar a été colonisé au Tertiaire à travers le canal de Mozambique. Quant à l'Australie, c'est seulement après s'être rapprochée de l'Asie par dérive qu'elle a reçu tardivement quelques placentaires.

Eurasie ; il s'agit clairement de la différenciation de deux groupes frères par ségrégation géographique. La persistance d'une communication nord-atlantique aurait cependant permis des échanges : migration tardive du marsupial *Peratherium* en Europe ; migrations précoces et répétées de placentaires en Amérique du Nord (où ils resteront longtemps dominés par les marsupiaux avant d'exploser au Tertiaire), et de là en Amérique du Sud (où seuls quelques rameaux arriveront et se verront interdire par les marsupiaux l'accès au régime carnivore) ; mais ces placentaires n'atteindront pas l'Australie, au moins à cette date et par cette voie.

La coexistence de placentaires et de marsupiaux au Texas dès l'Albien pourrait suggérer que les deux groupes ont un berceau commun. Mais le gradient observé dans leurs distributions respectives s'y oppose. Et surtout, s'agissant de deux ensembles à potentialités évolutives si semblables, il a fallu qu'ils soient mutuellement protégés (ou séparés) à leurs débuts pour que l'un n'élimine pas l'autre, ce qui rend beaucoup plus probable une origine géographique différente, comme nous l'avons envisagé plus haut.

On peut se demander où se situent précisément les berceaux respectifs des deux groupes. Les documents actuels suggéreraient plutôt l'Amérique du Nord pour les marsupiaux, l'Asie pour les placentaires. Mais ils sont encore insuffisants pour donner une certitude. Déjà Sigé [195] a montré que les marsupiaux du Crétacé terminal sud-américain étaient peut-être aussi variés que leurs contemporains d'Amérique du Nord, de sorte qu'une souche commune australe reste vraisemblable.

## L'achèvement de l'ouverture de l'Atlantique, au nord et au sud

Selon les géophysiciens, l'ouverture de l'Atlantique nord débute par le Sud (région caraïbe) il y a 200 millions d'années et s'achève au Nord à l'Éocène : les forages

JOIDES (Joint Oceanographic Institutions for Deep Earth Sampling) ont révélé à l'Éocène moyen un horizon siliceux, à radiolaires et diatomées, qui pourrait marquer l'arrivée des eaux froides arctiques. Les échanges bilatéraux de vertébrés terrestres entre Amérique du Nord et Europe concordent parfaitement, puisqu'ils cessent après l'Éocène inférieur ; ils concernent un marsupial *(Peratherium),* mais aussi des multituberculés et de nombreux placentaires (au total, trente-quatre genres de mammifères sont communs aux deux continents à l'Éocène inférieur [196]) ; des serpents (boas nains ou érycinés) ont aussi emprunté la même voie de migration et nous renseignent sur le climat qui y régnait... Par la suite les échanges (intermittents) entre l'Amérique du Nord et l'Asie ne se feront plus que par le « pont » de Behring ; mais l'Europe reste isolée jusqu'au début de l'Oligocène par le bras de mer est-ouralien, ou détroit de Turgai, qui la sépare de l'Asie.

L'ouverture de l'Atlantique sud commence aussi par le Sud, au Jurassique. Pour la plupart des géophysiciens, la séparation est complète dès le Crétacé inférieur. Mais, selon Reyment, les faunes marines, spécialement les ammonites, ne révèlent une communication entre Atlantique nord et sud qu'après le début du Turonien (— 90 millions d'années) et divers auteurs admettent un contact africano-brésilien jusqu'à cette date tardive. Cette conclusion vient d'être remise en cause par W.J. Kennedy et M. Cooper [197] qui, également d'après les ammonites, reportent à l'Albien (— 105 millions d'années) l'établissement d'une libre communication marine entre nord et sud. Cette dernière opinion concorde mieux avec des faunes continentales, qui ne suggèrent nullement que des échanges aient eu lieu entre l'Afrique et l'Amérique du Sud au Crétacé supérieur.

C'est un point important : il faut considérer comme peu vraisemblables les hypothèses faisant état de la présence (non attestée) d'anciens marsupiaux en Afrique, hypothèses dont certaines font jouer à ce continent le rôle de plaque tournante pour l'expansion du groupe vers l'Amérique du Sud et l'Australie. D'ailleurs la différence totale entre faunes africaine et australienne s'y oppose *. Au contraire, Australie et Amérique du Sud ont en commun de nombreux groupes animaux (marsupiaux, tortues de la famille des chélidés, anoures leptodactylidés, divers insectes) et aussi des végétaux (notamment le hêtre austral, *Nothofagus*) ; il est donc clair que les relations de l'Australie se sont maintenues plus longtemps avec l'Amérique du Sud qu'avec l'Afrique *(fig. 3)*.

## Continuité ou discontinuité de la guirlande Amérique du Nord — Amérique du Sud — Antarctide — Australie

Il n'est pas certain que cette guirlande ait jamais été continue ; des transports passifs ont pu intervenir pour expliquer certains passages fauniques. Un échange important a eu lieu entre Amérique du Nord et du Sud vers la fin du Crétacé, et peut-être même avant : en effet, les marsupiaux américains du Crétacé supérieur semblent former un même ensemble faunique, et les placentaires du nord et du sud dérivent certainement de souches communes.

Les schémas des géophysiciens, montrant un énorme hiatus entre les deux continents, ne doivent pas être considérés comme complets : en fait, l'Amérique centrale et les Antilles posent un problème et sont généralement « oubliées ». Certains spécialistes font intervenir une excroissance de la plaque Pacifique entre les deux masses continentales américaines ; d'autres font état de plaques mineures qui comblaient d'abord le golfe du Mexique et auraient ensuite subi des rotations et des accolements *(fig. 4)*.

Dès le Paléocène supérieur, les faunes de mammifères montrent que la communication était rompue entre les deux Amériques. L'Amérique du Sud était alors une île qui

* Voir toutefois p. 14 et notes 21 à 23.

n'a reçu que quelques immigrants arrivés par radeaux naturels vers la fin de l'Éocène (rongeurs, singes), puis tard dans le Miocène (procyonidés). Il faut d'ailleurs noter que les mammifères miocènes connus au Panama et au Honduras sont tous de type nord-américain. Ce n'est que plus tard qu'un isthme réunira les deux Amériques et permettra des échanges multiples et bilatéraux.

La liaison Amérique du Sud-Antarctide concerne une autre région dont la paléogéographie est très discutée. Des géophysiciens comme McKenzie figurent, au Crétacé supérieur, un contact entre la Patagonie et l'Antarctide occidentale. D'autres, tel Elliot, supposent même une continuité structurale entre les cordillères Andine et Antarctique ; il y aurait eu ensuite courbure et ruptures aboutissant à l'actuel arc insulaire de la Scotia. Mais il est possible qu'une ancienne barrière marine n'ait pu être franchie par les marsupiaux que grâce à un transport passif. Cette même barrière aurait arrêté les placentaires (peut-être arrivés trop tard, ou simplement parce que le hasard ne les aurait pas favorisés), leur interdisant ainsi l'accès du bloc Antarctide-Australie à partir de l'Amérique du Sud.

La plupart des auteurs admettent une large réunion entre l'Antarctide orientale et le sud de l'Australie. La séparation aurait débuté vers l'Éocène (il y a 43 millions d'années selon McKenzie) ou peu avant, par le jeu d'une dorsale créant une croûte océanique à anomalies magnétiques symétriques qui permettent des datations. Avant la rupture, ce que l'on sait des flores et des climats de l'Antarctide et de l'Australie n'exclut pas la possibilité d'hébergement de mammifères.

## La dérive de l'Australie et son peuplement mammalien

Australie, Tasmanie et Nouvelle-Guinée, réunies par une même plate-forme continentale, sont solidaires du point de vue paléogéographique.

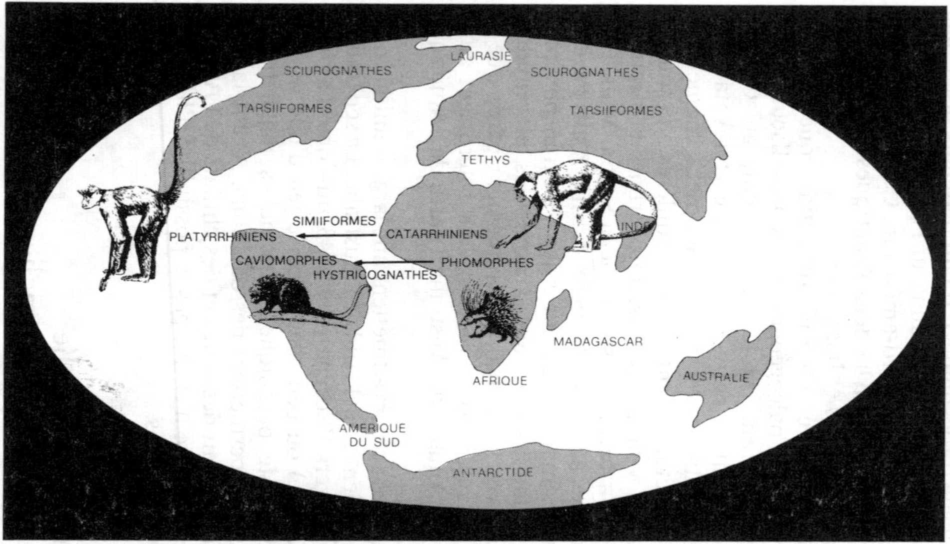


*Fig. 4. Berceaux et premières migrations des singes et des rongeurs hystricognathes (canevas géographique de l'Éocène supérieur).* Avant le Miocène, les simiiformes (singes et ancêtres des hominidés) ne sont connus qu'au sud (Afrique et Amérique du Sud), tandis que leur groupe frère, les tarsiiformes, est exclusivement laurasiatique. Il est pratiquement certain que les premiers sont nés en Afrique, où ils ont donné les catarrhiniens. Par migration transatlantique, une branche précoce a pu coloniser l'Amérique du Sud vers la fin de l'Éocène, pour y donner les platyrrhiniens. Les rongeurs hystricognathes (phiomorphes africains et caviomorphes sud-américains) dont le groupe frère est représenté par les sciurognathes de Laurasie, ont une histoire étonnamment semblable.

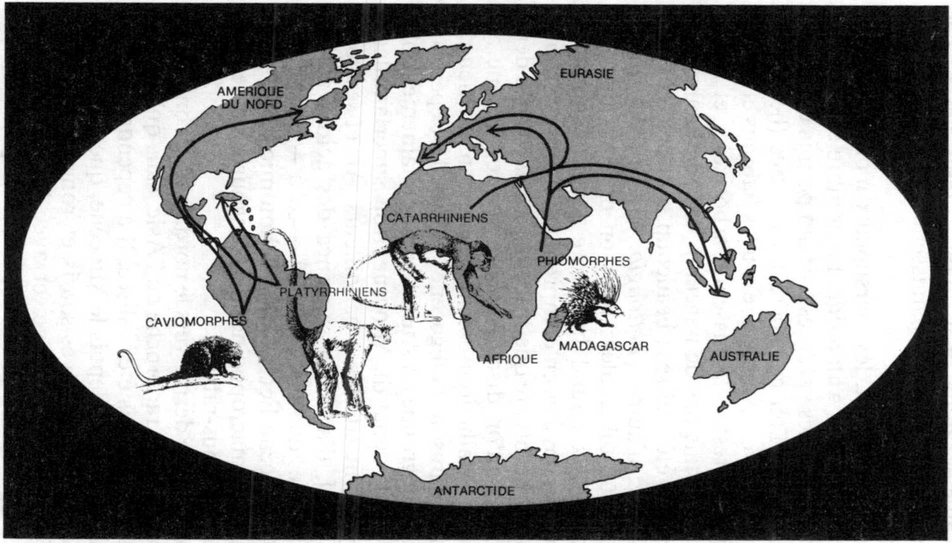


*Fig. 5. Migrations tardives des singes et des rongeurs hystricognathes (canevas géographique actuel).* A partir du Miocène, les deux groupes envahissent les continents nordiques. L'Afrique emboutit l'Eurasie, ouvrant ainsi le passage aux singes catarrhiniens et aux rongeurs phiomorphes vers l'Europe et l'Asie jusqu'à l'Insulinde. Depuis l'Amérique du Sud, les platyrrhiniens et les caviomorphes atteignent les Antilles (par radeaux naturels), puis l'Amérique centrale et septentrionale (par l'isthme de Panama). On remarquera que, pour les singes comme pour les hystricognathes, Madagascar et l'Australasie sont restés des domaines accessibles.

C'est la seule région du monde qui héberge des monotrèmes, derniers survivants des protothériens mésozoïques. Réfugiés, mais bien adaptés, dans des niches écologiques étroites, ils ne paraissent pas être en voie d'extinction.

Nous l'avons déjà dit, les marsupiaux n'ont pu arriver en Australie que par l'Antarctide. Le nombre et la variété des niches écologiques vacantes leur ont permis une radiation majeure, que l'on considère les régimes (herbivore, carnivore, insectivore, omnivore) ou les habitats et modes de vie (types terrestres, fouisseurs, arboricoles et même « planeurs »..., mais pas de nageurs). De nombreux types biologiques ont été réalisés ; beaucoup sont des répliques de placentaires ; d'autres *(Bettongia, Wyulda, Burramys)* miment les multituberculés ; mais on observe aussi des modèles originaux (grand herbivore sauteur comme le kangourou). Les fossiles en comprennent d'autres : *Diprotodon* (énorme herbivore quadrupède), *Thylacoleo* (à dents si particulières qu'on discute encore sur son régime alimentaire), etc. Malheureusement, on ne connaît rien des formes antérieures à l'Oligocène terminal. Cependant, l'installation du groupe en Australie est certainement plus ancienne : dès le début du Miocène, trois superfamilles et neuf familles sont attestées ; par ailleurs, Air et ses collaborateurs [191], d'après la séquence des acides aminés dans les protéines du sang, situent à — 57 à — 50 millions d'années (Paléocène-Éocène) la dichotomie entre deux sous-familles de macropodidés (les kangourous et les pottoros ou kangourous-rats).

Après une longue dérive vers le nord, le bloc continental australo-papou s'est rapproché de l'Asie, sans qu'une liaison terrestre ait jamais été réalisée. Il a cependant reçu, à des dates échelonnées depuis le Miocène, quelques immigrants placentaires, chauves-souris et rongeurs muridés. Plus tard l'homme est arrivé, et avec lui des animaux introduits, volontairement ou non (chien dingo, rat et souris... et récemment lapin, dont la prolifération catastrophique n'a été freinée que par la myxomatose !).

De la région australo-papoue, quelques marsupiaux ont atteint des îles indonésiennes, jusqu'aux Célèbes et à

Timor (genre *Phalanger*), mais n'ont pas dépassé vers l'ouest la ligne de Wallace. En revanche, celle-ci a été franchie vers l'est par quelques placentaires asiatiques, de sorte qu'on observe aujourd'hui une petite zone insulaire de transition, qui a reçu le nom de Wallacea (Moluques, Célèbes et petites îles de la Sonde). Il convient de noter ici la découverte importante d'un anthracothéridé (placentaire apparenté aux suidés et aux hippopotames) dans l'Éocène de Timor [199], montrant que cette île, pourtant proche de l'Australie, appartient (comme aussi les autres îles de la Sonde et les Célèbes) à la plaque asiatique. De toute façon, les deux régions biogéographiques, orientale et australienne, restent très tranchées, ce qui s'explique parce que leur contiguïté actuelle est en fait très récente, géologiquement parlant. Mais on remarquera que, aussi bien du point de vue zoogéographique que géologique, la ligne de Weber, à l'est des Célèbes et de Timor, est plus significative que celle de Wallace.

Toute cette histoire, qui posait des problèmes insolubles aux anciens biogéographes, concorde remarquablement avec les reconstitutions paléogéographiques modernes et constitue donc pour celles-ci une confirmation éclatante. On observe de plus que la Nouvelle-Zélande, dont les seuls mammifères indigènes sont quelques rares chiroptères, a dû se séparer très tôt de l'Australie, avant que celle-ci ait reçu les fondateurs de sa faune marsupiale, mais après l'arrivée des ancêtres des oiseaux ratites néozélandais (*Dinornis* et *Apteryx*). Il y a là un apport intéressant de la paléobiogéographie sur un point encore controversé dans les milieux géologiques.

## Le continent africain

Séparée des autres continents austraux depuis au moins le Crétacé supérieur, l'Afrique (ou plus précisément le bloc africano-arabe) n'a plus de relations (intermittentes) qu'avec la Laurasie. Malheureusement, l'histoire paléogéographique de la Méditerranée est mal connue, et on n'a pas encore découvert de mammifères africains au Crétacé ni au Paléocène *. Cependant les faunes postérieures indiquent que des échanges ont eu lieu tôt dans le Tertiaire avec l'Eurasie. En effet l'Afrique est certainement le berceau des primates lémuriformes qui arrivent en Europe (adapidés) au début de l'Éocène. Par ailleurs, l'Afrique a reçu vers la même date des carnivores créodontes et des artiodactyles suiformes, et ces groupes endémiques ont certainement des souches communes avec les formes laurasiatiques. Cette communication, non localisée avec certitude, s'interrompt précocement : l'Afrique est déjà isolée à l'Éocène moyen, comme le montrent les faunes récemment découvertes par Sudre en Algérie. L'isolement persiste pendant tout l'Oligocène et même au début du Miocène. De ce fait, des faunes endémiques se sont différenciées : « insectivores » propres (chrysochloridés, potamogalidés, centétidés, macroscélididés), singes et lorisidés, rongeurs particuliers (phiomorphes, anomaluridés, pédétidés), proboscidiens et formes affines, hyracoïdes (damans), peut-être aussi oryctéropes. Nous verrons plus loin que, vers la fin de l'Éocène, l'Afrique a été le point de départ de migrations transatlantiques vers l'Amérique du Sud. A partir du Burdigalien (— 20 millions d'années environ), une connexion se rétablit avec l'Eurasie, où l'on note des arrivées échelonnées de formes africaines (proboscidiens, singes, lorisidés, porcs-épics). En revanche, l'Afrique reçoit des vagues d'immigrants : artiodactyles, périssodactyles, carnivores fissipèdes, rongeurs sciuromorphes et myomorphes, lagomorphes, insectivores (musaraignes et hérissons). Il n'est même pas encore bien établi si certains artiodactyles (les girafes notamment) ne sont pas nés en Afrique à partir d'immigrants plus anciens. La masse même des échanges implique une large connexion continentale, résultat de la collision de l'Afrique contre la plaque eurasiatique (orogenèse alpine).

* Voir p. 14 et notes 21 à 23.

## Histoire biogéographique des singes

Parmi les groupes de souche africaine, les simiiformes (singes + hominidés) méritent une attention spéciale. Leurs caractères anatomiques (membranes fœtales, morphologie de la narine et téguments du nez) et biochimiques, et surtout leur histoire biogéographique montrent que simiiformes et tarsiiformes (le tarsier et ses parents fossiles) sont deux groupes frères, différenciés de part et d'autre de la Téthys. On ne connaît en effet de tarsiiformes, fossiles ou actuels, qu'en Laurasie. En revanche, avant le Miocène, les simiiformes étaient strictement localisés au sud (Afrique et Amérique du Sud).

Les simiiformes du Vieux Monde (catarrhiniens) sont nés en Afrique, mais ne sont pas attestés avant l'Oligocène, faute de gisements adéquats. Toutes leurs familles (y compris les hominidés) s'enracinent en Afrique ; elles pénétreront successivement en Eurasie à partir du Miocène, mais les singes n'atteindront ni Madagascar ni l'Australasie.

C'est chez les singes africains qu'il faut chercher l'origine des singes néotropicaux (les platyrrhiniens). Ceux-ci apparaissent brusquement en Amérique du Sud à l'Oligocène inférieur avec le genre *Branisella* [200]. Platyrrhiniens et catarrhiniens partagent un grand nombre de traits communs, qui justifient leur regroupement zoologique (simiiformes). Mais les platyrrhiniens ont conservé trois prémolaires et n'ont pas acquis de tube auditif ossifié ; sur ces deux points, ils sont moins évolués que les catarrhiniens *actuels*. On en a conclu qu'ils ne pouvaient pas dériver de ceux-ci, ce qui est évident. Mais on sait à présent que les *anciens* singes africains (Oligocène d'Égypte) sont, sur les mêmes critères, très proches des platyrrhiniens ; Gingerich a même fait connaître récemment le pétrosal (ou « rocher ») d'un de ces fossiles égyptiens *(Apidium)*. Bien que très complexe, cet os est étonnamment semblable à celui des formes américaines [201]. Il n'y a donc pas d'arguments anatomiques interdisant une filiation des platyrrhiniens à partir d'une souche africaine. Cette dérivation implique une migration transatlantique, au début de l'Oligocène ou peu avant, grâce à des radeaux naturels (îles flottantes). Une telle traversée, évidemment très aléatoire, était facilitée à l'époque par la moindre largeur de l'océan Atlantique, et aussi par le courant équatorial est-ouest, intensifié grâce à la libre communication avec le Pacifique, entre les deux Amériques. Par la suite, c'est également par radeaux que les platyrrhiniens ont atteint les Antilles (au moins la Jamaïque, où l'on connaît une mandibule subfossile d'un genre particulier, *Xenothrix*). Grâce à l'émersion de Panama, ils colonisent au Quaternaire les terres chaudes de l'Amérique centrale et du Mexique.

Cette histoire s'accorde bien avec les conceptions paléogéographiques modernes. Mais certains se refusent à admettre la possibilité d'une migration transatlantique. Ils préfèrent rechercher en Amérique du Nord une origine des platyrrhiniens, indépendante de celle des catarrhiniens, mais ils se heurtent à des obstacles encore plus grands : pas de souche adéquate ; nécessité d'une accumulation invraisemblable de convergences, pour rendre compte des multiples ressemblances entre les deux groupes de singes ; et, de toute façon, traversée de la barrière marine qui séparait alors les deux Amériques et que le courant équatorial balayait d'est en ouest. Ajoutons que les études sérologiques confirment la parenté entre platyrrhiniens et catarrhiniens ; elles conduisent Sarich [202] à estimer à – 35 à – 40 millions d'années (limite Éocène-Oligocène) l'ancienneté de leur séparation phylogénique, ce qui concorde remarquablement avec celle que nous avons envisagée plus haut ; en revanche, une dérivation à partir de prosimiens laurasiatiques obligerait à remonter beaucoup plus loin dans le temps pour trouver une possible souche commune.

## Les rongeurs hystricognathes : une histoire identique à celle des singes

Les phiomorphes africains (porc-épic, aulacode, bathyergue, etc.) et les caviomorphes américains (cobaye, viscache, chinchilla, mara, agouti, paca, cabiai, coypou, coendou, etc.) ont été regroupés sous le nom de Hystricognathi, d'après la forme de leur mandibule. Leur histoire est étonnamment parallèle à celle des singes platyrrhiniens et catarrhiniens [203]. Il s'agit d'un groupe austral (localisé en Afrique et en Amérique du Sud avant le Miocène), dont le groupe frère (les Sciurognathi, ainsi nommés d'après leur mandibule semblable à celle de l'écureuil) est originellement laurasiatique. Nés et diversifiés en Afrique, les phiomorphes ne pénètrent en Eurasie qu'à partir du Miocène, mais ils n'atteignent pas Madagascar, ni l'Australasie. Vers la fin de l'Éocène, il semble bien que quelques fondateurs ont réussi à franchir l'Atlantique pour donner naissance aux caviomorphes sud-américains (connus et variés dès le début de l'Oligocène). Ceux-ci atteignent les Antilles par mer, probablement au Miocène (douze genres endémiques, actuels ou subfossiles) ; l'émersion de Panama, vers la limite plio-pléistocène, permettra une invasion de l'Amérique centrale et même une pénétration en Amérique du Nord (un cabiai géant, *Neochoerus*, aux États-Unis, et le porc-épic arboricole *Erethizon* jusqu'au Canada).

La parenté entre caviomorphes et phiomorphes est largement prouvée par toute une série de caractères communs, qu'il serait invraisemblable d'interpréter comme des convergences multiples. Plus significatif encore est le fait que, malgré des recherches minutieuses, aucun critère n'a pu être relevé — en dehors de l'habitat — qui permette de distinguer les deux groupes. De plus, certains vers nématodes, parasites des caviomorphes, sont étroitement apparentés à ceux des phiomorphes africains et ont été manifestement amenés d'Afrique en Amérique du Sud par leurs hôtes [203].

En face d'un tel ensemble, il serait téméraire d'exagérer l'importance de la découverte en Laurasie de quelques fossiles à mandibule hystricognathe, fossiles que leurs autres caractères empêchent d'ailleurs de placer dans l'ascendance directe des caviomorphes. Mieux vaut expliquer par des convergences ces cas isolés et admettre que caviomorphes et phiomorphes sont réellement parents. Toute autre interprétation se heurte à des invraisemblances et ne propose aucune solution au problème posé par les parasites.

Il est clair que singes et hystricognathes ont eu la même histoire biogéographique. Ils ont profité des mêmes possibilités de dispersion et ont été arrêtés par les mêmes obstacles biogéographiques. S'agissant de groupes phylogénétiquement indépendants, cette observation apporte de sérieux arguments en faveur d'une paléogéographie mobiliste.

## L'exemple d'un peuplement insulaire : Madagascar

La faune actuelle et subfossile de Madagascar indique clairement un peuplement insulaire et suffirait à démontrer que des animaux terrestres peuvent occasionnellement franchir une importante barrière marine. On n'y compte qu'un petit nombre de groupes mammaliens, dont les quatre principaux ne sont représentés que par des genres endémiques : primates lémuriens (17 genres), insectivores centétidés (9 genres), carnivores viverridés (7 genres) et rongeurs cricétidés (7 genres). Il s'y ajoute des chauves-souris (trois familles, dont une endémique) et quelques immigrants tardifs : un oryctérope, un hippopotame nain, une musaraigne..., enfin l'homme et les animaux introduits. On ne connaît malheureusement pas de fossiles tertiaires. Mais il est clair que la faune moderne dérive d'un petit nombre d'immigrants (fondateurs), arrivés d'Afrique, à des dates échelonnées depuis l'Éocène. Ces quelques rameaux ont acquis un fort endémisme, surtout au niveau générique. Ils forment un ensemble non équilibré, laissant libres de nombreuses niches écologiques. On y observe des absences remarquables, notamment en ce qui concerne les ongulés, dont le seul représentant est l'hippopotame nain, arrivé tardivement et déjà disparu. Ces observations montrent que Madagascar a été isolée au moins depuis le Crétacé supérieur.

La considération des fossiles mésozoïques (reptiles, et spécialement dinosaures) ne s'accorde guère avec un isolement très ancien, comme celui qu'a supposé Tarling. Les cartes de Dietz et Holden, faisant état d'une séparation Afrique-Madagascar au cours du Crétacé, concordent mieux avec les données paléontologiques.

## La plaque indienne : migration d'un subcontinent

Selon les géophysiciens, l'Inde, ancien fragment du Gondwana, était d'abord enfoncée comme un coin entre les deux blocs Afrique-Madagascar et Antarctide-Australie. Elle a ensuite dérivé vers le nord et a finalement embouti l'Asie au Tertiaire, provoquant la surrection de l'Himalaya. Les mammifères fossiles de l'Inde sont peu nombreux avant le Miocène. On ne peut guère citer que le gisement de Ganda Kas (Pakistan Nord), de l'Éocène moyen. Il a livré une faune [204] typiquement laurasiatique, suggérant par conséquent une liaison déjà réalisée avec l'Asie. Cela s'accorde avec les observations géologiques qui mettent en évidence une phase de déformation précédant le dépôt de sédiments éocènes. Mais il y a désaccord avec les hypothèses courantes qui situent beaucoup plus tard la réunion de l'Inde à l'Asie. En fait, il est probable que la collision a débuté à l'Éocène ou même avant, mais des plissements himalayens se sont ensuite succédé, avec un maximum au Miocène.

Il n'en reste pas moins qu'on ne connaît pratiquement rien des faunes mammaliennes (probablement d'affinités africaines) que l'Inde hébergeait avant la collision. A peine peut-on mentionner une dent de l'Éocène pakistanais, attribuée par Lavocat à un phiomorphe primitif, mais non décrite ni figurée, de sorte que toute hypothèse à son sujet serait encore bien fragile. Il y a là un point obscur sur lequel la paléontologie n'apporte guère d'appui aux conceptions mobilistes.

Les faunes prétertiaires de vertébrés indiens posent aussi un problème. Celles du Trias ont un cachet typiquement gondwanien, ce qui concorde avec les schémas paléogéographiques. Mais, pendant le Jurassique et le Crétacé, l'Inde a hébergé des dinosaures variés, qui ne paraissent pas très différents de ceux du reste du monde, et cela s'accorde mal avec la longue traversée solitaire de l'océan Indien qu'on prête généralement à ce subcontinent.

Les données paléontologiques s'opposent à un isolement très précoce ; elles concordent mieux avec les schémas (très divers !) qui envisagent une séparation plus tardive et une rapide dérive vers le nord, au Paléocène notamment [205].

## La paléobiologie, science expérimentale

Dans l'ensemble, la confrontation est satisfaisante, et ses bénéfices sont réciproques. Pour le paléontologiste, elle permet de trouver des réponses à des problèmes qui paraissaient insolubles ; il est clair que l'histoire des faunes terrestres et leur distribution actuelle ne se comprennent que dans l'optique d'une paléogéographie mobiliste. Mais les cartes proposées et la chronologie des déplacements continentaux sont encore trop souvent contradictoires ; la paléontologie apporte des arguments dans les débats et peut orienter les choix. Il reste cependant de grosses lacunes à combler dans notre connaissance des fossiles, notamment en ce qui concerne les mammifères de l'Antarctide, de Madagascar, de l'Inde, et en général pour l'ensemble des continents austraux... Et que dire des autres groupes terrestres, dont la phylogénie est souvent difficile à dégager, et dont les anciennes distributions sont encore plus mal connues ?

L'intérêt de ces recherches n'est pas seulement de retracer les répartitions successives des êtres vivants dans leur cadre géographique mouvant. Elles montrent l'importance du facteur géographique dans l'évolution, à côté des facteurs génétiques et écologiques. Nous venons de voir que la ségrégation géographique, dont le rôle est reconnu dans la spéciation, peut aboutir à la différenciation de groupes de rang élevé (familles, ordres, sous-classes...). La fragmentation du Gondwana et de la Laurasie a fortement influencé et, dans une certaine mesure, commandé l'évolution des mammifères. Sans cet événement paléogéographique, nous ne connaîtrions pas les potentialités évolutives des marsupiaux, des notongulés, des édentés, des lémuriens... et peut-être certains de ces groupes ne seraient-ils pas nés ! Une autre histoire géographique aurait sans doute abouti à un monde vivant très différent, en interdisant le développement de certains groupes, et en permettant celui d'autres rameaux qui ne se sont jamais différenciés.

En fait, chaque continent, chaque île est le cadre d'une « expérience » *unique* d'évolution : peuplement initial ; radiations à des degrés divers, limitées par des groupes concurrents et par le milieu ; réalisation d'équilibres fauniques et rupture de ceux-ci lorsque des échanges interviennent ou que le milieu se modifie... L'étude comparée de l'histoire de ces faunes est enrichissante, comme l'est aussi celle de leurs relations réciproques ou de leurs isolements. C'est ainsi que la paléobiologie peut prétendre être non seulement une science descriptive, mais aussi, à sa manière, une science expérimentale.

POUR EN SAVOIR PLUS

*Opinions classiques (paléogéographie fixiste) :*

Darlington P.J., *Zoogeography,* Willey, 1957.
Simpson G.G., *La Géographie de l'évolution*, Masson, 1969.

*La dérive des continents :*

Dietz R.S. et Holden J.C., « Reconstruction of Pangaea : breakup and dispersion of continents, Permian to present », *J. Geophys. Res., 75*, 1970, p. 4939.
Tarling D.H. et M.P., *La Dérive des continents*, Doin, 1973.

*Conceptions nouvelles (paléogéographie mobiliste) :*

Ciochon R.L. et Chiarelli A.B. (eds), *Evolutionary Biology of the New World Monkeys and Continental Drift*, Plenum Press, 1980.
Hoffstetter R., « Relationships, origins and history of the ceboid monkeys and caviomorph rodents : a modern reinterpretation », *Evol. Biol. 6,* 1972, p. 323.
— « Origine, compréhension et signification des taxons de rang supérieur : quelques enseignements tirés de l'histoire des mammifères », *Ann. Paléont., Vert., 59,* 137, 1973.
— « Phylogeny and geographical deployment of the Primates », *J. Human Evol., 3,* 327, 1974.
Keast A., Erk F.C. et Glass B. (eds), *Evolution, Mammals and Southern Continents,* New York Univ. Press, 1972.
Monod Th. *et al.,* « Biogéographie et liaisons continentales au cours du Mésozoïque » (symposium Monaco, 1972), *Mem. Mus. Nat. Hist. Nat.* (numéro spécial), A., Zool., *88*, 1975.
Tarling D.H. et Runcorn K.S. (eds), *Implications of Continental Drift to Earth Sciences*, 2 vol., Academic Press, 1973.

*La Recherche*, février 1976

# *Les premiers hominidés*

# 13. Les australopithèques

*Tim D. White*

De nos jours, la fin de la saison sèche dans la plaine africaine de Serengeti en Tanzanie est annoncée par quelques pluies éparses. Il y a près de 4 millions d'années, par suite de l'éruption d'un volcan tout proche, les pluies s'accompagnèrent de fines cendres volcaniques, lesquelles recouvrirent la savane. Parmi les centaines d'animaux qui imprimèrent leurs traces dans cette cendre figurait le plus primitif des membres de la famille humaine, une forme d'australopithèque. Ses empreintes fossilisées, découvertes en 1978 sur le site de Laetoli, sont parmi les plus anciens documents que nous ayons sur nos origines.

Plus au nord, la grande vallée du Rift s'élargit pour former le triangle de l'Afar éthiopien. Cette région, qui aujourd'hui n'est qu'un désert, grouillait il y a 3,5 millions d'années d'une intense vie animale. Près de ses lacs et rivières, prospéraient alors les ancêtres et les cousins des animaux qui peuplent actuellement le continent. Là vivaient et mouraient également d'autres australopithèques, d'autres ancêtres de l'homme. L'un d'entre eux, un adulte femelle connu sous le nom de « Lucy », fut enterré et fossilisé dans le lit d'une très ancienne rivière, et son squelette fut découvert en 1974 sur le site de Hadar.

Les australopithèques de Hadar et de Laetoli constituent en fait les plus abondants et complets des fossiles humains âgés de plus de 3 millions d'années. Mais quel lien pouvait-il exister entre ces deux populations séparées par quelque 1 750 kilomètres ? L'ensemble des études effectuées sur le terrain et en laboratoire depuis plusieurs années permettent aujourd'hui de considérer ces vestiges humains comme appartenant à une seule et même espèce appelée

*Australopithecus afarensis.* Véritable homme-singe, cet australopithèque associe de façon surprenante des traits primitifs et simiens avec l'acquisition d'une locomotion bipède telle que celle qui caractérise l'espèce humaine. C'est en fait le plus ancien maillon connu de la chaîne évolutive qui devait aboutir à l'homme actuel ou *Homo sapiens.* Sa découverte a considérablement enrichi nos connaissances sur les origines de l'homme *(fig. 1).*

Pour comprendre l'importance de ce nouveau maillon dans la lignée humaine, revenons tout d'abord aux premières recherches sur nos ancêtres. Il faut savoir qu'au siècle dernier, à l'époque où les restes humains étaient très rares, donc difficiles à interpréter, pratiquement chaque fossile nouvellement découvert était interprété comme *le* « chaînon manquant ». C'est en Europe notamment qu'ont été mis au jour, en 1848, puis en 1856, les premiers vestiges humains appelés néandertaliens. Par la suite, d'autres néandertaliens furent découverts parmi les ossements d'animaux disparus. On les considéra d'abord comme des « anomalies », puis comme les ancêtres directs de l'homme moderne, avant de les accepter comme les représentants d'une branche primitive mais disparue de l'arbre généalogique humain [206].

## A la recherche d'un chaînon manquant

Lorsque le paléontologue hollandais Eugène Dubois découvrit en 1898 à Java un crâne plus ancien que celui du néandertalien, la communauté scientifique fut divisée. Certains le baptisèrent singe et d'autres virent en lui une sorte de chaînon manquant, d'ancêtre de l'homme. Les découvertes ultérieures faites en Chine, en Europe et en Afrique vinrent confirmer qu'il s'agissait bien de l'un de nos ancêtres, *Homo erectus.* Aujourd'hui, on sait qu'il représente l'avant-dernier stade évolutif du genre *Homo,* celui qui précède l'apparition d'*Homo sapiens.*

Un parent encore plus ancien fut découvert en 1924

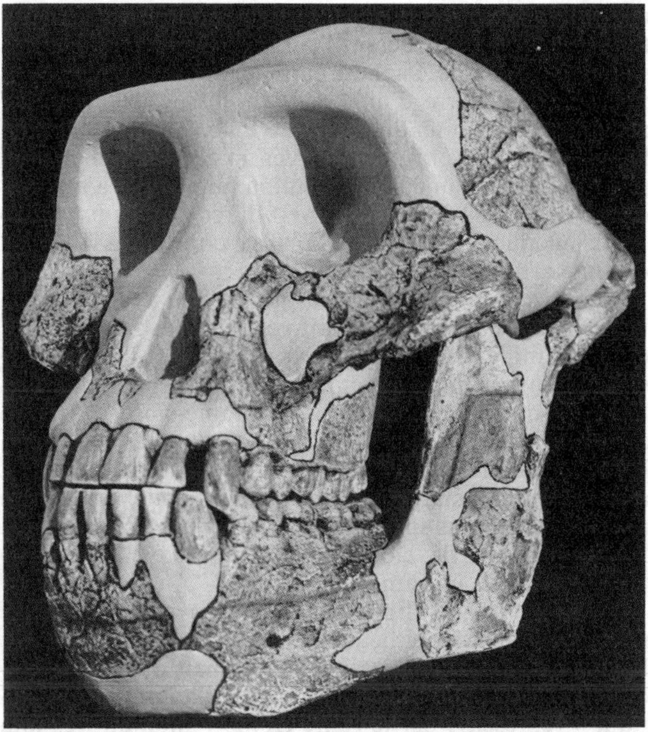

*Fig. 1.* Ce crâne reconstitué est celui du plus primitif des représentants de la famille humaine (hominidé) que l'on connaisse. Il s'agit d'un mâle adulte âgé de plus de 3,5 millions d'années. Sa découverte sur le site de Hadar, en Éthiopie, a nécessité la dénomination d'une nouvelle espèce d'hominidé, *Australopithecus afarensis*, et a considérablement modifié notre connaissance du schéma évolutif de l'espèce humaine. (Cliché T. White.)

lorsque le professeur Raymond Dart mit au jour un crâne d'enfant dans la grotte de Taung, en Afrique du Sud. Malgré le faible volume du cerveau, Dart classa son fossile dans la lignée humaine et lui donna pour la première fois le nom d'australopithèque, *Australopithecus africanus.* La réaction de l'*establishment* scientifique fut largement négative, beaucoup considérant l'australopithèque comme un simple singe fossile. La thèse parut confirmée par la découverte en Angleterre d'un fossile, le fossile de Piltdown, alliant la mâchoire du singe et la boîte crânienne de l'homme, ce qui semblait indiquer un développement très précoce du cerveau dans l'évolution humaine. La mystification autour de ce fossile devait durer jusqu'aux années 1950, époque à laquelle on réalisa qu'il s'agissait d'un « faux » artificiellement reconstitué.

D'autres découvertes en Afrique du Sud avaient entretemps permis de ranger définitivement l'australopithèque dans la famille de l'homme. Robert Broom et John Robinson avaient rassemblé une importante collection de fossiles représentant deux espèces d'homme-singe d'Afrique australe : *Australopithecus africanus,* qui constitue l'espèce la plus courante et la plus ancienne, était généralement accepté comme étant un ancêtre de l'homme, tandis que son « cousin » plus spécialisé, *Australopithecus robustus*, à la mâchoire plus développée, était considéré par les scientifiques comme un rameau disparu.

Alors que Dart, Broom et Robinson s'efforçaient de replacer les australopithèques dans l'arbre généalogique de l'homme, le Dr Louis Leakey recherchait dans l'Est africain les preuves du contraire. Pour lui, l'homme « authentique » représenté par le genre *Homo* remontait très loin dans le temps et l'australopithèque n'était qu'un rameau mort. A plusieurs reprises, les affirmations de Leakey se trouvèrent contredites, mais il persévéra. En 1959, sa patience sembla être récompensée. C'est l'année où Mary Leakey découvrit un crâne fossile dans les couches inférieures de la fameuse gorge d'Olduvai en Tanzanie. Cette fois encore, Leakey affirma avoir mis la main sur l'homme « authentique », mais la communauté scientifique unanime reconnut dans cette découverte un représentant septentrional de l'*Australopithecus robustus*, appelé *Australopithecus boisei*.

Parallèlement, de nouvelles découvertes, faites dans le fond de la gorge d'Olduvai, allaient permettre d'identifier la plus primitive de toutes les espèces d'*Homo, Homo* *habilis*. Dans les mêmes niveaux de la gorge étaient découverts de grossiers outils en pierre. Utilisant pour la première fois la toute nouvelle technique de la datation au potassium-argon *, on parvint à fixer de manière absolue l'âge des outils et de deux espèces contemporaines d'hominidés, *A. boisei* et *H. habilis*, à environ 1,8 million d'années.

Durant les années 1960, l'étude des toutes premières phases de l'évolution humaine fut centrée sur la vallée du Rift de l'Est africain *(fig. 2)*. Les passionnantes découvertes d'Olduvai furent suivies par d'autres dans la basse vallée de l'Omo, en Éthiopie. Une première expédition française conduite dans cette région en 1933 par le regretté Camille Arambourg n'avait réussi à trouver que des fossiles animaux. En 1967, une expédition franco-américano-kenyane revint sur les bords de l'Omo et y travailla plusieurs saisons. Yves Coppens avait succédé à Arambourg à la tête de l'équipe française. L'expédition, conduite par le Dr Clarck Howell, devait hausser le niveau de la recherche paléoanthropologique en faisant appel à des spécialistes de nombreuses disciplines. Les chercheurs purent établir une solide chronologie de l'évolution de la faune en Afrique et mettre au jour d'importants spécimens d'hominidés bien datés. L'un des chefs d'équipe de l'expédition, Richard Leakey, retrouva un très riche gisement situé sur la rive est du lac Turkana (ou lac Rodolphe) au Kenya. Les fouilles qu'il mena sur son site de Koobi-Fora livrèrent une importante collection de vertébrés fossiles, dont de nombreux hominidés.

Grâce aux fouilles d'Olduvai, de Koobi-Fora et de l'Omo, on finit par posséder vers le milieu des années 1970 une bonne documentation sur l'évolution des hominidés au cours du Pléistocène inférieur — période qui commence il y a quelque 2 millions d'années. Les scientifiques parvinrent à la conclusion qu'à cette époque l'Afrique était

* La méthode de datation par le potassium-argon (K/Ar) est fondée sur la transformation de l'isotope radioactif du potassium $^{40}K$ en argon, gaz non radioactif et inerte. Cette méthode s'applique essentiellement aux roches les plus anciennes (la limite fiable la plus basse est d'environ 250 000 ans).

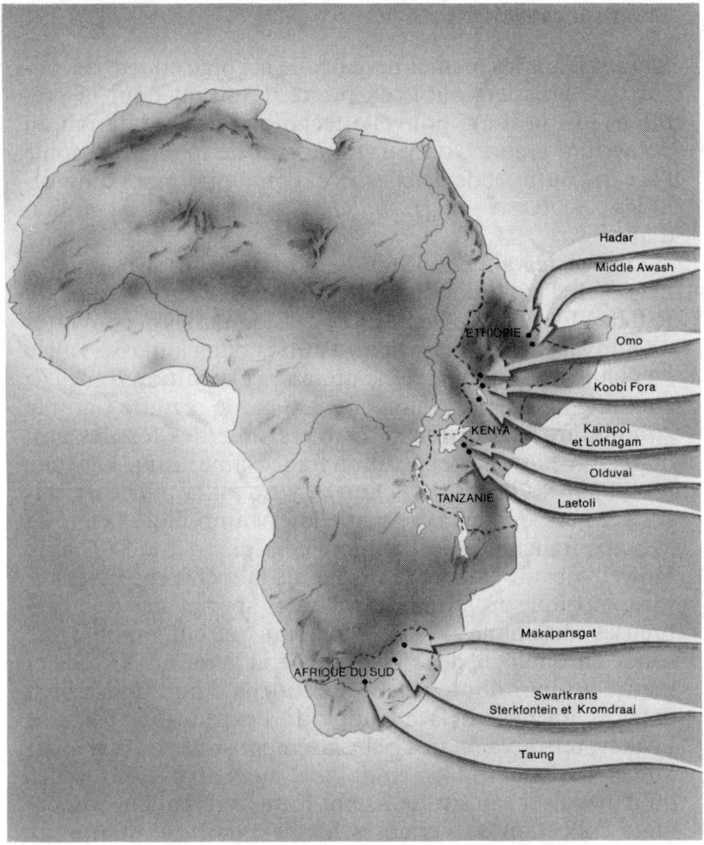


*Fig. 2.* C'est en Afrique que se trouvent les principaux sites paléontologiques ayant livré des restes d'hominidés primitifs. En Afrique du Sud, on ne connaît jusqu'à présent que deux espèces d'Australopithèque, *Australopithecus africanus* et *Australopithecus robustus,* cette dernière étant plus spécialisée que la première. Elles sont âgées de 1,5 à 2,8 MA et sont considérées comme les « cousins » primitifs de l'homme appartenant à une lignée disparue. Les sites d'Olduvai (Tanzanie), de Koobi-Fora (Kenya) et d'Omo (Éthiopie) ont permis de découvrir les restes d'*Homo habilis,* le plus ancien représentant de notre genre *Homo*, et ceux d'*Australopithecus boisei* (très proche d'*A. robustus*). Leur présence dans l'Est africain montre que différentes espèces d'hominidés vivaient en même temps, il y a environ 1,8 MA. Les plus anciens hominidés furent découverts sur les sites de Hadar, en Éthiopie, et de Laetoli, en Tanzanie, et tout récemment à Middle Awash, en Éthiopie. Ces fossiles datent d'environ 3,5 à 4 MA et appartiennent à une seule et même espèce, celle d'*Australopithecus afarensis*. Il paraît tout désigné pour être l'ancêtre commun des autres Australopithèques et de la lignée conduisant à l'homme moderne.

habitée par des ancêtres de l'homme du type *Homo habilis,* et que l'espèce se partageait le monde avec son « cousin » spécialisé et végétarien, le robuste *Australopithecus boisei.* Bien des questions, pourtant, restaient sans réponse. Lequel de ces hominidés était le fabricant des outils de pierre retrouvés à Olduvai et à Koobi-Fora ? D'où venaient ces deux espèces ? Quel était leur ancêtre commun et quand celui-ci avait-il vécu ? Les réponses à ces questions, ainsi qu'à beaucoup d'autres qui leur sont liées, ne pourraient venir, comprenait-on, que de nouvelles découvertes. A cet égard, les gisements les plus anciens – ceux du Pliocène (2,5 à 5,5 millions d'années) – se sont révélés, comme nous allons le voir, particulièrement importants.

## Les découvertes de Hadar...

Jusqu'à présent, les roches du Pliocène n'avaient livré que quelques minces indices. En 1935, Louis Leakey découvrait dans les couches pliocènes de Tanzanie une canine d'hominidé, qu'il attribua à un singe. En 1939, une expédition allemande sur le même site mettait au jour un fragment de maxillaire d'hominidé qui suscita des controverses mais ne fit guère avancer les choses. Les sites kenyans de Lothagam, Kanapoï, Lukeino et Ngorora n'ont jusqu'à présent livré en tout et pour tout que deux dents, un petit fragment de mandibule et environ un sixième d'humérus. Maigre bilan que cela sur nos ancêtres d'il y a plus de 3 millions d'années.

Tandis que les fouilles de Koobi-Fora et de l'Omo permettaient d'éclairer l'arbre généalogique humain au Pléistocène, le géologue français Maurice Taieb explorait patiemment le grand Rift dans le Nord-Est éthiopien. C'est là que, au plus profond de l'Afar, Taieb découvrit le site de Hadar. Il invita l'anthropologue américain Donald Johanson à constituer avec lui l'expédition internationale de l'Afar. Taieb et Johanson comprirent très vite l'importance du site. La présence d'ossements fossiles de porcs, de chevaux, d'éléphants et autres animaux indiquait une ancienneté d'au moins 3 millions d'années. Cette première estimation biostratigraphique devait se trouver confirmée par la datation radiométrique des roches volcaniques : 3 600 000 ans. La mise au jour à Hadar entre 1973 et 1977 de divers hominidés fossiles allait faire de ce gisement l'un des plus anciens et des plus riches du monde.

La découverte par Johanson en 1973 à Hadar d'une articulation entière de genou d'hominidé semblait indiquer une acquisition très ancienne de la bipédie (marche bipède). Cette découverte a été suivie en 1974 par celle de Lucy, un squelette presque complet d'hominidé femelle adulte. En 1975, la découverte sans précédent sur le site Hadar 333 d'un grand nombre d'hominidés fossiles — au moins treize individus — livrait aux anthropologues une masse d'informations nouvelles. Toutes les régions anatomiques du corps y étaient représentées. Dans la plupart des cas, les mêmes parties du squelette se retrouvaient chez plusieurs individus d'âge et de sexe différents, ce qui permettait pour la première fois aux anthropologues d'étudier les schémas de croissance, les différences sexuelles et les variations individuelles à l'intérieur d'un même groupe de très anciens hominidés.

## ... et celles de Laetoli

Tandis que Johanson et Taieb mettaient au jour à Hadar les restes fossilisés de Lucy et d'autres hominidés, plusieurs chercheurs fouillaient les roches pliocènes situées juste au sud de la gorge d'Olduvai, en Tanzanie. Le site de Laetoli était connu depuis les années trente, mais son importance réelle ne fut admise qu'entre 1975 et 1978, lorsqu'y furent découverts les restes épars de plus de vingt spécimens d'hominidés. Ces fossiles étaient moins abondants que ceux de Hadar, mais d'âge géologique voisin : 3,6 à 3,8 millions d'années. Les vertébrés fossiles de Laetoli, hominidés compris, sont extrêmement fragmentaires et ne consistent souvent qu'en quelques dents isolées. Cela s'explique par le fait que les conditions du Pliocène à Laetoli n'étaient pas aussi favorables que celles de Hadar à la conservation des squelettes : les ossements ici sont restés plus longtemps sur le sol avant d'être enfouis et ont par conséquent été davantage exposés aux crocs des hyènes et au piétinement des troupeaux sauvages. Contrairement à Hadar, Laetoli ne restera pas dans l'histoire de la paléontologie comme un gisement d'ossements pliocènes bien conservés. Son intérêt : avoir conservé, grâce à un ensemble exceptionnel de conditions géologiques, d'importantes traces d'une très ancienne occupation par des hominidés.

En effet, le volcan Sadiman, actuellement en sommeil, se dresse à l'extrémité est de la plaine de Serengeti, à deux pas de Laetoli. C'est l'éruption de ce volcan qui explique l'accumulation, sous l'effet du vent, de ces épaisses couches de cendre pliocène qui devaient constituer des gisements porteurs d'hominidés fossiles. Au cours d'une de ses phases d'éruption, le volcan recouvrit le paysage d'environ 20 centimètres de fine cendre d'une consistance voisine de celle du sable mouillé. Cette cendre, que les géologues appellent carbonatite, a conservé les empreintes de la végétation qu'elle recouvrit. Mais elle a également gardé les traces de tous les êtres qui l'ont foulée. En séchant, puis en se durcissant, elle a préservé pour nous les traces de toutes sortes d'animaux, depuis le mille-pattes jusqu'à l'éléphant. En fixant ainsi, il y a quelque 3,8 millions d'années, un instant de l'histoire naturelle de la région, la cendre volcanique de Laetoli a rendu aux paléontologues un immense service.

Au cours de la campagne de fouilles 1978, le géochimiste Paul Abell découvrait dans le tuf de Laetoli les traces d'un hominidé. Les fouilles de 1978 et 1979 révélaient les traces de trois hominidés aux empreintes proches de celles de l'homme. A la différence de celles des animaux proches de l'homme (le chimpanzé, par exemple), les empreintes de Laetoli révèlent un puissant coup de talon, une voûte plantaire bien développée et un gros orteil aligné sur les autres doigts de pied. Autre caractéristique très proche de l'homme : la disposition même des empreintes. Ces découvertes sont d'une énorme importance anthropologique : les empreintes des hominidés de Laetoli constituent non seulement les plus anciennes traces connues d'un ancêtre de l'homme sur la planète, mais aussi le plus ancien « document » que nous ayons du mode de locomotion propre à l'homme : la marche bipède.

## Une ou deux espèces ?

Les empreintes d'hominidés fossiles et les fragments de squelettes du Pliocène découverts à Hadar et à Laetoli dans les années soixante-dix sont parmi les plus anciens documents dont nous disposions sur les origines de l'homme. Le Dr M.D. Leakey me demanda en 1975 d'examiner les fossiles d'hominidés découverts à Laetoli [207]. En décembre de la même année, je rencontrai le Dr Donald Johanson. Il venait d'apporter quelques-unes des récentes trouvailles de Hadar au Musée national du Kenya à Nairobi afin de procéder à une étude comparée. Johanson et moi-même fûmes immédiatement frappés par de fortes ressemblances entre les fossiles pliocènes d'Éthiopie et ceux de Laetoli en Tanzanie. A la suite de nos observations préliminaires, Johanson et moi avons effectué quatre ans durant une analyse exhaustive des fossiles. But de l'opération : replacer ces nouveaux fossiles dans l'histoire évolutive de l'homme et en déduire les implications quant à nos origines.

La première tâche de notre équipe fut de déterminer avec précision les rapports existant entre les hominidés de Laetoli et ceux de Hadar. Chacune des deux collections présentait d'importantes variations de taille. Nous avons analysé les deux séparément, nous demandant combien d'espèces figuraient dans chaque. Les spécimens les plus petits, tels le maxillaire adulte de Laetoli ou la Lucy de Hadar, représentaient-ils une espèce biologique distincte des individus les plus grands découverts sur les deux sites ? Pour répondre à ce genre de question, les paléontologues ont recours à des analogues actuels : de l'examen des proches parents actuels des fossiles en question, on peut déduire l'amplitude des variations possibles dans les espèces connues seulement par leurs fossiles. Dans notre étude des hominidés du Pliocène, Johanson et moi-même nous sommes donc référés aux espèces actuelles, telles que les grands singes d'Afrique (chimpanzé, gorille) et d'Asie (orang-outan) et l'homme. Nous nous sommes ainsi aperçus que les variations de taille observées sur l'ensemble des fossiles en provenance de Hadar et de Laetoli traduisent une différence entre sexes. Cette différence est plus marquée que chez l'homme ou le chimpanzé actuels, mais moindre cependant que chez le gorille ou le babouin. Ainsi, la faible stature de Lucy s'expliquerait-elle par un fort dimorphisme sexuel des premiers hominidés *(fig. 4)*.

Toutefois, les fossiles de Hadar et ceux de Laetoli accusaient certaines différences de *forme*. Était-ce le signe de deux espèces différentes ? Ainsi, chez certains individus, la troisième prémolaire inférieure possédait deux cuspides tandis que chez d'autres, dont Lucy, elle n'en présentait qu'une. Nous avons relevé la même variation chez les chimpanzés actuels. Certains chercheurs ont d'autre part attiré l'attention sur la forme de la mandibule de Lucy : celle-ci paraîtrait plus nettement en V que certaines mâchoires plus grandes. A ce problème, nous avons trouvé une réponse en examinant une série de mâchoires de singes : les femelles ont des canines et des incisives relativement plus petites que les mâles. Par conséquent, la partie antérieure de l'arcade dentaire est souvent plus étroite chez le singe femelle que chez le mâle. Là encore, les différences entre spécimens sont sans doute dues au sexe. C'est ce qui est d'ailleurs ressorti pour tous les autres éléments squelettiques que nous avons pu tester, crâniens et postcrâniens. Notre conclusion, après comparaisons méthodiques avec toute une série d'espèces actuelles : les fossiles récoltés à Hadar et à Laetoli appartiennent bien à une seule et même espèce *(fig. 3)*.

L'analyse biostratigraphique, fondée sur l'étude des fos-

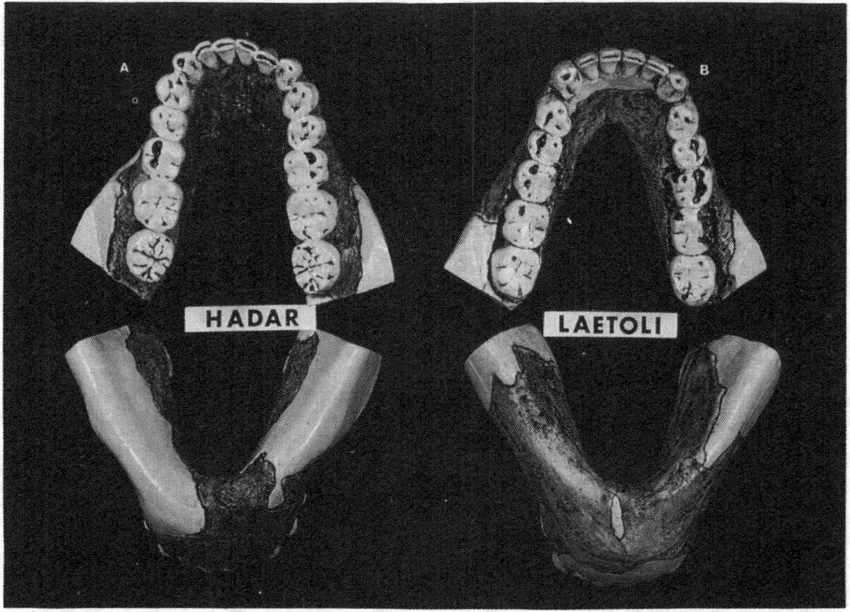


*Fig. 3.* Bien que les gisements de Hadar, en Éthiopie, et de Laetoli, en Tanzanie, soient distants de plus de 1 600 kilomètres, les fossiles recueillis sur les deux sites sont morphologiquement très proches. En témoigne la comparaison *(à droite ci-dessus)* entre les mâchoires inférieures les plus complètes retrouvées à Hadar *(A)* et à Laetoli *(B)* qui montre une grande similitude. C'est pourquoi, après comparaison minutieuse des ossements trouvés sur l'un et l'autre site, les fossiles de Hadar et ceux de Laetoli ont été attribués à une seule et même espèce primitive d'hominidé, *Australopithecus afarensis.* (Cliché T. White.)

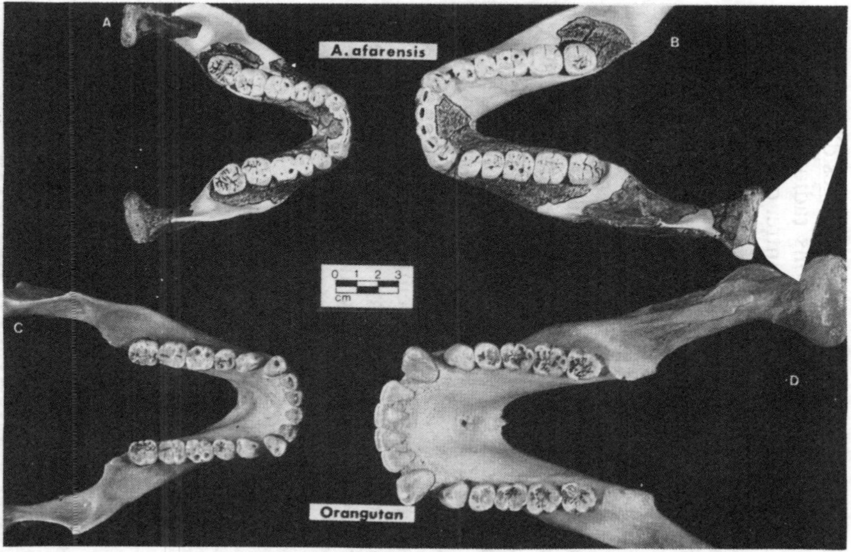


*Fig. 4.* Une comparaison *(à droite ci-contre)* des fossiles de Hadar et de Laetoli avec des grands singes actuels nous a permis d'expliquer les différences de taille et de forme observées entre les hominidés des deux sites. On peut voir en haut les mâchoires femelle *(A)* et mâle *(B)* d'*Australopithecus afarensis* [la mâchoire de Lucy se trouve en *(A)*] ; en bas, les mâchoires femelle *(C)* et mâle *(D)* d'un grand singe actuel, l'orang-outan. On remarquera que la différence de taille est à peu près la même dans les deux cas. Cette différence entre individus mâles et femelles indique que nos lointains ancêtres présentaient un dimorphisme sexuel analogue à celui des grands singes actuels. On notera également que les mâchoires femelles sont non seulement plus petites, mais aussi *relativement* plus petites dans la région des canines et des incisives. D'où la légère différence de forme des mandibules femelles. (Cliché T. White.)

siles d'animaux retrouvés parmi les vestiges d'hominidés, et sa confirmation par les datations radiométriques (au potassium-argon) ont permis de montrer que les gisements de Hadar et de Laetoli sont du même âge, environ 3,6 millions d'années. Ces deux gisements sont, nous l'avons vu, géographiquement distants de 1 750 kilomètres environ. Les informations paléoécologiques obtenues à l'examen de la microfaune vertébrée (par le Dr J.J. Jaeger à l'université de Paris) et des restes paléobotaniques (par le Dr R. Bonnefille au Laboratoire de géologie quaternaire de Marseille) donnent à penser que l'environnement pliocène de Laetoli était constitué par un plateau de savane sèche, alors que les hominidés de Hadar habitaient un milieu plus arboré et plus humide au voisinage des grandes rivières et des lacs. Mais les différences géographiques et paléoécologiques entre Hadar et Laetoli n'empêchent pas les hominidés fossiles de ces deux gisements d'avoir pratiquement la même anatomie, d'où notre conclusion sur l'existence d'une seule et même espèce. Restait à replacer cette espèce dans l'arbre évolutif.

## 3,6 millions d'années : déjà la marche bipède

Une analyse minutieuse des restes squelettiques de Lucy et de ses semblables découverts à Hadar et à Laetoli devait révéler aux spécialistes de biomécanique et d'orthopédie de notre équipe de recherche que ces êtres étaient capables du même type de locomotion bipède que l'homme actuel. Le Dr C.O. Lovejoy et ses collaborateurs de l'université de Case Western Reserve, Ohio, par exemple, ont analysé les articulations de genou dégagées à Hadar sur les sites 129 et 333. Ils ont relevé entre le genou du singe (quadrupède) et celui de l'homme (bipède) trois grandes différences morphologiques à valeur fonctionnelle. Chez l'homme, les os de la cuisse et de la jambe (fémur et tibia) forment un angle au niveau du genou ; chez le singe, ces os sont alignés verticalement. Le fémur humain comporte une crête qui empêche la rotule de se déboîter sur le côté pendant la marche ; le genou du singe ne possède pas cette partie saillante. Enfin, une vue latérale du fémur humain révèle à la jointure du genou un profil elliptique ; le fémur du singe, lui, présente un profil circulaire. Ce sont ces détails de l'anatomie osseuse qui expliquent que la marche et la station bipède soient plus aisées pour l'homme que pour le singe. Or, lorsqu'on examine ces points sur les ossements provenant de Hadar, on s'aperçoit qu'ils présentent dans tous les cas les caractéristiques de l'espèce humaine. Conclusion de Lovejoy : les hominidés de Hadar se tenaient debout, marchaient et couraient avec autant de facilité que l'homme actuel. Conclusion qui devait se trouver confirmée avec éclat par l'étude des empreintes de pas relevées à Laetoli. C'était la preuve formelle que le passage à la marche bipède était déjà achevé il y a 3,6 millions d'années.

C'était aussi la preuve que les fossiles pliocènes appartenaient bien à la famille zoologique de l'homme, c'est-à-dire aux hominidés *(fig. 5).* Fallait-il pour autant en conclure qu'ils appartenaient au genre *Homo* ? Ce dernier, rappelons-le, comprend l'espèce humaine actuelle et deux espèces fossiles, *Homo erectus* (ancêtre évolutif d'*Homo sapiens*) et *Homo habilis* (le plus ancien et le plus primitif du genre). Au début, on a pensé que oui, mais les nouveaux ossements découverts à Hadar ont permis d'établir avec certitude que ces premiers hominidés du Pliocène ne possédaient ni le développement crânien ni le génie technologique qui caractérisent avant tout le genre *Homo.* Ranger dans ce dernier un hominidé tel que Lucy, mesurant environ 1 mètre de haut, pesant 25 kilos, doté d'un cerveau aussi peu développé que celui d'un chimpanzé et de molaires plus grandes que celles de l'homme, serait vraiment défier toutes les classifications établies.

Johanson et moi-même allions bientôt nous rendre compte que les fossiles de Hadar et de Laetoli pouvaient se rattacher à un autre genre d'hominidé, connu, lui, depuis 1924 : l'australopithèque. A l'instar d'*Homo*, le genre australopithèque comprend plusieurs espèces. Toutes sont parfaitement adaptées à la marche bipède et se caractéri-

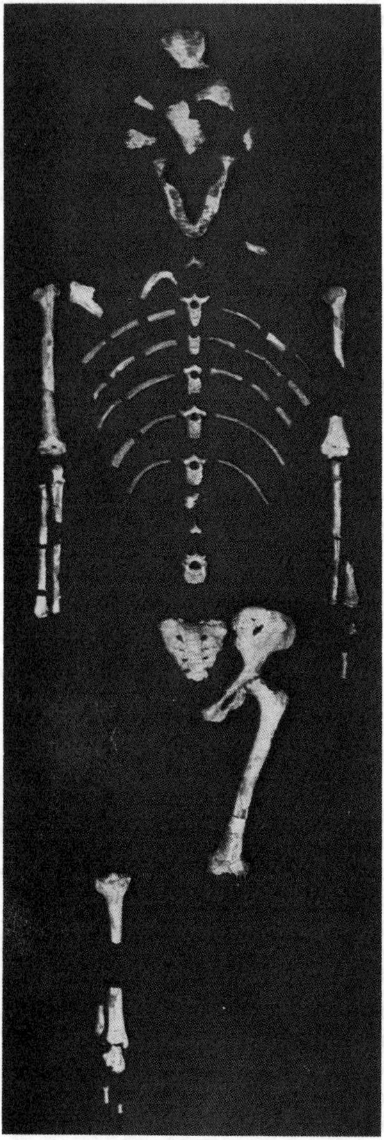

*Fig. 5.* Le squelette de femelle adulte découvert à Hadar et baptisé Lucy — d'après la chanson des Beatles — est le plus ancien et le plus complet des hominidés fossiles connus. Comparée au squelette de l'homme et de chimpanzé, Lucy présente des caractères composites. Semblable à l'homme par le palais, le genou et la cheville, elle a un crâne et une denture proches de ceux du chimpanzé, ce qui prouve que le phénomène d'adaptation fondamental chez l'hominidé a été, il y a plus de 3,5 millions d'années, la marche bipède et non le développement du cerveau. Notons que ces premiers hominidés ne disposaient pas d'outils de pierre. Autrement dit, ces lointains ancêtres ne possédaient ni le développement crânien ni le génie technologique des premiers représentants du genre *Homo.* (Cliché de Lucy par D.C. Johanson.)

sent par un petit cerveau, de capacité en moyenne trois fois moindre que celle du cerveau de l'homme actuel. C'est pourquoi on distingue les différentes espèces d'australopithèque par leurs dents, leurs mâchoires et leur crâne. Les deux espèces robustes, *Australopithecus robustus* et *Australopithecus boisei*, sont les plus spécialisées, la première venant d'Afrique du Sud, la seconde découverte en Tanzanie, au Kenya et en Éthiopie. Leurs dents de devant sont petites par rapport aux autres, leurs molaires et prémolaires étant fortement développées au point de former de véritables plaques à broyer les aliments. Les énormes racines de ces dents plongent dans de profondes et épaisses mâchoires. La structure crânienne des espèces *A. robustus et A. boisei* révèle l'influence de puissants muscles masticateurs : une crête osseuse située à l'avant domine la ligne médiane du crâne et assure l'ancrage de puissants muscles temporaux chargés de lever le maxillaire inférieur pendant la mastication. Les pommettes de ces espèces robustes d'australopithèque sont situées très en avant, ce qui permet au masséter, autre puissant muscle élévateur du maxillaire, d'appliquer sur les dents le maximum de force. Il en résulte un squelette facial très large mais également très plat, avec une ouverture nasale enfoncée au centre d'une face concave.

Ces adaptations dentaires et osseuses se retrouvent, beaucoup moins marquées, chez la troisième espèce d'australopithèque, *A. africanus*. Jusqu'à la découverte des fossiles plus anciens de Hadar et de Laetoli, la plupart des spécialistes considéraient *A. africanus* comme l'ancêtre à la fois des espèces spécialisées décrites plus haut et du genre *Homo* auquel appartient l'homme. Mais lorsqu'on le compare avec les fossiles plus anciens récemment découverts, il devient évident que *A. africanus* (identifié uniquement pour l'instant en Afrique du Sud) représente la phase initiale des spécialisations crânienne et dentaire observées sur les australopithèques *robustus* et *boisei*. Ainsi, tant par l'ancienneté (2 à 3 millions d'années) que par la morphologie (importance de la denture postcanine, robustesse de la face et des maxillaires), *A. africanus* paraît tout désigné pour être l'ancêtre des australopithèques robustes.

## Un véritable homme-singe

Un examen approfondi de Lucy et de tous les autres spécimens découverts à Hadar et à Laetoli nous amena inévitablement à la conclusion que ces vestiges appartenaient effectivement au genre australopithèque. Comme les autres membres du genre, ils se caractérisent par la bipédie, un cerveau de faible capacité et des dents et des mâchoires très développées. Mais à mesure que progressait notre analyse, Johanson et moi-même parvînmes à identifier toute une série de traits morphologiques différents de ceux relevés chez les autres australopithèques. Il s'agissait dans tous les cas de traits plus simiens, plus archaïques, plus primitifs, bien en accord avec la plus grande ancienneté géologique des fossiles de Hadar et de Laetoli. Par exemple, le palais long, étroit et peu profond recueilli à Hadar (A.L. 200-1) contrastait avec les arcades dentaires paraboliques propres aux autres formes d'australopithèque ainsi qu'au genre *Homo.* Il était en fait intermédiaire entre les palais de ces hominidés et ceux des grands singes. Les incisives des fossiles de Laetoli et de Hadar étaient plus grandes que celles des autres australopithèques et semblables à celles des chimpanzés. Autre caractère simien inconnu chez les autres hominidés : l'écart entre les dents (diastème) observé sur bien des dentures de Hadar et de Laetoli. Quant à l'usure des canines, elle était nettement du type courant chez les pongidés (grands singes), au lieu de l'émoussement caractéristique des autres hominidés. Les troisièmes prémolaires supérieures et inférieures présentaient des formes asymétriques, intermédiaires entre celles du chimpanzé et celles des autres hominidés connus. D'autre part, les mandibules étaient creusées sur le côté, caractère que l'on retrouve chez les singes, tant actuels que fossiles, mais jamais aussi marqué chez les autres espèces d'australopithèque ou d'*Homo (fig. 6).*

En poussant encore l'analyse crânienne et dentaire de

ces « nouveaux » fossiles, nous avons fini par voir se dégager un tableau précis : celui d'un être dont le crâne était plus proche de celui du chimpanzé que n'importe quel autre hominidé connu. Sa face était fortement saillante ; ses muscles temporaux étaient très développés dans leur partie postérieure, au point de former de véritables crêtes à l'arrière du crâne, où ils contrariaient l'action des muscles du cou ; la boîte crânienne était petite (l'un des spécimens femelles de Hadar ayant même une capacité crânienne inférieure à la moyenne des chimpanzés) ; l'articulation de la mâchoire, plate et ouverte à l'avant, ainsi que les structures de la base du crâne étaient toutes de type simien, très proches de celles du chimpanzé ou du gorille.

Ces nombreux caractères simiens ou primitifs ne se retrouvaient pas dans les autres espèces du genre australopithèque. Il était donc clair pour nous que nous avions affaire à une nouvelle espèce d'australopithèque et que nous devions lui trouver un nom : *Australopithecus afarensis* [208].

*Australopithecus afarensis* est donc un hominidé primitif, au cerveau peu développé, sexuellement dimorphe, géographiquement et écologiquement très répandu, à qui faisait défaut apparemment la technologie de l'outil de pierre. La découverte de ce très lointain ancêtre des hominidés nous a amenés à réviser la conception que nous avions de l'arbre généalogique de l'homme [209]. Elle a permis d'établir entre *A. africanus* et *A. robustus* + *A. boisei* une relation morphologique du type ancêtre-descendant. C'est une lignée qui présente une nette spécialisation masticatrice. Et c'est une lignée qui a fini par s'éteindre. La seconde lignée des hominidés, celle qui a abouti à *Homo sapiens*, s'est caractérisée par la réduction progressive de l'appareil dentaire et facial et la gracilisation. Le développement des capacités crâniennes propre à cette lignée révèle d'autre part son immersion croissante dans une culture matérielle et sociale.

Rien dans notre analyse des hominidés de Hadar et de Laetoli ne permet d'affirmer qu'*Australopithecus afarensis* n'a pas été l'ancêtre de l'une ou l'autre de ces deux lignées. Au contraire, *A. afarensis* représente une espèce

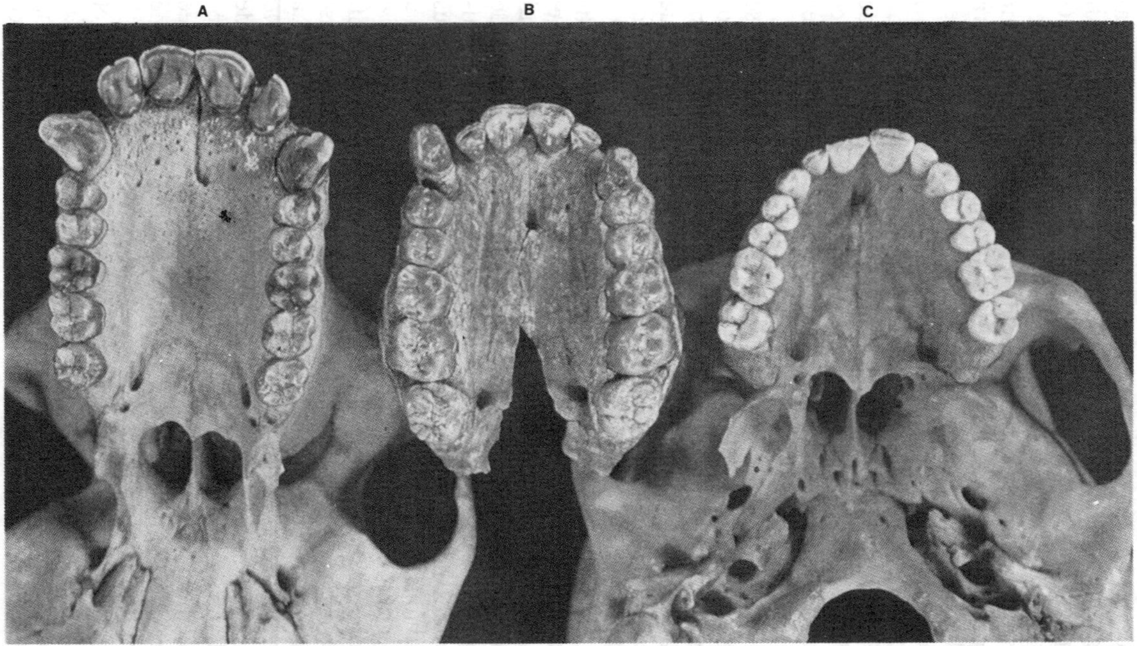
A
B
C

d'hominidé très primitive et très répandue, ce qui nous amène à voir en lui l'ancêtre commun *et* de la lignée robuste *et* de celle qui devait culminer dans *Homo sapiens.*

## Un nouveau modèle de l'évolution humaine

La publication de nos découvertes relatives à la phylogenèse des premiers hominidés a suscité parmi les paléoanthropologues des débats passionnés (cf. encadré) et a conduit nombre d'anthropologues à réexaminer les anciens schémas.

C'est en 1859 que Darwin fait paraître son célèbre *De l'origine des espèces.* Mais il attendra jusqu'en 1871 pour publier ses thèses sur l'évolution de l'homme. Il oppose les singes vivants tel le chimpanzé à l'homme actuel, faisant observer que ce dernier diffère du singe par la marche bipède, des capacités technologiques très poussées, des canines réduites et un cerveau plus développé. Mais parce qu'il ne disposait d'aucun document fossile sur les origines de l'homme, Darwin en était réduit à des spéculations. Voici comment il imaginait cette évolution : en prenant l'habitude d'utiliser pierres, gourdins et autres armes, les proto-hominidés auraient acquis peu à peu, pour se libérer les mains, une forme de locomotion bipède. La complexi-

←

*Fig. 6.* L'échantillon que l'on peut voir ci-contre au centre et qui a été découvert à Hadar est le plus ancien et le plus complet des palais d'australopithèque *(B).* Son anatomie dentaire est extrêmement primitive. En fait, il est, par la forme de ses rangées de dents et la taille de ses dents de devant, intermédiaire entre le palais d'un chimpanzé *(A)* et celui d'un homme *(C).* Il est proche de celui du chimpanzé par sa faible hauteur ainsi que par l'extension antérieure de son prémaxillaire. Ses molaires sont plus grandes que celles du chimpanzé et de l'homme actuels. Ce dernier trait est commun à toutes les espèces d'australopithèque, alors que les caractères précédents sont plus primitifs que dans les autres espèces d'*Australopithecus.* (Cliché W. Kimbel.)

## Les controverses actuelles

La découverte et la dénomination d'une nouvelle espèce d'australopithèque a suscité de vives controverses parmi les paléoanthropologues. Controverses montées en épingle par certains médias qui ont voulu y voir des querelles de personnes, et en même temps minimisées par certains scientifiques pour qui tout cela n'est qu'une querelle de mots. En fait, les opposants à la thèse de Johanson et White sur l'évolution des hominidés se répartissent en deux groupes. Le premier, conduit par le Pr Phillip Valentine Tobias, de l'université du Witwatersrand en Afrique du Sud, est d'accord avec Johanson et White sur les grandes lignes de l'arbre généalogique de l'homme. Mais Tobias affirme que les fossiles récemment découverts en Éthiopie et en Tanzanie ne représentent que des sous-espèces d'*Australopithecus africanus* *. Tobias nie que *A. afarensis* soit plus primitif que *A. africanus.* Il prétend que tous les caractères identifiés chez *A. afarensis* se trouvent également chez *A. africanus.* Les hominidés fossiles de Hadar et de Laetoli appartiendraient donc, selon lui, au taxon *A. africanus.* Il considère *A. africanus* comme l'ancêtre commun à tous les hominidés ultérieurs, c'est-à-dire l'ancêtre à la fois de *A. robustus* et de *Homo.* Contrairement à Johanson et White, Tobias ne voit aucun lien exclusif entre *A. africanus* et *A. robustus.* Johanson et White ont réfuté la thèse de Tobias **. Ils comparent les taxons en détail, relevant toute une série de traits caractéristiques d'*A. afarensis* mais absents chez *A. africanus.* Ils voient également dans *A. africanus* un taxon constitué par un complexe de caractéristiques fonctionnelles indiquant un lien phylétique direct, exclusif, avec *A. robustus.* Autrement dit, ils considèrent *A. africanus* comme l'ancêtre direct de *A. robustus* et de lui seul. Tobias n'a pas fait connaître sa réaction à cette mise au point. Quant à Richard Leakey, directeur des musées nationaux du Kenya, il s'appuie pour critiquer l'hypothèse de Johanson et White sur un tout autre argument. Ses thèses reposent sur plus d'un demi-siècle de tradition familiale. Il considère que le « vrai homme » du genre *Homo* est apparu il y a 5 à 6 millions d'années. La famille Leakey n'a jamais voulu voir dans l'« homme-singe » *Australopithecus* qu'une branche morte de l'arbre généalogique humain. Leakey pense qu'on a affaire sur le site de Hadar à au moins deux espèces d'hominidés primitifs. Il considère Lucy comme une espèce primitive de ramapithèque ou d'australopithèque, et les autres hominidés découverts sur ce site et à Laetoli comme des représentants d'*Homo* ***. Leakey, pas plus que Tobias, n'a étudié l'ensemble des pièces recueillies à Hadar et à Laetoli. Tout son raisonnement se fonde sur l'idée que la faible stature de Lucy et les différences morphologiques liées à celle-ci justifient son classement dans une espèce distincte. Leakey n'a identifié aucun individu mâle de l'espèce à laquelle Lucy est censée appartenir. Il n'a fourni aucune diagnose solide d'aucun des taxons qu'il admet parmi les hominidés fossiles existants, et son ouvrage le plus récent sur la question ne contient même pas un schéma de sa propre version de l'arbre généalogique humain. La controverse, on le voit, porte sur des interprétations fort différentes des documents fossiles. Il ne s'agit pas d'une simple querelle sémantique, de quelque discussion ésotérique sur telle ou telle bosse ou creux en moins dans une prémolaire. Il s'agit bien d'un problème fondamental. L'un seulement de ces trois schémas rend effectivement compte du parcours évolutif propre à la famille des hominidés. Ces thèses, comme toutes thèses, sont essentiellement des hypothèses, reposant sur des dosages divers de documents, d'interprétations et aussi de préjugés. A ce titre, elles sont toutes susceptibles de vérification, et peut-être de rejet, au fur et à mesure que les paléontologues découvriront de nouveaux fossiles.

* P.V. Tobias, *Paleont. Africana, 23,* 1980, p. 1.
** D.C. Johanson, T.D. White, *So. Afr. J. Science, 77,* 1981, p. 445.

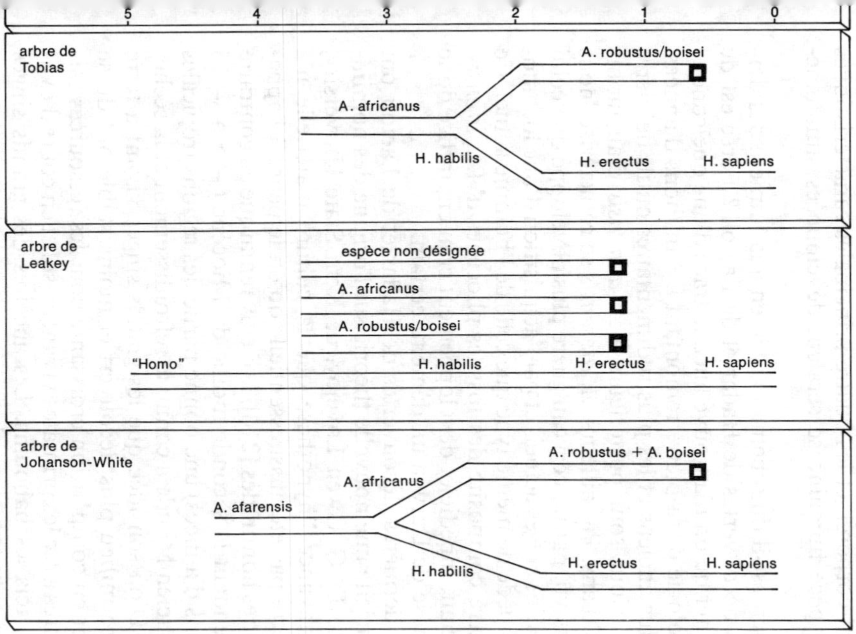
5
4
3
2
1
0
arbre de Tobias
A. robustus/boisei
A. africanus
H. habilis
H. erectus
H. sapiens
arbre de Leakey
espèce non désignée
A. africanus
A. robustus/boisei
"Homo"
H. habilis
H. erectus
H. sapiens
arbre de Johanson-White
A. robustus + A. boisei
A. africanus
A. afarensis
H. habilis
H. erectus
H. sapiens

fication des outils se serait accompagnée d'un développement du cerveau et le rôle joué chez le singe par les canines aurait alors été pris par l'outil manuel. Ainsi, pour Darwin, l'outil était à la fois la cause et la conséquence du redressement corporel, et les quatre principales caractéristiques de l'espèce humaine se seraient développées simultanément.

Qu'en est-il du schéma darwinien à la lumière des dernières découvertes de Hadar et de Laetoli ? Force est de constater qu'on n'a trouvé aucune trace d'une quelconque technologie de la pierre remontant à 3 millions d'années. Les plus anciens et les plus rudimentaires outils de pierre mis au jour sont postérieurs à *A. afarensis* d'au moins 500 000 ans. Par ailleurs, *A. afarensis* se caractérise, nous l'avons vu, par un cerveau guère plus développé que celui des grands singes actuels et par l'acquisition d'une locomotion bipède de même type que celle de l'homme actuel. Ce caractère composite des fossiles pliocènes d'*A. afarensis*, dissociant bipédie et développement crânien, inflige donc à la thèse de Darwin un démenti certain.

Les dernières découvertes de Hadar et de Laetoli ont déjà suscité une nouvelle théorie sur l'origine des hominidés. Le Dr C. Owen Lovejoy, de Kent State University, Ohio, avance l'hypothèse que la culture matérielle n'a peut-être pas été aussi essentielle qu'on le pense à l'apparition des hominidés [210]. Lovejoy remarque au contraire que pendant la seconde moitié du Miocène (— 5 à — 15 millions d'années) une bonne partie des régions tropicales de l'Ancien Monde a connu le refroidissement et la sécheresse. D'où son idée que les grands singes vivant à terre dans ce milieu plus découvert et moins stable ont dû se trouver en compétition croissante pour les ressources saisonnières avec les primates vivant au sol et en cours d'évolution, tels les babouins. Les ancêtres des grands singes actuels auraient alors choisi de rester dans ce milieu en voie de régression mais stable qu'était la forêt tropicale. Aujourd'hui, c'est effectivement à de telles enclaves forestières que se limite la présence des orang-outans, des chimpanzés et des gorilles. Lovejoy pense que les ancêtres des hominidés n'ont pu occuper les environnements ouverts que grâce à des modifications d'anatomie, de physiologie et de comportement.

Les taux de natalité et de survie des protohominidés ont fort bien pu progresser, estime Lovejoy, grâce à une participation accrue du père à l'« alimentation » des enfants. Et notre auteur propose un modèle mettant l'accent sur des relations durables entre individus des deux sexes (monogamie). De ce modèle familial aurait découlé le rôle ravitailleur du mâle (celui-ci assurant la nourriture à la femelle et à leur progéniture commune), rôle que l'on retrouve chez beaucoup d'oiseaux et de chiens sauvages ainsi que chez certains primates. Ce « ravitaillement » de la femelle et des petits nécessitait le transport des aliments. Ce sont les transformations musculo-squelettiques permettant une bipédie prolongée qui l'auraient donc emporté, parce qu'elles représentaient un net avantage sélectif dans le nouveau milieu socio-économique. Pour Lovejoy, les hominidés mis au jour à Hadar et à Laetoli seraient le résultat d'un processus évolutif entamé à l'époque du Miocène. Il conclut aux caractéristiques suivantes des premiers hominidés : appariement monogame durable, ravitaillement par le mâle de la femelle et des petits, physiologie et comportement sexuels-reproducteurs spécialisés (y compris la « dissimulation » de l'ovulation par suppression des signes extérieurs d'œstrus) et enfin bipédie. La famille nucléaire et la sexualité humaine remontent peut-être, suggère Lovejoy, à une époque bien antérieure au Pléistocène.

Contrairement au schéma darwinien, celui proposé par Lovejoy paraît assez bien cadrer avec les données paléoenvironnementales suggérant que les hominidés du Pliocène vivaient dans un environnement modifié depuis le Miocène et non forestier. Ce modèle rend compte de l'origine des hominidés en parfaite cohérence avec les documents fossiles montrant le développement des singes de l'Ancien Monde au détriment de certains singes vivant en habitat ouvert. Le modèle de Lovejoy explique l'origine des hominidés en dissociant développement crânien et usage d'outils d'une part, et bipédie et réduction des canines de l'autre. Il cadre donc avec l'anatomie d'*Australopi-*

*thecus afarensis*, ainsi qu'avec les documents archéologiques montrant que la taille de l'outil de pierre est bien postérieure à l'acquisition de la bipédie. Enfin, ce modèle explique l'ovulation cachée et autres caractères sexuels séparant les hommes actuels des grands singes.

## La recherche des ancêtres d'australopithèques

De même que le modèle darwinien s'est trouvé mis à l'épreuve, puis infirmé par les résultats des fouilles effectuées dans le Pliocène, de même le modèle de Lovejoy devra être confirmé ou infirmé par les découvertes à venir sur l'évolution des hominidés dans la seconde moitié du Miocène. Malheureusement, on manque encore de documents probants. Certes, les découvertes de Hadar et de Laetoli situent clairement l'australopithèque dans l'arbre généalogique de l'homme. D'autres découvertes faites en Afrique du Sud ou de l'Est ont enrichi les branches de cet arbre fondamental, mais ses racines nous font toujours défaut. Nos connaissances sur l'évolution des hominidés remontent maintenant à près de 4 millions d'années. Les sédiments plus anciens n'ont jusqu'à présent livré aucun indice fiable sur ce qui a pu se passer avant.

Nous disposons de bons documents sur les primates d'Eurasie tels que *Sivapithecus* et *Ramapithecus* du Miocène moyen (10 à 15 millions d'années). *Ramapithecus* a été longtemps considéré comme le plus lointain ancêtre de l'homme, ce qui a été récemment contredit par les découvertes de l'équipe de David Pilbeam au Pakistan révélant de fortes affinités entre les primates du Miocène et l'orang-outan [25]. Mais pour les grands singes d'Afrique, chimpanzé et gorille, nous manquons de documents fossiles. Les paléontologues se heurtent donc à un « blanc » entre 4 et 8 millions d'années. Certains spécialistes de biologie moléculaire affirment que c'est durant cette période que s'est effectuée la séparation des lignées aboutissant respectivement au chimpanzé, au gorille et à l'homme. D'autres penchent pour une différenciation plus ancienne [211]. Les documents fossiles seuls nous diront comment, quand, où et pourquoi cette différenciation est apparue. Voilà pourquoi nombre de chercheurs travaillent actuellement sur cette période cruciale.

Les gisements de Hadar et de Laetoli ont ajouté à notre arbre généalogique une nouvelle espèce ancestrale. Mieux, ils ont livré des informations essentielles sur nos origines, en montrant que les premiers hominidés ne disposaient pas d'outils de pierre mais étaient géographiquement et écologiquement très répandus, déjà parfaitement bipèdes, mais encore extrêmement primitifs par l'anatomie crânienne. Finalement, la découverte de ces fossiles a permis d'attirer l'attention sur les sédiments africains de la fin du Miocène.

Suivant l'exemple du Dr Maurice Taieb et de ses recherches dans l'Afar, les universités de Californie et d'Addis Abeba ont organisé une nouvelle expédition internationale dans cette région sous la direction du célèbre préhistorien J. Desmond Clark. Celui-ci m'a demandé d'être le paléontologue de l'expédition. Nous avons exploré à l'automne 1981 la moyenne vallée de l'Awash en Éthiopie. Les sédiments fossilifères de la fin du Miocène et du début du Pliocène examinés durant la campagne 1981 sont riches de promesses quant à une meilleure connaissance des débuts de l'évolution des hominidés. Lors de cette première campagne, nous avons déjà pu récupérer deux fossiles essentiels. Ils datent de plus de 4 millions d'années. L'un est un os du front du crâne ; il est de petite taille et d'aspect primitif. L'autre est la partie supérieure d'un fémur ; il provient d'un hominidé âgé de 16 ans environ qui mesurait 1,35 mètre et marchait debout. Ces deux vestiges sont attribués au genre *Australopithecus.*

Nous avons l'intention de retourner en Éthiopie en septembre 1982 afin de poursuivre la recherche des ancêtres de l'australopithèque. Jusqu'où et sous quelle forme les hominidés plongeront-ils dans le passé africain ? Seules les découvertes futures permettront aux chercheurs de répondre à cette lancinante question. Et de définir pleinement peut-être nos origines.

POUR EN SAVOIR PLUS

Coppens Y., *Le Singe, l'Afrique et l'Homme,* Fayard, 1983. Des premiers primates à l'homme : une lecture fort attrayante.

Howell F.C., *Les Premiers Hommes,* Time-Life Books, 1975.

Johanson D.C. et Edey M., *Lucy,* Simon and Schuster, 1981. Une description vivante, informative et factuelle des recherches sur nos ancêtres.

Reader J., *Missing Links,* Little Brown, 1981. L'histoire remarquablement bien illustrée de la paléoanthropologie.

Taieb M., *Sur la terre des premiers hommes,* Laffont, 1985. La même histoire que celle contée par D.C. Johanson et M. Edey par un autre acteur qui est l'inventeur des gisements de l'Afar.

*Les Processus de l'hominisation,* colloque du CNRS, 1981.

*La Recherche,* novembre 1982

# 14. Des australopithèques dans les arbres

*Brigitte Senut*

Les nombreuses expéditions internationales menées en Afrique de l'Est et du Sud ont conduit à la récolte de centaines de spécimens crâniens et postcrâniens d'ancêtres de l'homme, appelés australopithèques. La majorité des paléoanthropologues reconnaît actuellement quatre grandes espèces d'australopithèques : *Australopithecus africanus, Australopithecus afarensis, Australopithecus boisei* et *Australopithecus robustus.* Cependant de nombreuses controverses sont apparues ces dernières années, en particulier depuis la découverte des fossiles éthiopiens de Hadar par une équipe internationale (dirigée par Y. Coppens, D.C. Johanson et M. Taieb), et leur première publication sous le nom d'*Australopithecus afarensis* [208]. Ces fossiles appartiennent-ils à une seule et même espèce paléontologique ? Quel était le mode de locomotion des australopithèques éthiopiens ?

Ce dernier problème a été largement évoqué lors d'un colloque organisé à l'Institute of Human Origins (Berkeley, Californie) par D.C. Johanson, au printemps 1983 [212]. Il en résulte de grandes divergences de vues qui font toujours l'objet de nombreux débats. Le problème s'énonce très simplement : Lucy et ses congénères étaient-ils parfaitement bipèdes à notre manière ou bien fréquentaient-ils encore largement un milieu arboricole ?

Dans l'article précédent, il est clairement stipulé : « Une analyse minutieuse des restes de Lucy et de ses semblables découverts à Hadar et à Laetoli devait révéler aux spécialistes de biomécanique et d'orthopédie de notre équipe que ces êtres étaient capables du même type de locomotion bipède que l'homme actuel », et plus loin, « conclusion de Lovejoy : les hominidés de Hadar se tenaient debout, marchaient et couraient avec autant de facilité que l'homme actuel ».

Bien que tous les auteurs s'accordent à penser que les australopithèques sont bipèdes, des données de plus en plus nombreuses concernant différentes régions du squelette remettent en question les caractères très humains de cette bipédie. Il ne m'appartient pas ici de reprendre tous les os dans le détail, mais de faire le point sur divers résultats obtenus au cours des cinq dernières années.

## Une indéniable adaptation au grimper

En ce qui concerne le membre supérieur, l'articulation de l'épaule a montré des caractères simiesques indéniables [213, 214]. Sur l'omoplate, la région d'articulation avec l'humérus (cavité glénoïde) est orientée vers le haut plutôt que latéralement et témoignerait, selon J.T. Stern et R.L. Susman (Stony Brook, États-Unis), d'une adaptation à un type de grimper. L'analyse du bras et de l'avant-bras [214, 215] m'a révélé sur certaines pièces un mélange très net de caractères humains et d'autres simiesques que l'on retrouve notamment chez le chimpanzé actuel.

L'articulation du coude, en particulier, présente une morphologie très proche de celle des chimpanzés ou même des gibbons et serait presque aussi stable que chez ces primates, chez qui les os s'enclenchent très bien, évitant ainsi les luxations lors des suspensions. Par ailleurs, la puissance des muscles fléchisseurs confirme la possibilité d'un grimper arboricole. Deux os du carpe *(os capitatum)* récoltés à Hadar permettent à H.M. Mac Henry (Davis, États-Unis) [216] de mettre en évidence les fortes différences entre australopithèques et humains actuels : les quelques caractères uniques ou simiesques observés seraient liés à une conservation d'une capacité au grimper chez les hominidés anciens. La courbure des phalanges des mains suggère [213, 217] une efficacité mécanique certaine dans les saisies de force telles qu'on les observe pendant le grimper ou la suspension. C'est un trait caractéristique des chimpanzés sur lesquels J.T. Stern et R.L. Susman (Stony Brook, États-Unis) ont effectué des expériences électromyographiques, en particulier sur les muscles fléchisseurs des mains [218]. M.W. Marzke (Tempe, États-Unis) [219] souligne même que la main des australopithèques était incapable d'effectuer un certain nombre de mouvements de saisie fine, requérant chez l'homme l'utilisation du sommet du cinquième doigt.

## Une bipédie moins humaine qu'il n'y paraît

La région du corps pour laquelle les controverses ont été incontestablement fortes est le membre inférieur. Pour C.O. Lovejoy (Kent State University, États-Unis) le membre inférieur est très nettement adapté à une marche bipède érigée de type humain (voir l'article précédent). Cependant, les travaux de C. Tardieu (CNRS, Paris) [220] sur les surfaces articulaires et les ménisques du genou montrent que, chez certains australopithèques de Hadar (dont Lucy), l'amplitude des mouvements de rotation devait être plus élevée que chez l'homme actuel. Cette articulation fémoro-tibiale lâche, opposée à l'humaine très solide, devait permettre une mobilité plus forte de la cheville et une orientation plus variée du pied sur le substrat. Ces caractères laissent présager d'une locomotion pas encore définitivement terrestre, mais plus indifférenciée, gardant une certaine aptitude arboricole. Les travaux biométriques de C. Berge (CNRS, Paris) [221] ont révélé que le bassin des australopithèques présentait des caractères à la fois proches de l'homme et différents (notamment, la position latérale du pilier iliaque ou la forme de l'épine iliaque antéro-supérieure). Ces derniers laissent présager une adaptation à la bipédie différente de celle de l'homme actuel. Le bassin serait donc spécialisé pour un style de bipédie verticale proche de celle de l'homme actuel, mais moins bonne pour le soutien du poids du corps qui serait équilibré par une masse musculaire fessière et abdominale très puissante. P. Schmid (Zurich) [222] a tenté une reconstitution du squelette entier de Lucy et en particulier une reconstitution du thorax *(fig. 1).* Bien que la cage thoracique des primates hominoïdes soit très large, celle de l'homme se distingue nettement de celle des grands singes par sa forme : en tonneau chez les humains et en entonnoir chez les grands singes. L'étude des sections costales met en évidence des aplatissements différents chez les uns et les autres. Le peu d'éléments conservés chez Lucy ressemble plus aux grands singes et le thorax avait probablement une forme d'entonnoir.

Par ailleurs, cet auteur s'intéresse à la position de l'insertion du muscle grand dorsal *(m. latissimus dorsi)* et à la forme de l'aile iliaque qui sont assez proches du chimpanzé. De plus, les branches pubiennes sont très allongées. Les bras de levier des muscles du tronc et des adducteurs des jambes seraient favorisés et laisseraient supposer, pour Schmid, une position du corps suspendue fréquente et par là même une vie arboricole renforcée.

Pour J.T. Stern et R.L. Susman [213], la longueur et la courbure des orteils seraient significatives et indiqueraient une adaptation nette au grimper. En effet, ils soulignent qu'aucun primate terrestre au sol ne possède de doigts incurvés, et concluent que les courbures et les épaisseurs corticales des orteils fossiles ne peuvent être interprétées que comme des adaptations à la saisie, telles qu'on les observe dans la locomotion arboricole. Pour eux, la cheville et le pied révèlent qu'*Australopithecus afarensis* était un animal engagé aussi bien vers le grimper que vers la bipédie.

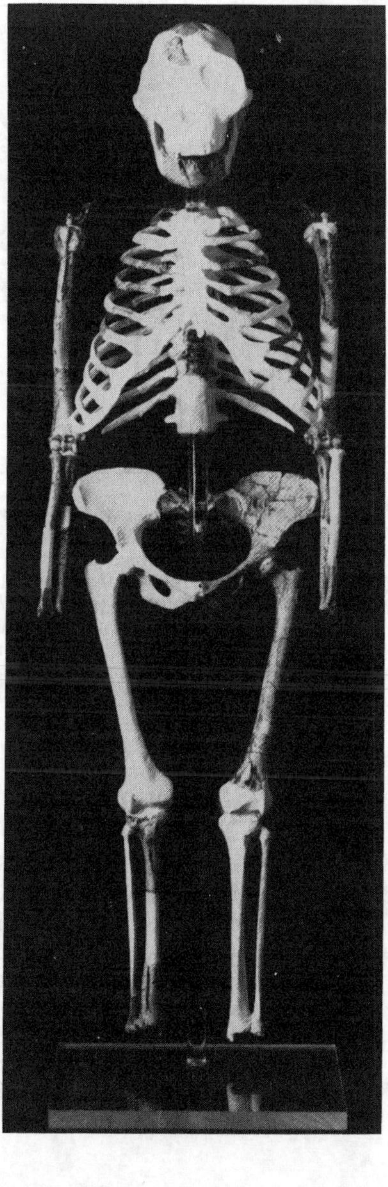

*Fig. 1.* La reconstitution du squelette de Lucy par Peter Schmid montre une intéressante tentative de remodelage de la cage thoracique. Le thorax devait avoir une forme d'entonnoir, comme celui des grands singes, alors que le thorax humain a plutôt une forme en tonneau. Par ailleurs, cette reconstitution souligne l'aspect simiesque des ailes iliaques du bassin. Ces aspects laissent supposer que les australopithèques, bien que bipèdes, menaient une vie partiellement arboricole et que leur bipédie différait de celle de l'homme moderne. (Cliché P. Schmid.)

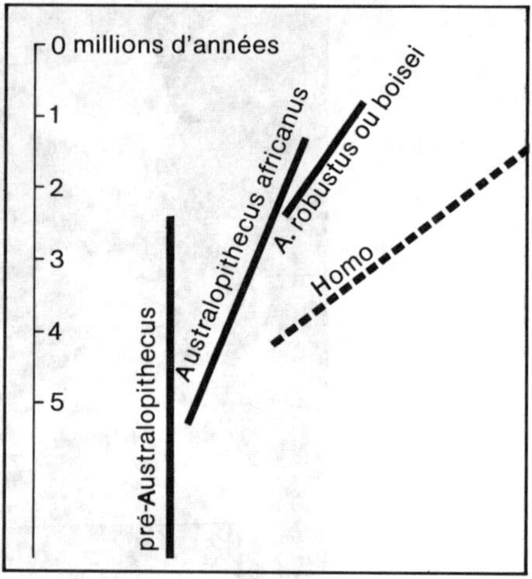


*Fig. 2.* Comment expliquer que les australopithèques de l'Afar diffèrent des trois espèces d'australopithèques ? Forment-ils une seule et même espèce paléontologique ? Pour Y. Coppens, les individus retrouvés dans l'Afar sont trop spécialisés. Il a donc préconisé la création d'un genre nouveau, pré-*Australopithecus*, qui aurait pu donner naissance aux autres australopithèques, qui eux-mêmes auraient été à l'origine de la branche *Homo.* L'ensemble formerait donc une sorte d'inflorescence. (D'après Y. Coppens, *Le Singe, l'Afrique et l'Homme,* Fayard, 1983.)

## Combien y a-t-il d'espèces d'hominidés ?

Les empreintes de pas de Laetoli [223, 224] posent également des problèmes. Pour certains [213], leur morphologie pourrait correspondre à celle des os de Hadar [212]. Cependant, R.H. Tuttle (Chicago, États-Unis) [212] remarque que les traces de pas sont trop humaines et qu'elles n'ont pas pu être imprimées par des êtres comme ceux de Hadar. Il envisage donc l'hypothèse de la présence de deux groupes d'hominidés différents en Afrique de l'Est, vers 3-4 millions d'années. Cette conception a été émise par d'autres auteurs [212, 214, 220, 225] dont Coppens (Paris) [226, 227] qui isole une forme très archaïque d'australopithèque à Hadar (incluant Lucy) qu'il baptise pré-*Australopithecus.* Il propose une évolution en inflorescence avec un pré-*Australopithecus* présent peut-être entre 7 et 2,7 millions d'années, qui aurait donné naissance à un rameau *Australopithecus* vers 5 à 6 millions d'années et se serait éteint vers 1 million d'années *(fig. 2).* Ce deuxième rameau aurait à son tour donné naissance à une troisième voie, celle de *Homo* connue probablement dès 4 à 5 millions d'années. Ce schéma permet alors d'expliquer la coexistence et l'ancestralité des différents groupes.

Les australopithèques de Hadar (pré-*Australopithecus* de Coppens) sont donc incontestablement bipèdes, mais il semble bien, à la lueur de ces nombreux travaux, que cette bipédie soit différente de celle de l'homme moderne.

Il est bien évidemment clair que le mode de locomotion des hominidés anciens n'est pas représenté dans la nature actuelle, ce qui conduit à ces nombreuses controverses car il n'existe pas de bon modèle de comparaison. En ce qui concerne Lucy et ses congénères, il faudrait probablement imaginer une vie partiellement arboricole et l'hypothèse d'un grimper dans leur répertoire locomoteur n'est pas, *a priori,* à rejeter.

*La Recherche,* juin 1984

# *Paléontologie et société*

# 15. Le « scandale » du British Museum

*Pierre Thuillier*

Le département d'histoire naturelle du British Museum a fêté en 1981 le centième anniversaire de son installation à South Kensington (Londres) [228]. Dans les institutions de ce genre, les scandales sont plutôt rares. Ce centenaire, pourtant, a été vécu dans une atmosphère de passion et de controverse *. Que s'est-il donc passé ? Comment se fait-il que des sujets apparemment très austères aient pu déclencher un nombre impressionnant de discussions épistémologiques, idéologiques et politiques ? Remontons au 20 novembre 1980. Ce jour-là paraissait dans la revue anglaise *Nature* une lettre signée par L.B. Halstead, du département de zoologie et de géologie de l'université de Reading. Le titre était agressif : « Le musée des erreurs »... D'après Halstead, en effet, le British Museum était en train de commettre un véritable abus de pouvoir. Dans le cadre de deux expositions concernant respectivement les dinosaures (1979) et les hommes fossiles (1980), une publicité exagérée avait été faite à la méthode de la classification connue sous le nom de cladisme. Toujours selon Halstead, c'était très grave. Car, déclarait-il, l'approche cladistique tendait à confirmer certains schémas hérités de Marx et d'Engels ; et, par la faute du British Museum, la pensée marxiste allait s'infiltrer efficacement dans le système éducatif de la Grande-Bretagne... En outre, le recours au cla-

* Lors de la commémoration officielle, Sir Andrew Huxley (président de la Royal Society) a longuement attaqué la revue *Nature* parce qu'elle avait publié de nombreuses lettres critiquant le British Museum (*Nature*, juin 1981, p. 373).

disme faisait le jeu des créationnistes, c'est-à-dire des chrétiens qui croient à la vérité textuelle de la Bible [229]. Bref, une sorte de sacrilège avait été commis ; et le British Museum méritait une sévère réprimande.

L'affaire était lancée : dans les semaines qui suivirent, de nombreux scientifiques intervinrent pour donner leur opinion. Pour les uns, les accusations de Halstead étaient fondées ; pour les autres, il était ridicule de considérer le cladisme comme une machine de guerre idéologique. On polémiqua sur les fossiles, sur la taxinomie, sur le marxisme, sur le darwinisme. De fil en aiguille, on en vint à se demander si la théorie de l'évolution était véritablement « scientifique ». La revue *Nature* titra de façon spectaculaire : « Darwin est mort à South Kensington. » D'aucuns allèrent jusqu'à suggérer que la *science* elle-même risquait de perdre son prestige aux yeux du grand public ! Pour comprendre le déroulement de ce « scandale », examinons de plus près les arguments (mi-scientifiques, mi-idéologiques) de L.B. Halstead.

Comme le savent nos lecteurs (voir p. 47), le cladisme est une méthode de classification. Fondée sur la distinction entre caractères primitifs et caractères évolués, elle permet de construire des cladogrammes, c'est-à-dire des sortes de schémas mettant en évidence les relations de parenté entre diverses espèces. On découvre par exemple que le lézard et le bouquetin, parce qu'ils ont en commun des caractères évolués, sont plus étroitement apparentés entre eux qu'ils ne le sont avec le goujon. Traduisons en termes de filiation des espèces (de « phylogénèse ») : le lézard et le bouquetin ont un ancêtre commun moins ancien quc l'ancêtre commun au lézard, au bouquetin et au goujon. A première vue, il ne s'agit que d'un problème technique. Que vient donc faire le marxisme là-dedans ?

## Une question délicate : cladisme et évolution discontinue

Tout d'abord, Halstead s'en prend aux fascicules édités par le British Museum lors de ses expositions. On peut y lire ceci : « Nous supposons qu'aucune des espèces considérées n'est l'ancêtre de telle ou telle autre espèce. » Tel est, d'après Halstead, le premier crime — celui qui consiste à renoncer à la construction de filiations directes entre espèces successives. Selon lui, cette façon de procéder revient à nier qu'il y ait une évolution *graduelle* des organismes à travers le temps. Le cladisme (ou plus exactement « le fanatisme cladiste »...) donnerait une vision *discontinue* de l'évolution. Or ceci n'est pas conforme aux enseignements de Darwin et de divers théoriciens réputés (par exemple Ernst Mayr). A en croire Halstead, une telle conception n'est pas seulement inacceptable du point de vue scientifique, mais dangereuse du point de vue idéologique.

Il estime en effet qu'il y a deux manières de considérer l'histoire des sociétés humaines. Ou bien on l'interprète selon des schémas « gradualistes » : les changements sont lents, progressifs, non brutaux. Ou bien on adopte une perspective « révolutionnaire » : il y a des changements rapides, des « sauts », des discontinuités. Or cette façon de voir, affirme Halstead, est celle du marxisme. Engels et Staline l'ont affirmé : il est essentiel de reconnaître « un développement dans lequel les changements qualitatifs surviennent non pas graduellement mais rapidement et brusquement, sous forme de sauts d'un état à un autre ». Le raisonnement devient alors très clair : si les sciences de la vie admettent qu'il y a des bonds évolutifs, la théorie marxiste en sera renforcée. Et les petits Anglais, croyant apprendre une science objective (le cladisme), absorberont en fait un savoir empoisonné. Les responsables des expositions du British Museum ont donc tort. CQFD...

Ce discours n'a pas convaincu tout le monde. Ainsi

Harry Rothman fit remarquer que les marxistes n'étaient pas les seuls à croire aux discontinuités et posa cette question de portée générale : faudrait-il désormais rejeter toutes les théories et explications scientifiques recourant à des changements brusques [230] ? Cela pourrait aller loin — et exigerait par exemple qu'on se débarrasse du « big bang » et de la « théorie des catastrophes ». Était-ce vraiment nécessaire ?

Et d'ailleurs, est-il exact que le cladisme implique une interprétation « discontinuiste » de l'évolution ? Plusieurs biologistes le contestent. Le cladisme concerne la systématique, la taxinomie ; il ne dit rien sur le *rythme* et la *vitesse* des phénomènes évolutifs. Colin Patterson, paléontologiste au British Museum, reproche à Halstead de confondre les problèmes : classer les espèces est une chose, expliquer *comment* ces espèces ont évolué en est une autre [231]. En outre, il est clair que les partisans d'une évolution par sauts ne sont pas nécessairement des adeptes du cladisme. T.H. Huxley, qui fut au XIX$^{e}$ siècle un chaud défenseur du transformisme, était partisan d'une certaine discontinuité. Il regrettait que Darwin ait jugé bon d'accepter ce postulat : « La nature ne fait pas de sauts. » Le cladisme (et pour cause !) n'avait rien à voir là-dedans. D'où cette conclusion : les questions relatives au cladisme doivent être dissociées de celles qui concernent le caractère continu ou discontinu de l'évolution.

## Des fossiles difficiles à classer

Il est vrai que les cladistes s'abstiennent de déclarer que telle espèce est l'*ancêtre direct* de telles autres espèces. Mais cela ne signifie pas (contrairement à ce que suggère Halstead) qu'ils refusent toute idée d'une filiation continue entre les espèces. Comme le souligne Philippe Janvier, les cladistes veulent seulement dire ceci : « Il est pratiquement impossible de déterminer l'ancêtre fossile d'une espèce, puisque l'ancêtre ne présente pas les caractères dérivés propres à l'espèce-fille en question [232]. » Ils ne contestent donc pas le schéma darwinien idéal (qui se concrétise dans « l'arbre phylogénétique » bien connu). Mais ils prennent acte du fait que, dans la pratique, il est difficile (et même impossible) de déterminer *la place exacte* de telle ou telle espèce dans la généalogie. Aussi est-il injuste d'opposer brutalement le cladisme à la théorie darwinienne (ou néodarwinienne) *. Tout ce qu'on peut dire, c'est que les cladistes compliquent le tableau de l'évolution : au lieu de contempler un bel « arbre », bien complet et bien ordonné, on devient conscient des incertitudes qui pèsent sur la classification phylogénétique. Cela n'entraîne aucunement un rejet global de l'évolutionnisme orthodoxe.

Un autre aspect de la situation doit cependant être pris en compte. Car, par-delà le cladisme, une autre théorie était visée — à savoir la théorie des « équilibres ponctués ». S.J. Gould et N. Eldredge en résument ainsi la thèse centrale : « Une très grande part du changement évolutif est concentrée en de rapides événements de spéciation (souvent instantanés du point de vue géologique) qui ont lieu dans de petites populations isolées à la périphérie (théorie de la spéciation allopatrique) [37]. » Cette fois-ci, pas de doute : une théorie de ce genre est d'inspiration « discontinuiste ». Là où les partisans du gradualisme voient une lente accumulation de petites mutations ponctuelles, ceux des « équilibres ponctués » discernent des périodes de stabilité interrompues par des « spéciations » rapides. Telle ou telle espèce, dans un temps relativement court, se subdivise en engendrant une espèce nouvelle ; puis, après une période d'« équilibre » plus ou moins longue (stase), de nouvelles subdivisions s'opèrent — et ainsi de suite. Cette interprétation, à l'heure actuelle, connaît un succès certain. Nul ne peut dire avec certitude le sort que l'avenir lui réserve. Mais, dans le présent contexte, le pro-

* Au sens étroit, le néodarwinisme désigne les thèses d'August Weismann. Dans les années 1930 et 1940 s'est constituée la théorie dite « synthétique » (J. Huxley, G.G. Simpson). J'utilise ici le mot *néodarwinisme* en un sens très large pour désigner les formes modernes et « orthodoxes » (c'est-à-dire gradualistes) de la théorie darwinienne.

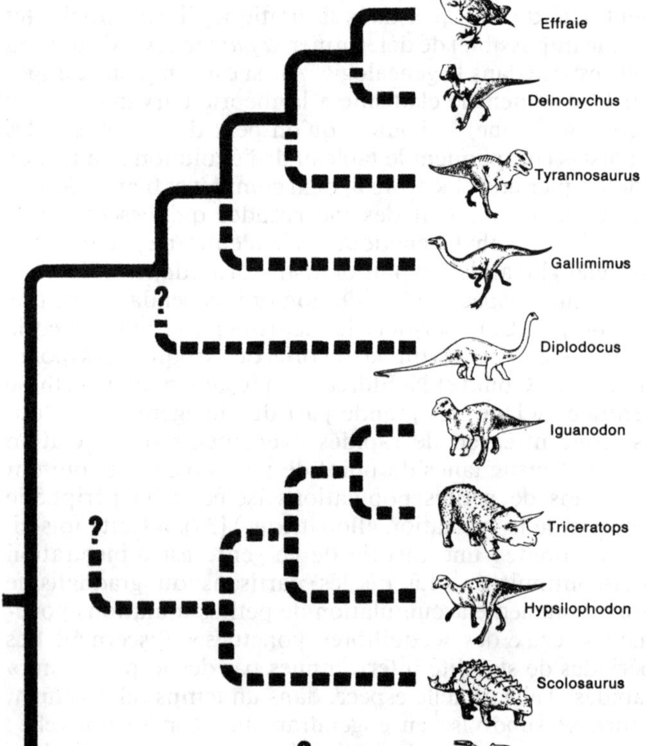
Effraie
Deinonychus
Tyrannosaurus
Gallimimus
Diplodocus
Iguanodon
Triceratops
Hypsilophodon
Scolosaurus
Rhamphorhynchus
Euparkeria
Crocodile du Nil
?
?
?
?

blème est de la situer par rapport au cladisme et au marxisme. Est-il vrai, pour commencer, qu'il y ait des affinités particulières entre le cladisme et les équilibres ponctués ?

Pour Halstead, la réponse est positive. Se référant à divers textes de J. Cracraft, de D.L. Hull et de R. Fortey, il discerne entre l'approche cladistique et la théorie des équilibres ponctués une évidente « connexion ». Il remarque, en particulier, que Eldredge et Gould utilisent le « concept de spéciation allopatrique » de la même façon que Hennig (le père du cladisme). Mais plusieurs scientifiques ont jugé cette argumentation insuffisante. S.J. Gould, promoteur des « équilibres ponctués », a notamment écrit à *Nature* pour confirmer « qu'il n'était pas cladiste [233] ». La théorie des équilibres ponctués concerne le *rythme* de l'évolution, sujet sur lequel (on l'a vu) le cladisme ne prend pas position. L'idée d'une sorte de complot cladistico-discontinuiste n'aurait donc aucun sens.

←

Dans la pratique, il est difficile de construire des arbres phylogénétiques tout à fait satisfaisants. Car, même si l'on a une idée approximative des diverses filiations, il est souvent très délicat de déterminer les positions relatives de certaines formes voisines. C'est pour cette raison que les cladistes renoncent à définir de façon immédiate les « ancêtres directs » de telles ou telles autres espèces. Ils jugent plus fructueux de classer les formes vivantes en les définissant méthodiquement comme plus ou moins étroitement apparentées. Cette approche n'exclut évidemment pas l'idée qu'il y ait eu des « ancêtres directs ». Mais, concrètement, tout se passe comme si les cladistes contestaient les beaux « arbres » chers aux darwiniens orthodoxes. Précisément parce qu'ils avaient recouru au cladisme pour organiser des expositions, les responsables du British Museum ont été accusés de diffuser une image inexacte et « pernicieuse » de la théorie de l'évolution. (Cladogramme des archosaures, tiré de la brochure du British Museum accompagnant l'exposition sur les dinosaures.)

## La théorie des équilibres ponctués est-elle marxiste ?

Reste à répondre à la deuxième question : y a-t-il des affinités étroites entre la théorie des équilibres ponctués et le marxisme ? Pour Halstead, le fait est évident ; c'est la même philosophie qui fonde le système marxiste et la conception « saltationniste » (discontinue) de l'évolution biologique. Argumentation apparemment solide : dans les deux cas, le changement s'opère par *bonds.* Et puis Gould n'a-t-il pas lui-même expliqué, dans un article consacré aux équilibres ponctués, qu'il avait « appris le marxisme sur les genoux de son papa » ?

Il n'est toutefois pas sûr que ce facteur ait été déterminant et qu'on puisse qualifier de « marxiste » la théorie des équilibres ponctués. Eldredge (qui est l'un des auteurs de cette théorie) n'est pas marxiste. En outre, il faudrait savoir *exactement* ce qui permet de caractériser une théorie scientifique comme « marxiste ». Là-dessus, autant qu'on puisse juger, l'obscurité est épaisse... Certes, on trouve des informations intéressantes dans la *Dialectique de la nature* d'Engels et dans divers autres textes. Mais il n'est pas facile d'avoir une idée tout à fait précise des normes et des critères définissant une pensée scientifique « dialectique ». D'après l'interprétation de Halstead, c'est la notion de « saut » qui est décisive ; d'où l'opposition entre darwinisme et marxisme. Mais on peut apprécier la situation de façon toute différente.

Un généticien de Cambridge, Gabriel Dover, estime en effet que la théorie orthodoxe de l'évolution illustre parfaitement le bien-fondé des concepts marxistes [234]. Il se réfère à un exemple classique d'Engels : si on chauffe progressivement de l'eau, il y a accroissement lent et quantitatif de sa température — puis, lorsqu'un certain seuil est atteint, elle se met à bouillir. Autrement dit, il y a bien un *saut,* mais qui est indissociable d'une sorte d'évolution *graduelle.* Dans le domaine biologique, la théorie de Darwin propose un schéma tout à fait analogue. De petites « variations » quantitatives s'accumulent ; et ce processus « conduit inévitablement à un changement d'état *qualitatif* ». Par rapport aux vues de Halstead, le renversement est complet. C'est le darwinisme classique (et non pas la théorie des équilibres ponctués) qui s'accorde le mieux avec la théorie marxiste !

Le moins qu'on puisse dire, c'est que les accusations de marxisme dirigées contre les cladistes prêtent à discussion. Rendons toutefois justice à Halstead : il est fort possible que des facteurs idéologiques aient joué. Pour dédramatiser le débat, certains ont laissé entendre que le travail scientifique était *neutre.* En fait, fût-ce sous des formes assez subtiles, divers rapports existent entre certaines conceptions idéologiques et certaines interprétations scientifiques. Reprenons par exemple l'article de 1977 où Gould et Eldredge exposent leur théorie des équilibres ponctués. Il y est expressément déclaré que le gradualisme est politiquement « biaisé » et correspond à une tradition socioculturelle de l'Angleterre victorienne. Traduisons : c'est à cause d'une certaine *philosophie* (et d'un certain *conditionnement social*) que Darwin a perçu l'évolution comme un processus continu. Il a pour ainsi dire projeté dans la nature une idéologie particulière : ordre, harmonie, changement dans la continuité...

Inversement, si l'on en croit Gould et Eldredge eux-mêmes, l'idée d'une certaine discontinuité biologique a des affinités avec les vues « dialectiques » de Hegel, de Marx et d'Engels. Au passage, ils citent un ouvrage soviétique sur le marxisme-léninisme et expliquent qu'il n'est pas surprenant que plusieurs paléontologistes russes (tels que Ruzhentsev et Ovcharenko) aient proposé « une interprétation ponctuationnelle de la spéciation ». Assurément, comme l'a indiqué Gould par la suite, cette *corrélation* ne doit pas être perçue comme une cause ; et il serait sans doute naïf de critiquer la théorie des équilibres ponctués en dénonçant purement et simplement ses origines marxistes. De même, il est un peu trop simple d'expliquer cette théorie (comme l'a fait un généticien britannique) en déclarant qu'elle est avant tout un moyen de lutte contre le racisme [235]. Toujours est-il que l'on assiste parfois à de curieux « télescopages » entre science et idéologie. Certaines attaques de Halstead manquent probablement la cible. Mais l'existence de ces arrière-plans philosophiques et politiques est difficilement niable.

Ces discussions peuvent être jugées fastidieuses et vaines, voire complètement « pataphysiques ». Au lieu de couper les cheveux de Marx et de Darwin en quatre, pourquoi ne pas recourir tout simplement à l'examen des « faits » ?

## Le recours aux « faits » n'est pas décisif

Le seul malheur, c'est que les « faits », en l'occurrence, ne donnent pas de réponse claire et nette. Les fossiles qu'on découvre dans les strates géologiques successives ne constituent pas des séries parfaites (c'est-à-dire complètement continues). Comme on dit, il y a des lacunes, des chaînons manquants. Si l'on est partisan de la continuité, on peut postuler que ces séries ne sont imparfaites qu'*en apparence*. C'est ce que faisait Darwin. Il parlait de « l'imperfection des données paléontologiques » et supposait que certains fossiles avaient disparu pour des raisons accidentelles (ou bien n'avaient pas encore été découverts). Mais cette interprétation n'est pas la seule possible. On peut tout aussi bien admettre (par respect pour les « faits »...) que les lacunes et les discontinuités fossiles sont *réelles*. Dès lors, l'hypothèse d'une évolution par paliers successifs devient légitime ; les arbres phylogénétiques traditionnels, qui incarnent la conception gradualiste, apparaissent seulement *comme des reconstructions artificielles* de la réalité.

Ce point de vue n'est pas seulement défendu par Eldredge et Gould, mais par un nombre croissant de scientifiques. John Sepkoski (université de Chicago) déclare sans ambages : « Je suis fatigué d'entendre parler des imperfections des documents fossiles [236]. »

M.J. Hughes-Games (Bristol) estime de son côté que les confirmations empiriques du gradualisme sont « plus ténues » que ne le pense Halstead ; et Philippe Janvier va jusqu'à les considérer comme « illusoires » [232, 237]. En soi, de telles incertitudes n'ont rien d'exceptionnel ni de pathologique. Il est normal que, sur des questions théoriques délicates, plusieurs hypothèses s'affrontent ; la solution pratique consiste à poursuivre les recherches et à attendre que l'on y voie plus clair. Mais dans le cas présent, à cause des enjeux culturels et idéologiques, la confrontation des idées a tendu à se transformer en véritable guerre de religion : on ne critiquait plus, on excommuniait... La confusion fut portée à son comble lorsque surgit cette question sacrilège : puisque la théorie néodarwinienne est tellement fragile et tellement discutable, mérite-t-elle vraiment d'être considérée comme une théorie *scientifique* ?

En fait, il y avait déjà un certain temps que les responsables du British Museum avaient abordé publiquement (et audacieusement) ce sujet. Colin Patterson, dans son livre sur l'évolution (1978), avait intitulé un paragraphe : « La théorie de l'évolution est-elle une science ? » [238]. La réponse était mitigée : « La théorie de l'évolution n'est ni totalement scientifique (comme la physique par exemple) ni dépourvue de tout caractère scientifique (comme l'histoire). » Un tel jugement avait paru tout à fait scandaleux à Halstead ; dans le *New Scientist,* il avait lancé une vigoureuse contre-attaque. Où allait-on si on laissait croire aux gens que le darwinisme n'était pas authentiquement « scientifique » ? Les créationnistes, à coup sûr, en tireraient avantage. Il était donc urgent de critiquer la pernicieuse philosophie qui servait de base à ces discours défaitistes — à savoir l'épistémologie de Sir Karl Popper [239].

## Forces et faiblesses du poppérisme

Selon Popper, une théorie ne peut être dite scientifique que si elle est susceptible d'être réfutée par l'expérience [240]. Si la physique est une « vraie science », c'est parce qu'elle fait des prédictions que l'expérience, en principe, peut contredire. Loin d'être une faiblesse, cette vulnérabilité constitue un immense avantage. Elle permet l'élimination des erreurs et garantit que la confrontation entre la théorie et « la nature » a un sens précis. La psychanalyse, en revanche, apparaît à Popper comme non scientifique. Car elle souffre d'un grand défaut : les « faits » la confirment toujours... Aux yeux de Popper, la *réfutabilité* est donc une notion fondamentale (« critère de démarcation »). D'un côté, il y a les théories susceptibles d'être réfutées expérimentalement ; de l'autre, celles qui sont trop floues et trop peu opératoires pour permettre des tests décisifs. Les premières sont des théories *scientifiques ;* les secondes sont des théories *métaphysiques.*

Il est dès lors très facile de classer la théorie de l'évolution dans la seconde catégorie. Popper le dit nettement : « J'en suis arrivé à la conclusion que le darwinisme n'est pas une théorie scientifique testable, mais un programme métaphysique de recherche — un cadre possible pour des théories scientifiques testables [241]. » Soulignons-le : cela ne signifie pas que le darwinisme soit faux. Car une théorie métaphysique, en droit, peut être vraie. Mais une déficience grave est mise en évidence : il est pratiquement impossible de *tester directement* la théorie de l'évolution. Popper estime toutefois que le néodarwinisme n'en garde pas moins un réel intérêt : il constitue un « programme » susceptible d'orienter utilement certaines recherches particulières.

Halstead, lui, ne s'est guère embarrassé de nuances. En substance, il a jugé que ces thèses épistémologiques étaient simplistes et dangereuses. A tel point que Popper s'est senti obligé de préciser son point de vue *. Certes, les sciences de type historique se heurtent à de grosses difficultés et un « événement unique » qui s'est produit dans le passé ne peut pas donner lieu à une expérimentation. Mais, déclare Popper, « on peut très souvent tester la description d'événements uniques en en dérivant des prédictions ou des rétrodictions [242] ». Il ne faut donc pas désespérer : bien qu'il soit impossible de faire des tests sur les dinosaures, les évolutionnistes peuvent parler de ces derniers avec une certaine rigueur, avec une certaine « scientificité »...

Malgré ces explications, il faut reconnaître que la philosophie de Popper peut engendrer des malentendus. La grande idée qui s'en dégage, en effet, c'est que le darwinisme est une théorie peu fiable, une spéculation largement arbitraire. Comment va réagir le public si on lui raconte des choses pareilles ? On comprend que divers scientifiques aient contesté le rôle d'arbitre ainsi donné à Popper. Comme l'a remarqué B. Pearson, « on ne connaît aucun test ou aucune propriété qui démontre de façon absolument claire qu'une théorie est scientifique ou non [243] ». Et puis est-il sûr que les notions employées par Popper soient précises et concrètement utilisables ? On peut en débattre. Par exemple, il n'est pas facile de savoir si une théorie est *réfutable.* Car une théorie qui n'est pas réfutable aujourd'hui (faute de moyens techniques) le sera peut-être demain. En outre, il y a une réfutabilité *directe* et une réfutabilité *indirecte...* La philosophie des sciences, en tant que telle, est un exercice intellectuel légitime et parfois enrichissant. Mais peut-être convient-il d'y regarder à deux fois avant de prendre au pied de la lettre telle ou telle définition avancée par un épistémologue à la mode.

* Dans le détail, le problème est extrêmement compliqué. Popper a d'abord cru que « la théorie de la sélection naturelle » était une *tautologie ;* mais il semble avoir changé d'avis. Voir la lettre de H. Zeisel, *Science,* mai 1981, p. 873 ; et note 241 (p. 169-180).

## La bouteille est-elle à moitié vide ou à moitié pleine ?

C'est pourquoi plusieurs scientifiques ont répliqué vigoureusement. Qu'on le veuille ou non, de nombreux « faits » confirment la valeur du darwinisme ; et il est également remarquable que diverses découvertes aient accru sa crédibilité. Ainsi que l'écrit un éditorialiste de *Nature,* « la théorie de l'évolution a été capable de survivre à une longue succession de découvertes concernant les mécanismes de l'hérédité [244] ». Niles Eldredge partage cette opinion et estime que la notion de « prédiction » scientifique est fréquemment employée à tort et à travers [245]. Bien sûr, un évolutionniste ne peut pas prédire l'apparition de telle ou telle nouvelle espèce à telle ou telle date. Mais la théorie de l'évolution, même si elle n'est pas aussi efficace que les grandes théories physiques, permet d'importantes prédictions générales. Par exemple, celle-ci : « Tous les organismes descendant d'un ancêtre commun manifestent des ressemblances qui s'organisent en ensembles emboîtés. » Or cette prédiction est bien confirmée par les observations.

Les poppériens, comme de juste, feront remarquer que cela ne prouve pas, au sens strict, la vérité du darwinisme. Et du pur point de vue de la logique, ils ont certainement raison. Car beaucoup de questions ne sont pas résolues et on peut toujours imaginer qu'une autre théorie expliquera les mêmes faits de façon plus complète et plus convaincante. *Dans l'abstrait,* tout cela est exact et justifie certaines déclarations fracassantes faites par les responsables du British Museum : la théorie de l'évolution ne doit pas être considérée comme « vraie », ce n'est qu'une façon d'interpréter les faits parmi d'autres, etc. Mais certains scientifiques jugent ces déclarations trompeuses et posent la question : à force de répéter que le néodarwinisme n'est pas

« vrai » et n'est même pas « scientifique », n'allez-vous pas donner au public une idée complètement inexacte de la situation ? Le problème n'est pas seulement théorique, mais pratique. Reprenant un mot fameux, Barry Cox a lancé un avertissement révélateur : « De même que la guerre est une affaire trop sérieuse pour qu'on la confie aux seuls militaires, de même la présentation de la science est trop cruciale pour qu'on la remette aux mains des vulgarisateurs [246]. »

Certains enjeux sont particulièrement visibles : en insistant sur le caractère « métaphysique » du néodarwinisme, on légitime les prétentions exorbitantes des créationnistes et de tous les obscurantistes, etc. Mais Barry Cox va plus loin et évoque explicitement des intérêts sociaux et professionnels : « Face aux offensives organisées par les sectes religieuses et mystiques, les évolutionnistes ont besoin d'une organisation pour que leurs idées, soutenues avec non moins de ferveur, soient présentées avec autant d'efficacité que possible. » Ces propos prouvent bien qu'il ne s'agit plus seulement de discutailler sur des nuances épistémologiques, mais de militer énergiquement sur le terrain. Ce qui permet d'ailleurs d'obtenir des résultats palpables. Par exemple, dans le cadre de sa récente exposition sur « l'origine des espèces », le British Museum projetait un petit film ainsi commenté : « Le concept d'évolution par sélection naturelle est, au sens strict, non scientifique. » A cause de la pression exercée par la revue *Nature,* ce film a été retiré de l'exposition afin qu'une nouvelle version plus modérée soit préparée. On ne saurait trop insister sur l'ampleur des enjeux. A la limite, comme l'indiquait un éditorialiste anonyme de *Nature,* il était à craindre que « l'entreprise scientifique » elle-même ne fût globalement disqualifiée !

## Des querelles qui traduisent une certaine « crise »

Si on essaye de faire un premier bilan, on constate donc que le British Museum n'a pas totalement réussi à imposer un nouveau style épistémologique. Il a eu le mérite de soulever un problème de fond : ne conviendrait-il pas de présenter la théorie néodarwinienne de façon plus prudente qu'on ne le fait généralement ? Mais il a ensuite été forcé de jeter du lest. Bon nombre de biologistes, soutenus par la revue *Nature,* semblent s'être mis d'accord pour juger que le British Museum « en faisait trop ».

Mais cela ne signifie pas que toutes les critiques formulées par Halstead étaient justifiées. Il semble que, plus d'une fois, le British Museum ait été victime de procès d'intention. Il n'est pas exact, par exemple, que les expositions incriminées aient donné systématiquement une interprétation *discontinue* de l'évolution. Dans la brochure accompagnant l'exposition sur les dinosaures, il est expressément déclaré que tous les organismes ont un ancêtre commun et qu'ils en proviennent « grâce à un processus de changement très graduel sur une durée extrêmement longue [247] ». Il est également arbitraire de suggérer que le British Museum a plus ou moins délibérément apporté son appui aux thèses créationnistes. Colin Patterson s'est en effet exprimé très nettement : les théories créationnistes sont « purement métaphysiques ». Enfin, l'idée que la propagande cladiste constitue en fait une propagande cryptomarxiste semble manquer de fondements solides.

Il se pourrait même que cette « affaire », si l'on se donne un peu de recul, permette de prendre conscience d'une sorte de « crise » bien réelle. Durant les dernières décennies, on peut dire que la théorie de l'évolution a été essentiellement *gradualiste.* Mais les interprétations *discontinuistes* gagnent aujourd'hui du terrain. Lors d'une grande réunion tenue à Chicago en 1980, de nombreux chercheurs ont critiqué plus ou moins directement la « théorie synthétique » ; en revanche, l'hypothèse de spéciations relativement rapides fait l'objet d'un intérêt croissant. Cette mutation théorique a certainement joué un rôle dans les controverses dont nous parlons. On a parfois l'impression que les partisans du gradualisme se sentent menacés et lancent des contre-offensives un peu désordonnées.

Corrélativement, la lecture des textes montre qu'il existe une certaine opposition entre deux approches : l'une fondée sur la *génétique des populations,* l'autre sur la *paléontologie.* Il faut se garder de durcir les différences. Mais, en gros, la première de ces approches encourage une vision gradualiste de l'évolution (accumulation progressive de mutations géniques), tandis que la seconde fournit fréquemment des arguments aux partisans de l'évolution discontinue. Il est clair que la génétique au sens large n'est pas ignorée par les « discontinuistes ». Car il faut bien expliquer comment se produisent les fameuses spéciations, les « sauts » évolutifs ; et l'hypothèse des « remaniements chromosomiques » est alors fort utile. Mais les chercheurs eux-mêmes ont plusieurs fois confirmé l'existence d'un certain clivage. Par exemple, D.E. Rosen remarque avec insistance que le gradualisme est « dérivé de la génétique des populations » [248]. Francisco Ayala est tout aussi explicite : « A partir de la génétique des populations, nous n'aurions pas prédit l'existence de stases [c'est-à-dire le fait que des espèces persistent sans changements notables sur de longues durées] ; mais je suis maintenant convaincu, à partir de ce que disent les paléontologistes, que les petits changements ne s'accumulent pas *. » Il se pourrait donc que les querelles ici évoquées, loin d'être superficielles, reflètent indirectement des difficultés scientifiques sérieuses concernant la « microévolution » et la « macroévolution ».

* Voir l'article de R. Lewin cité à la note 236.

## Une priorité : faire comprendre les démarches scientifiques

Pour conclure, je voudrais revenir au point de départ et plus précisément à l'un des gros problèmes posés par la vulgarisation et l'enseignement de l'évolutionnisme. Très souvent, en effet, ce dernier est présenté sous une forme passablement dogmatique. Sa « vérité » est donnée pour évidente ou quasi évidente ; et les appels à l'autorité ne sont pas rares. Pour cette raison, comme le soulignent deux biologistes du British Museum, il arrive que des enseignants éprouvent un certain malaise. Aussi n'est-il pas surprenant que des pédagogues cherchent à définir une autre stratégie et rappellent ce mot de T.H. Huxley, le « chien de garde » de Darwin : « L'esprit scientifique a plus de valeur que ses produits ; et des vérités défendues de façon irrationnelle peuvent être plus nuisibles que des erreurs raisonnées. Or l'essence de l'esprit scientifique, c'est l'exercice de la pensée critique [249]. » En clair, la meilleure éducation scientifique est celle qui permet aux gens de comprendre (et même de critiquer) les notions qu'on leur inculque.

Sous ce rapport, l'utilisation pédagogique de la méthode cladiste a indéniablement des aspects très positifs. En effet, l'enseignement traditionnel de la taxinomie (de la classification des espèces) revêt fréquemment une forme autoritaire. Les filiations entre organismes sont données comme résultant du consensus des experts ; et l'activité classificatoire elle-même est volontiers assimilée à un *art*, à un exercice que seules des autorités confirmées peuvent pratiquer intelligemment. Au British Museum, au contraire, un énorme effort a été fait pour que les visiteurs saisissent avec précision *pourquoi* les espèces sont regroupées de telle ou telle façon. Notons-le, ce constat n'implique pas que le cladisme en tant que tel soit dépourvu de tout simplisme et de toute erreur. Mais, comme le dit C. Patterson, « la voix de l'autorité est moins stridente » ; et « le visiteur est encouragé à comprendre et à participer au raisonnement qui étaye cette reconstitution de l'évolution ».

Il suffit d'ailleurs d'aller sur place pour mesurer l'intérêt et l'activité que suscitent les expositions de style « cladiste ». Manifestement, les écoliers et les étudiants qui fréquentent les halls imposants de South Kensington font fonctionner leurs méninges (et pas seulement leur mémoire...). Concédons-le à L.B. Halstead : il est possible que le « fanatisme cladiste » bouscule un peu trop insolemment certaines hypothèses vénérables et certaines traditions tout aussi vénérables. Mais il faut voir là une maladie de jeunesse plutôt qu'une entreprise délibérée de subversion idéologique. Rappelons-nous : une science qui hésite à oublier ses fondateurs est une science perdue. Et finalement, pour tous ceux qui se disent amis de « la science », n'est-il pas rassurant qu'un musée d'histoire naturelle soit capable d'exacerber ainsi les passions ? Ah, mourir pour un cladogramme...

*La Recherche,* septembre 1981

# Les auteurs

Édouard Boureau, membre de l'Institut, professeur honoraire à l'université Pierre-et-Marie-Curie (Paris), est paléobotaniste. Ses recherches concernent les flores disparues et leur importance dans l'évolution. Elles portent actuellement sur les premiers organismes du Précambrien.

Derek Briggs, professeur de paléontologie à l'université de Bristol (Grande-Bretagne), est spécialiste des premiers arthropodes.

Niles Eldredge dirige actuellement le département de paléontologie des invertébrés de l'American Museum of Natural History (New York). Spécialiste des trilobites et des limules, il est l'auteur avec S.J. Gould de la théorie des équilibres ponctués.

Peter Forey est conservateur au département de paléontologie du British Museum (Natural History) à Londres. Spécialiste des cœlacanthes, il travaille également sur le problème de la sortie des eaux chez les vertébrés.

Robert Hoffstetter est directeur de recherche honoraire au CNRS et a été professeur à l'université Pierre-et-Marie-Curie. Spécialiste mondial des faunes d'Amérique du Sud, il a produit la première synthèse paléobiographique de l'histoire des mammifères.

Philippe Janvier est directeur de recherche au CNRS et travaille sur l'évolution des premiers vertébrés à l'Institut de paléontologie du Muséum national d'histoire naturelle.

Zofia Kielan-Jaworowska est professeur à l'université d'Oslo (Norvège) et a longtemps dirigé l'Institut de paléontologie de Varsovie (Pologne). Ses travaux portent sur les mammifères crétacés découverts en Mongolie.

Armand de Ricqlès, professeur d'anatomie comparée à l'université Paris VII, travaille sur l'histologie et la croissance des tissus durs actuels et fossiles, notamment de l'os des dinosaures.

Alfred S. Romer, décédé en 1973, était professeur de paléontologie à l'université de Harvard (USA) et spécialiste des premiers reptiles fossiles. Ses ouvrages généraux sur l'évolution et la paléontologie des vertébrés sont désormais des classiques.

Brigitte Senut est maître-assistante au Muséum national d'histoire naturelle et travaille sur l'anatomie fonctionnelle du bras des primates.

Pascal Tassy est maître de conférences au laboratoire de paléontologie des vertébrés et de paléontologie humaine de l'université Pierre-et-Marie-Curie. Ses recherches sont centrées sur l'évolution des proboscidiens et groupes apparentés.

Herbert Thomas est sous-directeur au laboratoire de paléoanthropologie et préhistoire du Collège de France et effectue des recherches sur l'environnement des premiers hominidés.

Pierre Thuillier enseigne l'histoire des sciences à l'université Paris VII. Il fait également partie de l'équipe rédactionnelle de *la Recherche.*

Tim D. White est professeur à l'université de Californie à Berkeley. Ses recherches actuelles portent sur l'évolution des premiers hominidés.

# Bibliographie *


1. D. Goujet, *Proc. Linn. Soc. N.S.W., 107*, 1984, p. 211.
2. P. Janvier, *Eesti Teaduste Toimetised*, 3, 1978, p. 88.
3. M.J. Benton (ed.), « The phylogeny and classification of the Tetrapods », *Syst. Assoc. Spec. Vol., 35*, Clarendon Press, 1988.
4. B. Gardiner, *Zool. J. Linn. Soc., 74,* 1982, p. 207.
5. J. Gauthier, A.G. Kluge, T. Rowe, *Cladistics, 4*, 1988, p. 105.
6. S. Løvtrup, *Syst. Zool., 34* (4), 1985, p. 463.
7. D. Briggs, R. Fortey, *Lethaia, 15*, 1982, p. 25.
8. A. Ritchie et J. Gilbert-Tomlinson, *Alcheringa, 1,* 1977, p. 10.
9. P.Y. Gagnier, A. Blieck et G. Rodrigo, *Géobios, 19*, 1986, p. 629.
10. Ph. Janvier, *J. Vert. Paleont., 4* (3), 1984, p. 344.
11. Ph. Janvier, *La Recherche, 100*, 1979, p. 584.
12. Ph. Janvier, *La Recherche, 176*, 1986, p. 538 ; M.M. Chang, X.B. Yu, *Proc. Linn. Soc. N.S.W., 107*, 1984, p. 171.
13. C. Patterson et H. Smith, *Nature, 330*, 1987, p. 248.
14. T.S. Kemp. *Zool. J. Linn. Soc., 92*, 1988, p. 67.
15. M. Archer, T.F. Flannery, A. Ritchie et R.E. Molnar, *Nature, 318*, 1985, p. 363.
16. Z. Kielan-Jaworowska, A.W. Crompton et F.A. Jenkins Jr., *Nature, 326*, 1987, p. 871.
17. M.O. Woodbrune et W.J. Zinsmeister, *Science, 218*, 1982, p. 284.


* Des références postérieures à la rédaction des articles sont données à la fin de chaque article *(Pour en savoir plus)* ainsi que d'autres références, généralement moins spécialisées que celles citées ici.

18. M.O. Woodbrune et W.J. Zinsmeister, *J. Paleont., 58*, 1984, p. 913.
19. C. de Muizon, L. Marshall, *La Recherche, 166*, 1985, p. 812.
20. Z. Kielan-Jaworowska, J.G. Eaton et T.M. Brown, *in* J.A. Lillegraven, Z. Kielan-Jaworowska et W.A. Clemens (eds), *Mesozoic Mammals*, University California Press, 1979.
21. M. Mahboubi, R. Ameur, J.Y. Crochet et J.J. Jeager, *C.R. Acad. Sci. Paris, 297*, 1983, p. 691.
22. J.Y. Crochet, *Annls paléont., 70*, 1984, p. 274.
23. J.Y. Crochet, *La Recherche, 174*, 1986, p. 274.
24. D. Pilbeam, *Nature, 295*, 1982, p. 232.
25. P. Andrews, *La Recherche, 137*, 1982, p. 1211.
26. M. Pickford, *La Recherche, 163*, 1985, p. 188.
27. F. Levêque, B. Vandermeersch, *La Recherche, 119*, 1981, p. 242.
28. A. Walker, R.E. Leakey, J.M. Harris, F.H. Brown, *Nature*, 322, 1986, p. 317.
29. M. Blanc, *La Recherche, 120*, 1982, p. 26.
30. E. Mayr et B. Provine (eds), *The Evolutionary Synthesis*, Harvard University Press, 1980.
31. Th. Dobzhansky, *Genetics and the Origin of Species*, 3e éd., Columbia University Press, 1951.
32. W.J. Bock, *Bull. Carnegie Mus. Nat. Hist., 13*, 1979, p. 20.
33. R. Goldschmidt, *The Material Basis of Evolution*, Yale University Press, 1940.
34. O. Schindewolf, *Palaeontologie, Entwicklungslehre und Genetik*, Borntraeger, 1936.
35. G.G. Simpson, *Tempo and Mode in Evolution*, Columbia University Press, 1944.
36. G.G. Simpson, *The Major Features of Evolution*, Columbia University Press, 1953.
37. N. Eldredge, *Evolution, 25*, 1971, p. 156 ; N. Eldredge et S.J. Gould, *in* T.J.M. Schopf (ed.), *Models in Paleobiology*, Freeman, 1972 ; S.J. Gould, N. Eldredge, *Paleobiology, 3*, 1977, p. 115.
38. M. Blanc, *La Recherche, 129*, 1982, p. 26.
39. S.M. Stanley, *Proc. Nat. Acad. Sci. USA, 72*, 1975, p. 646.
40. S. Wright, *in* P.S. Moorhead et M.M. Kaplan (eds), « Mathematical challenges to the neo-darwinian theory of evolution », *Wistar Inst. Symp., 5*, 1967, p. 117.

41. E.S. Vrba, *South African Journal of Science, 72*, 1980, p. 61.
42. G.G. Simpson, *Bull. Amer. Mus. Nat. Hist., 85*, 1945, p. 1.
43. G.G. Simpson, *Principles of Animal Taxonomy*, Columbia University Press, 1961.
44. E. Mayr, *Principles of Systematic Zoology*, New York, McGraw-Hill, 1969 ; E. Mayr, *Z. Zool. Syst. Evol. Forsch., 12*, 1974, p. 94.
45. W. Hennig, *Grundzüge einer Theorie der phylogenetischen Systematik*, Berlin, Deutscher Zentralverlag, 1950.
46. W. Hennig, *Phylogenetic Systematics*, University of Illinois Press, 1966.
47. L.B. Halstead, *Nature, 276,* 1978, p. 759 ; B.G. Gardiner *et al.*, *Nature, 277*, 1979, p. 175.
48. Ph. Janvier, *Annls paléont. (Vert.), 64*, 1978, p. 113 ; S. Løvtrup, *The Phylogeny of Vertebrata*, New York, Wiley and Sons, 1977.
49. D.E. Rosen, *Syst. Zool., 23*, 1974, p. 446.
50. G. Nelson, *Syst. Zool., 23*, 1974, p. 452.
51. W. Hennig, *Syst. Zool., 24*, 1975, p. 244.
52. P. Jouvetin, *La Recherche, 105*, 1979, p. 1058.
53. R. Tedford, *Syst. Zool., 25,* 1976, p. 363.
54. R. Hoffstetter, *Bull. Mem. Soc. anthrop.*, Paris, *4*, 1977, p. 327.
55. D.E. Russell, *La Recherche, 82*, 1977, p. 842.
56. R.D. Martin, *La Recherche, 110*, 1980, p. 469.
57. J.J. Hublin, *Les Origines de l'homme*, Paris, Hachette, 1979.
58. E.L. Simons, *La Recherche, 98*, 1979, p. 260.
59. P. Thuillier, *La Recherche, 102*, 1979, p. 794.
60. G. Nelson, *Syst. Zool., 19*, 1970, p. 373.
61. P. Tassy, Entretiens du Muséum, Comm. orale, 2 mai 1979.
62. S.L. Miller, *Science, 117*, 1953, p. 528 ; G. Toupance, *Étude de l'évolution sous apport d'énergie de modèles de l'atmosphère primitive de la Terre*, thèse d'État, université Paris VI, 1973.
63. M. Calvin, *La Recherche, 41*, 1974, p. 44.
64. L.V. Berkner et L.C. Marshall, *J. Atmosph. Sci., 22*, 1965, p. 225.
65. E.S. Barghoorn et J.W. Schopf, *Science, 152*, 1966, p. 738.

66. E.S. Barghoorn et S.A. Tyler, *Science, 147*, 1965, p. 563.
67. J.P. Devigne, *La Recherche, 67*, 1976, p. 433.
68. J.L. Fischer, *La Recherche, 22*, 1972, p. 335.
69. M.D. Pflug, *Rev. Palaeobot. Palyn., 5*, 1967, p. 9 ; J.W. Schopf et E.S. Barghoorn, *Science, 156*, 1965, p. 508.
70. E. Boureau, *Bull. sci., comité trav. hist. scient., 2* (Sci. nat.) Paris, 8, 1958, p. 1 ; E. Boureau, *C.R. Acad. sci.*, Paris, 271D, 1970, p. 31.
71. J.W. Grüner, *Econ. Geol., 17*, 1922, p. 417 ; W. Nesteroff, *C.R. Acad. sci., 242*, Paris, 1956, p. 1047.
72. P.E. Cloud, G.R. Licari, L.A. Wright et B.W. Troxel, *Proc. Nat. Acad. Sci., 62*, 1969, p. 623 ; J.W. Schopf, *J. Paleont., 42*, p. 651 ; J.W. Schopf, *Proc. 24th intern. geol. Congr., 1*, 1972, p. 68.
73. G.O. Kemp, *J. Palynology, 9*, 1973, p. 1.
74. J.W. Schopf, J.M. Blacic, *J. Paleont., 45*, 1971, p. 925.
75. N.M. Strakhov, *Inst. géol. Serv. géol. URSS, 22,* 1947, p. 1 (en russe).
76. L.G. Love, *Paleontology, 5*, 1962, p. 444 ; N.S. Skripchenko, *Rapp. Earth Sci. Nat., 181*, 1968, p 176 (en russe) ; N.S. Skripchenko, *Dokl. Akad. Nauk SSSR, 8*, 1971, p. 1 (en russe).
77. J. Bertrand, *Bull. Soc. géol. Fr., 7*, 1968, p. 569 ; M.E. Raaben, *Amer. J. Sci., 167*, 1969, p. 1.
78. J. Valentine, *La Recherche, 112*, 1980, p. 666.
79. M.F. Glaessner, M. Wade, *Lethaia, 4*, 1971, p. 71 ; M.F. Glaessner, *Annls Naturhist. Mus. Wien, 83,* 1980, p. 83.
80. S.M. Manton, *The Arthropoda*, Oxford, Clarendon Press, 1977.
81. D.T. Anderson, *Embryology and Phylogeny in Annelids and Arthropods*, Oxford, Pergamon, 1973.
82. C. Patterson, *Antenna, 2*, 1978, p. 99.
83. R.E. Snodgrass, *Smithson. Misc. Collns, 97*, 1938, p. 1.
84. R.R. Hessler et W.A. Newman, *Fossils and Strata, 4*, 1975, p. 437.
85. J.L. Cisne, *Science, 186*, 1974, p. 13 ; J.L. Cisne, *in* D.E. Bliss (ed.), *The Biology of Crustacea, 1*, Academic Press, 1982, p. 65.
86. H.B. Whittington, *Fossils and Strata, 4,* 1975, p. 97 ; H.B. Whittington, *Phil. Trans. R. Soc. London*, B2 *80*, 1977, p. 409.
87. D.E.G. Briggs, *Bull. Geol. Surv. Can., 264*, 1976, p. 1.
88. D.E.G. Briggs, *in* F.R. Schram (ed.), *Crustacean Phylogeny, 1*, Rotterdam, A.A. Balkema, 1983.

89. D.E.G. Briggs, D.L. Bruton et H.B. Whitington, *Palaeontology, 22*, 1979, p. 167.
90. H.B. Whittington, *Phil. Trans. R. Soc. London*, B2 *84*, 1978, p. 165.
91. H.B. Whittington, *Bull. Geol. Surv. Can., 209*, 1971, p. 1.
92. D.L. Bruton, *Phil. Trans. R. Soc. London*, B2 *95*, 1981, p. 619.
93. C.P. Hughes, *Fossils and Strata, 4*, 1975, p. 415.
94. K.J. Müller, *Lethaia, 12*, 1979, p. 1 ; K.J. Müller, *Lethaia, 16*, 1983, p. 93.
95. H. Erdtman, *La Recherche, 8*, 1971, p. 31.
96. (Anonyme), *La Recherche, 27*, 1972, p. 909.
97. Ph. Janvier, *La Recherche, 86*, 1978, p. 175.
98. B.G. Gardiner, *J. Vert. Paleont., 4* (3), 1984, p. 379.
99. J. Peignoux-Deville, Ph. Janvier, *La Recherche, 158*, 1984, p. 1140.
100. A.S. Romer, *Amer. Natural., 76*, 1942, p. 394.
101. Ph. Janvier, R. Lund, *La Recherche, 162*, 1985, p. 98.
102. T. Ørvig, in *Problèmes actuels de paléontologie*, Paris, Éditions du CNRS, 1962, p. 49.
103. E. Stensiö, *in* J. Piveteau (dir.), *Traité de paléontologie, 4* (2), Paris, Masson, 1969.
104. A. de Ricqlès, *La Recherche, 7*, 1970, p. 686.
105. J. Kulczycki, *Acta Paleont. Polonica, 5,* 1960, p. 69.
106. E.I. Vorobyeva, *Paleont. J. Akad. Sci. USSR, 1*, 1960, p. 87, 2, 1960, p. 121.
107. K.S. Thomson, *Bull. Mus. Comp. Zool. Harvard, 131* (10), 1964, p. 315.
108. R. Carroll, *in* C. Gans (ed.), *Biology of the Reptilia, 1*, Academic Press, 1960.
109. A. de Ricqlès, *Atomes, 265*, 1969, p. 318.
110. E.C. Olson, *Fieldiana : Geology, 14*, 1966, p. 199.
111. E. Kuhn-Schnyder, in *Problèmes actuels de paléontologie*, Paris, Éditions du CNRS, 1962, p. 135.
112. A.S. Romer, *Evolution, 25*, 1971, p. 103.
113. A. de Ricqlès, *La Recherche, 10*, 1971, p. 213.
114. A. de Ricqlès, *La Recherche, 2*, 1970, p. 181.
115. G. MacIntyre, *Evolution, 21*, 1967, p. 834.
116. A.S. Brink, *South Afr. J. Science, 59*, 1963, p. 153.
117. M. Crusafont-Pairo, *Notas y Comun. Inst. Min. Espana, 66*, 1962, p. 259.
118. L. Van Valen, *Evolution, 14*, 1960, p. 304.
119. J.A. Hopson, *Annls N.Y. Acad. Sci., 167*, 1979, p. 199.
120. T. Bockelie, R.A. Fortey, *Nature, 36*, 1976, p. 260.

121. J.E. Repetski, *Science, 200*, 1978, p. 529.
122. N. Heintz, *in* T. Ørvig (ed.), *Current Problems in Lower Vertebrate Phylogeny*, Nobel Symposium 4, Stockholm, Almquist and Wiksell, 1968.
123. L. Novitskaya, *Cahiers de paléont.*, Paris, Éditions du CNRS, 1971.
124. A. Blieck, *Cahiers de paléont.*, Paris, Éditions du CNRS, 1985.
125. S. Løvtrup, *The Phylogeny of Vertebrata*, New York, Wiley and Sons, 1977 ; L.B. Halstead, *Biol. Rev., 48*, 1973, p. 1.
126. N. Spjaeldnaes, *Colloques intern. CNRS*, Paris, 1966, p. 163.
127. D. Rosen, P. Forey, B. Gardiner, C. Patterson, *Bull. Amer. Mus. Nat. Hist., 167*, 1981, p. 159.
128. A.S. Romer, *Vertebrate Paleontology,* 3e éd., University of Chicago Press, 1966.
129. E. Jarvik, *Théories de l'évolution des vertébrés reconsidérées à la lumière des découvertes récentes sur les vertébrés inférieurs*, Paris, Masson, 1960.
130. E.H. Colbert, *Evolution of the Vertebrates*, New York, Wiley and Sons, 1980, 3e éd.
131. N. Holmgren, *Acta Zool. Stockholm., 14*, 1933, p. 185.
132. E. Jarvik, *Basic Structure and Evolution of Vertebrates*, Londres, Academic Press, 1980, 2 vol.
133. E. Haeckel, *Generelle Morphologie der Organismen*, Berlin, G. Reimer, 1866.
134. L. Dollo, *Bull. soc. belge Géol. Paléont. Hydrol., 9*, 1896, p. 79.
135. E.S. Gaffney, *Bull. Carnegie Mus. Nat. Hist., 130*, 1979, p. 92.
136. P. Forey, *Proc. R. Soc. London*, B, *208*, 1980, p. 369.
137. H.L. Kesteven, *Proc. R. Soc. Victoria, 59*, 1950, p. 93.
138. E. Jarvik, *Zool. Bidrag Uppsala, 21*, 1942, p. 235.
139. R.T. Bakker, *Nature, 274*, 1978, p. 661.
140. D.M. McLean, *Science, 201*, 1978, p. 201.
141. A. de Ricqlès, *La Recherche, 28*, 1972, p. 992.
142. R.T. Bakker, *Nature, 238*, 1972, p. 81.
143. R.T. Bakker, *Evolution, 28* (3), 1974, p. 497.
144. J.O. Farlow, *Ecology, 57*, 1976, p. 841.
145. P. Béland, D.A. Russell, *J. Can. Sci. Terre, 15* (8), 1978, p. 1012.
146. A. de Ricqlès, *Annls Univ. Madagascar, 6*, 1968, p. 157.

147. T.J. Case, *Paleobiology, 4,* 1978, p. 320.
148. R.D.K. Thomas, E.C. Olson (eds), « A cold Look at hot-blooded dinosaurs », *Amer. Assoc. Adv. Sci.*, 1980.
149. P. Dodson, *Evolution, 28* (3), 1974, p. 494.
150. L. Ginsburg, *Bull. Soc. géol. Fr., 6*, 1964, p. 13.
151. A. de Ricqlès, *La Recherche, 14*, 1971, p. 684 ; *La Recherche, 58*, 1975, p. 608.
152. A.D. Walker, *Nature, 237,* 1972, p. 257 ; E. Buffetaut, *La Recherche, 83*, 1977, p. 997.
153. J. Ostrom, *Coll. intern. CNRS*, Paris, *218*, 1975, p. 519 ; A. de Ricqlès, *La Recherche, 102*, 1979, p. 788.
154. M.K. Hecht, S. Tarsitano, *Zool. J. Linn. Soc. London, 69*, 1980, p. 149.
155. C. Devillers, A. de Ricqlès, *La Recherche, 153*, 1984, p. 377.
156. R. Thulborn, T.L. Hamley, *Austr. J. Zool., 30*, 1982, p. 611.
157. K.N. Whetstone, *J. Vert. Paleont., 2,* 1982, p. 439.
158. A. Feduccia, M. Tordoff, *Science, 203*, 1979, p. 1021.
159. S. Olson, A. Feduccia, *Nature, 278*, 1979, p. 247.
160. J.H. Ostrom, *Nature, 242*, 1973, p. 242.
161. E. Buffetaut, *La Recherche, 83*, 1977, p. 997.
162. G. Gaffney, *in* A.L. Panchen (ed.), *The Terrestrial Environment and the Origin of Land Vertebrates*, Academic Press, 1980.
163. B. Cox, *Nature, 298*, 1982, p. 321.
164. C. Patterson, *in* K. Joysey et A. Friday (eds), *Problems of Phylogenetic Reconstruction*, Academic Press, 1982.
165. Z. Kielan-Jaworowska, N. Dovchin, *Palaeontologica Polonica, 19*, 1969, p. 7.
166. Z. Kielan-Jaworowska, R. Barsbold, *Palaeontologica Polonica, 25*, 1972, p. 5.
167. K.A. Kermack, Z. Kielan-Jaworowska, *in* D.M. Kermack et K.A. Kermack (eds), « Early mammals », *J. Linn. Soc. Zool., 50*, suppl. 1, 1971, p. 103.
168. A.W. Crompton, F.A. Jenkins Jr., *Ann. Rev. Earth Planet Sci., 1,* 1973, p. 131.
169. A.W. Crompton, *Bull. Brit. Mus. (Nat. Hist.), Geology, 24*, 1974, p. 397.
170. F.A. Jenkins, F.R. Parrington, *Phil. Trans. Roy. Soc. London, Biol. Sci., 273*, 1976, p. 387.
171. G. Simpson, *Evolution, 13*, 1959, p. 405.
172. E.C. Olson, *Evolution, 13*, 1959, p. 344.
173. A.W. Crompton, *in* D.M. Kermack et K.A. Kermack

(eds), « Early mammals », *J. Linn. Soc. Zool., 50*, suppl. 1, 1971, p. 65.
174. J.A. Hopson, A.W. Crompton, *in* T. Dobzhansky, M.K. Hecht et W.C. Steere (eds), *Evolutionary Biology 3*, Appleton-Century-Crofts, 1969, p. 15.
175. G. Hahn, *Palaeontographica, A, 142*, 1973, p. 1.
176. Z. Kielan-Jaworowska, *Palaeontologica Polonica, 25*, 1971.
177. Z. Kielan-Jaworowska, *Nature, 277*, 1979.
178. (Anonyme), *La Recherche, 101*, 1979, p. 662.
179. Z. Kielan-Jaworowska, *Nature, 225*, 1975.
180. K.A. Kermack, P.M. Lees, F. Mussett, *Proc. Royal. Soc. B., 162*, 1965, p. 535.
181. R. Hoffstetter, *Ann. paléont., 59*, 1973, p. 137.
182. J. Lillegraven, *Ann. Rev. Ecol. Syst., 5,* 1974, p. 263.
183. B.A. Trofimov, *in* E.I. Beliaeva, B.A. Trofimov et V.J. Reshetov (eds), *Joint Soviet-Mongol. Paleont. Exped. Trans., 1*, 1974, p. 19.
184. B. Slaughter, *Postilla, 93*, 1965, p. 1.
185. P.M. Butler, *Breviora, 446*, 1978, p. 1.
186. W.A. Clemens, *in* B. Stonehouse and D. Gilmore (eds), *The Biology of Marsupials,* Mcmillan Press, 1977.
187. J.A.W. Kirsch, *Amer. Scient., 65,* 1977, p. 276.
188. Z. Kielan-Jaworowska, *Ann. S. Afr. Mus., 64,* 1974, p. 231.
189. A.W. Crompton, *Optima, 137*, 1968.
190. E.H. Colbert, *Quart. Rev. Biol., 46*, 1971, p. 250.
191. G.M. Air *et al., Nature, 229*, 1971, p. 391.
192. J.A. Lillegraven, *Univ. Kansas Pal. Contrib., 50*, 1969.
193. G.B. Sharman, *Science, 167*, 1970, p. 1221.
194. R. Hoffstetter, *C.R. Acad. Sc., Paris, 271-D*, 1970, p. 388 ; *274-D*, 1972, p. 2635.
195. B. Sigé, *Bull. Mus. Nat. Hist. Nat., 99, Sc. Terre*, 1972, p. 19.
196. D.E. Russell, *Mém. BRGM, 58*, colloque sur l'Éocène, 1968, p. 291, et observations inédites.
197. W.J. Kennedy, M. Cooper, *J. Geol. Soc. London, 131*, 1975, p. 283.
198. G.L. Freeland, R.S. Dietz, *Nature, 232*, 1971, p. 20.
199. G.H.R. von Koenigswald, *Proc. Kon. Nederl. Akad. Wetens, (B) 70*, 1967, p. 529.
200. R. Hoffstetter, *C.R. Acad. Sc., Paris, 269-D*, 1969, p. 434.
201. P.D. Gingerich, *Folia Primat., 19*, 1973, p. 329 ; R.

Hoffstetter, *C.R. Acad. Sc., Paris, 278-D*, 1974, p. 1715.
202. V.M. Sarich, *in* J.R. et P.H. Napier (eds), *Old World Monkeys*, Academic Press, 1970.
203. R. Lavocat, « What is an hystricomorph ? », *Symp. Zool. Soc. London, 34,* 1974 ; R. Hoffstetter, *in 1ro Congress Arg. Paleont. Bioestrat.*, Tucuman, 1974 ; J.-L. Hartenberger, *La Recherche, 47*, 1974, p. 685.
204. R. Dehm, Th. zu Oettingen-Speilberg, *Bayer. Akad. Wiss., math. nat. K1, 91*, 1968.
205. R. Schlich, *La Recherche, 40*, 1973, p. 1100 ; R. Schlich, *Initial Reports of the Deep Sea Drilling Projects, 25*, 1974, p. 663 ; P. Molnar, P. Tapponnier, *Science, 189*, 1975, p. 419.
206. R. Dreiman, *La Recherche, 130*, 1982, p. 253.
207. T.D. White, *Am. J. Phys. Anthrop., 46*, 1977, p. 197 ; *53*, 1980, p. 487 ; *Science, 208*, 1980, p. 175 ; *213*, 1981, p. 348.
208. D.C. Johanson, T.D. White, Y. Coppens, *Kirtlandia, 28*, 1978, p. 1.
209. D.C. Johanson, T.D. White, *Science, 203*, 1979, p. 321.
210. C.O. Lovejoy, *Science, 211*, 1981, p. 341.
211. B. Dutrillaux, *La Recherche, 127*, 1981, p. 1246.
212. D.C. Johanson, *Science News, 124*, 1983, p. 8 ; *Science, 220*, 1983, p. 700 ; *New Scientist*, 12 mai et 9 juin 1983.
213. J.T. Stern, R.L. Susman, *Am. J. Phys. Anthrop., 60*, 1983, p. 279.
214. B. Senut, *Cahiers de paléoanthropologie*, CNRS, 1981.
215. B. Senut, *Am. J. Phys. Anthrop., 56*, 1981, p. 275.
216. H.M. MacHenry, *Am. J. Phys. Anthrop., 62*, 1983, p. 187.
217. R.L. Susman, N. Creel, *Am. J. Phys. Anthrop., 51*, 1979, p. 311.
218. R.L. Susman, J.T. Stern, *Am. J. Phys. Anthrop., 50*, 1979, p. 565.
219. M.W. Marzke, *J. Hum. Evol., 12*, 1983, p. 197.
220. C. Tardieu, *Cahiers de paléoanthropologie*, CNRS, 1983.
221. C. Berge, J.-F. Ponge, *Bull. Mém. Soc. Anthrop. Paris, 10, no sp.* 1983, p. 336.
222. P. Schmid, *Folia Primatol., 40,* 1983, p. 283.
223. M.D. Leakey, *Nat. Geog. Mag., 446*, avril 1979.
224. M.D. Leakey, R.L. Hay, *Nature, 278*, 1979, p. 317.

225. T.D. Olson, in *Aspects of Human Evolution*, Taylor and Francis, 1981, p. 99.
226. Y. Coppens, *C.R. Acad. sc., supp. vie académique, 292*, 1981, p. 3.
227. Y. Coppens, *Pontificiae Academiae Scientarum Scripta Varia, 50*, 1983, p. 1.
228. R. Fifield, *New Scientist*, avril 1981, p. 76 ; R. Thorne, *History Today*, mai 1981, p. 48.
229. P. Thuillier, *La Recherche, 123*, 1981, p. 710.
230. H. Rothman, *Nature, 288*, 1980, p. 430.
231. C. Patterson, *Nature, 288*, 1980, p. 430.
232. Ph. Janvier, *Nature, 289*, 1981, p. 626.
233. S.J. Gould, *Nature, 289*, 1981, p. 742.
234. G. Dover, *Nature, 290*, 1981, p. 539.
235. J.R.G. Turner, *Nature, 291*, 1981, p. 374.
236. R. Lewin, *Science, 210,* 1980, p. 883.
237. M.J. Hughes-Games, *Nature, 288*, 1980, p. 430.
238. C. Patterson, *Evolution*, Londres, Routledge and Kegan Paul/British Museum (Natural History), 1978, p. 145.
239. L.B. Halstead, *New Scientist*, juillet 1980, p. 215.
240. J. Bouveresse, *La Recherche, 50*, 1974, p. 955.
241. K. Popper, *Unended Quest. An intellectual autobiography*, Fontana-Collins, 1976, p. 168.
242. K. Popper, *New Scientist*, août 1980, p. 611.
243. B. Pearson, *Nature, 291*, 1981, p. 186.
244. (Anonyme), *Nature, 291*, 1981, p. 75.
245. N. Eldredge, *Science, 212*, 1981, p. 737.
246. B. Cox, *Nature, 291*, 1981, p. 373.
247. *Dinosaurs and their Living Relatives*, British Museum (Natural History), 1979, p. 8.
248. D.E. Rosen, *Nature, 289*, 1981, p. 105.
249. P.H. Greenwood, J.F. Peake, *Nature, 290*, 1981, p. 540.

# *Table*

## *Les théories de l'évolution*



## *Les premières formes de la vie*

## *La diversification des vertébrés*



## *La vie au Mésozoïque*



## *L'aube des mammifères*

## *Les premiers hominidés*



## *Paléontologie et société*

IMPRIMERIE HÉRISSEY A ÉVREUX (EURE)
DÉPÔT LÉGAL JANVIER 1989. N° 10483 (46344).

# Collection Points

**SÉRIE SCIENCES**

*dirigée par Jean-Marc Lévy-Leblond*

S1. La Recherche en biologie moléculaire, *ouvrage collectif*
S2. Des astres, de la vie et des hommes, *par Robert Jastrow*
S3. (Auto)critique de la science
*par Alain Jaubert et Jean-Marc Lévy-Leblond*
S4. Le Dossier électronucléaire
*par le syndicat CFDT de l'Énergie atomique*
S5. Une révolution dans les sciences de la Terre
*par A. Hallam*
S6. Jeux avec l'infini, *par Rózsa Péter*
S7. La Recherche en astrophysique, *ouvrage collectif*
S8. Epuisé (voir S57).
S9. La Science chinoise et l'Occident, *par Joseph Needham*
S10. Les Origines de la vie, *par Joël de Rosnay*
S11. Échec et Maths, *par Stella Baruk*
S12. L'Oreille et le Langage, *par Alexandre Tomatis*
S13. Les Énergies du soleil, *par Pierre Audibert*
*en collaboration avec Danielle Rouard*
S14. Cosmic Connection ou l'Appel des étoiles, *par Carl Sagan*
S15. Les Ingénieurs de la Renaissance, *par Bertrand Gille*
S16. La Vie de la cellule à l'homme, *par Max de Ceccatty*
S17. La Recherche en éthologie, *ouvrage collectif*
S18. Le Darwinisme aujourd'hui, *ouvrage collectif*
S19. Albert Einstein, créateur et rebelle, *par Banesh Hoffmann*
S20. Les Trois Premières Minutes de l'univers, *par Steven Weinberg*
S21. Les Nombres et leurs mystères, *par André Warusfel*
S22. La Recherche sur les énergies nouvelles, *ouvrage collectif*
S23. La Nature de la physique, *par Richard Feynman*
S24. La Matière aujourd'hui, *ouvrage collectif*
S25. La Recherche sur les grandes maladies, *ouvrage collectif*
S26. L'Étrange Histoire des Quanta
*par Banesh Hoffmann, Michel Paty*
S27. Éloge de la différence, *par Albert Jacquard*
S28. La Lumière, *par Bernard Maitte*
S29. Penser les mathématiques, *ouvrage collectif*
S30. La Recherche sur le cancer, *ouvrage collectif*
S31. L'Énergie verte, *par Laurent Piermont*
S32. Naissance de l'Homme, *par Robert Clarke*
S33. Recherche et Technologie, *Actes du Colloque national*
S34. La Recherche en physique nucléaire, *ouvrage collectif*
S35. Marie Curie, *par Robert Reid*
S36. L'Espace et le Temps aujourd'hui, *ouvrage collectif*
S37. La Recherche en histoire des sciences, *ouvrage collectif*
S38. Petite Logique des forces, *par Paul Sandori*

S39. L'Esprit de sel, *par Jean-Marc Lévy-Leblond*
S40. Le Dossier de l'énergie
*par le Groupe confédéral énergie de la CFDT*
S41. Comprendre notre cerveau, *par Jacques-Michel Robert*
S42. La Radioactivité artificielle
*par Monique Bordry et Pierre Radvanyi*
S43. Darwin et les Grandes Énigmes de la vie
*par Stephen Jay Gould*
S44. Au péril de la science ?, *par Albert Jacquard*
S45. La Recherche sur la génétique et l'hérédité, *ouvrage collectif*
S46. Le Monde quantique, *ouvrage collectif*
S47. Une histoire de la physique et de la chimie
*par Jean Rosmorduc*
S48. Le Fil du temps, *par André Leroi-Gourhan*
S49. Une histoire des mathématiques
*par Amy Dahan-Dalmedico et Jeanne Peiffer*
S50. Les Structures du hasard, *par Jean-Louis Boursin*
S51. Entre le cristal et la fumée, *par Henri Atlan*
S52. La Recherche en intelligence artificielle, *ouvrage collectif*
S53. Le Calcul, l'Imprévu, *par Ivar Ekeland*
S54. Le Sexe et l'Innovation, *par André Langaney*
S55. Patience dans l'azur, *par Hubert Reeves*
S56. Contre la méthode, *par Paul Feyerabend.*
S57. La Recherche en neurobiologie, *ouvrage collectif* (nouvelle édition).
S58. La Recherche en paléontologie, *ouvrage collectif.*

## Collection « Science ouverte »

*dirigée par Jean-Marc Lévy-Leblond*

L'Encerclement, *par Barry Commoner*
(Auto)critique de la science, *par Alain Jaubert et J.-M. Lévy-Leblond*
Les Biocrates, *par Gérard Leach*
La Marijuana, *par Solomon H. Snyder*
Échec et Maths, *par Stella Baruk*
La Dimension humaine, *par Alexander Alland*
La Chair des dieux, *par Peter T. Furst*
Le Partage du savoir, *par Philippe Roqueplo*
Philosophie de la physique, *par Mario Bunge*
Le Cerveau conscient, *par Steven Rose*
Science, Technique et Capital, *par Benjamin Coriat*
La Science et le Militaire, *par Georges Menahem*
Machina Sapiens, *par William Skyvington*
Discours biologique et Ordre social, *par Pierre Achard Antoinette Chauvenet, Élisabeth Lage, Françoise Lentin Patricia Nève et Georges Vignaux*
L'Idéologie de/dans la science, *par H. Rose, S. Rose et al.*
La Lutte pour l'espace, *par Alain Dupas*
Fabrice ou l'École des mathématiques, *par Stella Baruk*
Les Formes dans la nature, *par Peter S. Stevens*
Les Trois Premières Minutes de l'univers, *par Steven Weinberg*
Éloge de la différence, *par Albert Jacquard*
Les Médecines de l'Asie, *par Pierre Huard, Jean Bossy, Guy Mazars*
Ces singes qui parlent, *par Eugene Linden*
L'Araignée et le Tisserand, *par G. Ciccotti, M. Cini G. Jona-Lasinio, M. De Maria*
Lamarck ou le mythe du précurseur *par Madeleine Barthélemy-Madaule*
Le Sexe et l'Innovation, *par André Langaney*
Contre la méthode, *par Paul Feyerabend*
Les Mécaniciens grecs, *par Bertrand Gille*
Les Manipulations génétiques, *par Agata Mendel*
Les Dragons de l'Éden, *par Carl Sagan*
Naissance de l'Homme, *par Robert Clarke*
La Terre en colère, *par Basil Booth et Franck Fitch*
Le Petit Savant illustré, *par Pierre Thuillier*
Dormir, rêver, *par William C. Dement*
Les Confessions d'un chimiste ordinaire, *par Jean Jacques*
Patience dans l'azur, *par Hubert Reeves*
La Civilisation du risque, *par Patrick Lagadec*
Au péril de la science ?, *par Albert Jacquard*
Comprendre notre cerveau, *par Jacques-Michel Robert*
Les Manèges de la vie, *par Paul Colinvaux*

L'Intelligence gaspillée, *par Michel Schiff*
Penser la technique, *par Philippe Roqueplo*
Les Savoirs ventriloques, *par Pierre Thuillier*
Le Calcul, l'Imprévu, *par Ivar Ekeland*
La Société digitale
*par Pierre-Alain Mercier, François Plassard et Victor Scardigli*
Poussières d'étoiles, *par Hubert Reeves*
L'Age du capitaine, *par Stella Baruk*
Le Paranormal, *par Henri Broch*
L'Univers presque ambidextre, *par Martin Gardner*
La Quatrième Dimension, *par Rudy Rucker*
Les Enfants d'Uranie, *par Evry Schatzman*
Vivent les bébés !, *par Dominique Simonnet*
A tort et à raison, *par Henri Atlan*
L'Héritage de la liberté, *par Albert Jacquard*
L'Heure de s'enivrer, *par Hubert Reeves*
Le Destin des Étoiles, *par George Greenstein*
La Matière première, *par Michel Crozon*
Figures de l'infini, *par Tony Lévy*
La Souris truquée, *par William Broad et Nicholas Wade*
Les Machines à penser, *par Jacques Arsac*
Le Sourire du flamant rose, *par Stephen Jay Gould*
États d'urgence, *par Patrick Lagadec*
Correspondance 1916-1955, *Albert Einstein et Max Born*
L'Aventure du vivant, *par Joël de Rosnay*
Le Passé recomposé, *par Jean-Pierre Adam*
Histoire mondiale des sciences, *par Colin Ronan*
Connaître, *par Francisco Varela*

# Collection Points

## SÉRIE ROMAN

R1. Le Tambour, *par Günter Grass*
R2. Le Dernier des Justes, *par André Schwarz-Bart*
R3. Le Guépard, *par Giuseppe Tomasi di Lampedusa*
R4. La Côte sauvage, *par Jean-René Huguenin*
R5. Acid Test, *par Tom Wolfe*
R6. Je vivrai l'amour des autres, *par Jean Cayrol*
R7. Les Cahiers de Malte Laurids Brigge *par Rainer Maria Rilke*
R8. Moha le fou, Moha le sage, *par Tahar Ben Jelloun*
R9. L'Horloger du Cherche-Midi, *par Luc Estang*
R10. Le Baron perché, *par Italo Calvino*
R11. Les Bienheureux de La Désolation, *par Hervé Bazin*
R12. Salut Galarneau !, *par Jacques Godbout*
R13. Cela s'appelle l'aurore, *par Emmanuel Roblès*
R14. Les Désarrois de l'élève Törless, *par Robert Musil*
R15. Pluie et Vent sur Télumée Miracle *par Simone Schwarz-Bart*
R16. La Traque, *par Herbert Lieberman*
R17. L'Imprécateur, *par René-Victor Pilhes*
R18. Cent Ans de solitude, *par Gabriel Garcia Marquez*
R19. Moi d'abord, *par Katherine Pancol*
R20. Un jour, *par Maurice Genevoix*
R21. Un pas d'homme, *par Marie Susini*
R22. La Grimace, *par Heinrich Böll*
R23. L'Age du tendre, *par Marie Chaix*
R24. Une tempête, *par Aimé Césaire*
R25. Moustiques, *par William Faulkner*
R26. La Fantaisie du voyageur *par François-Régis Bastide*
R27. Le Turbot, *par Günter Grass*
R28. Le Parc, *par Philippe Sollers*
R29. Ti Jean L'horizon, *par Simone Schwarz-Bart*
R30. Affaires étrangères, *par Jean-Marc Roberts*
R31. Nedjma, *par Kateb Yacine*
R32. Le Vertige, *par Evguénia Guinzbourg*
R33. La Motte rouge, *par Maurice Genevoix*
R34. Les Buddenbrook, *par Thomas Mann*
R35. Grand Reportage, *par Michèle Manceaux*
R36. Isaac le mystérieux (Le ver et le solitaire) *par Jerome Charyn*
R37. Le Passage, *par Jean Reverzy*
R38. Chesapeake, *par James A. Michener*
R39. Le Testament d'un poète juif assassiné *par Elie Wiesel*
R40. Candido, *par Leonardo Sciascia*

R41. Le Voyage à Paimpol, *par Dorothée Letessier*
R42. L'Honneur perdu de Katharina Blum
*par Heinrich Böll*
R43. Le Pays sous l'écorce, *par Jacques Lacarrière*
R44. Le Monde selon Garp, *par John Irving*
R45. Les Trois Jours du cavalier, *par Nicole Ciravégna*
R46. Nécropolis, *par Herbert Lieberman*
R47. Fort Saganne, *par Louis Gardel*
R48. La Ligne 12, *par Raymond Jean*
R49. Les Années de chien, *par Günter Grass*
R50. La Réclusion solitaire, *par Tahar Ben Jelloun*
R51. Senilità, *par Italo Svevo*
R52. Trente Mille Jours, *par Maurice Genevoix*
R53. Cabinet Portrait, *par Jean-Luc Benoziglio*
R54. Saison violente, *par Emmanuel Roblès*
R55. Une comédie française, *par Erik Orsenna*
R56. Le Pain nu, *par Mohamed Choukri*
R57. Sarah et le Lieutenant français, *par John Fowles*
R58. Le Dernier Viking, *par Patrick Grainville*
R59. La Mort de la phalène, *par Virginia Woolf*
R60. L'Homme sans qualités, tome 1, *par Robert Musil*
R61. L'Homme sans qualités, tome 2, *par Robert Musil*
R62. L'Enfant de la mer de Chine, *par Didier Decoin*
R63. Le Professeur et la Sirène
*par Giuseppe Tomasi di Lampedusa*
R64. Le Grand Hiver, *par Ismaïl Kadaré*
R65. Le Cœur du voyage, *par Pierre Moustiers*
R66. Le Tunnel, *par Ernesto Sabato*
R67. Kamouraska, *par Anne Hébert*
R68. Machenka, *par Vladimir Nabokov*
R69. Le Fils du pauvre, *par Mouloud Feraoun*
R70. Cités à la dérive, *par Stratis Tsirkas*
R71. Place des Angoisses, *par Jean Reverzy*
R72. Le Dernier Chasseur, *par Charles Fox*
R73. Pourquoi pas Venise, *par Michèle Manceaux*
R74. Portrait de groupe avec dame, *par Heinrich Böll*
R75. Lunes de fiel, *par Pascal Bruckner*
R76. Le Canard de bois (Les Fils de la Liberté, I)
*par Louis Caron*
R77. Jubilee, *par Margaret Walker*
R78. Le Médecin de Cordoue, *par Herbert Le Porrier*
R79. Givre et Sang, *par John Cowper Powys*
R80. La Barbare, *par Katherine Pancol*
R81. Si par une nuit d'hiver un voyageur, *par Italo Calvino*
R82. Gerardo Laïn, *par Michel del Castillo*
R83. Un amour infini, *par Scott Spencer*
R84. Une enquête au pays, *par Driss Chraïbi*
R85. Le Diable sans porte (tome 1 : Ah, mes aïeux !)
*par Claude Duneton*
R86. La Prière de l'absent, *par Tahar Ben Jelloun*

R87. Venise en hiver, *par Emmanuel Roblès*
R88. La Nuit du Décret, *par Michel del Castillo*
R89. Alejandra, *par Ernesto Sabato*
R90. Plein Soleil, *par Marie Susini*
R91. Les Enfants de fortune, *par Jean-Marc Roberts*
R92. Protection encombrante, *par Heinrich Böll*
R93. Lettre d'excuse, *par Raphaële Billetdoux*
R94. Le Voyage indiscret, *par Katherine Mansfield*
R95. La Noire, *par Jean Cayrol*
R96. L'Obsédé (L'Amateur), *par John Fowles*
R97. Siloé, *par Paul Gadenne*
R98. Portrait de l'artiste en jeune chien
*par Dylan Thomas*
R99. L'Autre, *par Julien Green*
R100. Histoires pragoises, *par Rainer Maria Rilke*
R101. Bélibaste, *par Henri Gougaud*
R102. Le Ciel de la Kolyma (Le Vertige, II)
*par Evguénia Guinzbourg*
R103. La Mulâtresse Solitude, *par Simone Schwarz-Bart*
R104. L'Homme du Nil, *par Stratis Tsirkas*
R105. La Rhubarbe, *par René-Victor Pilhes*
R106. Gibier de potence, *par Kurt Vonnegut*
R107. Memory Lane, *par Patrick Modiano*
*dessins de Pierre Le Tan*
R108. L'Affreux Pastis de la rue des Merles
*par Carlo Emilio Gadda*
R109. La Fontaine obscure, *par Raymond Jean*
R110. L'Hôtel New Hampshire, *par John Irving*
R111. Les Immémoriaux, *par Victor Segalen*
R112. Cœur de lièvre, *par John Updike*
R113. Le Temps d'un royaume, *par Rose Vincent*
R114. Poisson-chat, *par Jerome Charyn*
R115. Abraham de Brooklyn, *par Didier Decoin*
R116. Trois Femmes, *suivi de* Noces, *par Robert Musil*
R117. Les Enfants du sabbat, *par Anne Hébert*
R118. La Palmeraie, *par François-Régis Bastide*
R119. Maria Republica, *par Agustin Gomez-Arcos*
R120. La Joie, *par Georges Bernanos*
R121. Incognito, *par Petru Dumitriu*
R122. Les Forteresses noires, *par Patrick Grainville*
R123. L'Ange des ténèbres, *par Ernesto Sabato*
R124. La Fiera, *par Marie Susini*
R125. La Marche de Radetzky, *par Joseph Roth*
R126. Le vent souffle où il veut, *par Paul-André Lesort*
R127. Si j'étais vous..., *par Julien Green*
R128. Le Mendiant de Jérusalem, *par Elie Wiesel*
R129. Mortelle, *par Christopher Frank*
R130. La France m'épuise, *par Jean-Louis Curtis*
R131. Le Chevalier inexistant, *par Italo Calvino*
R132. Dialogues des Carmélites, *par Georges Bernanos*

R133. L'Étrusque, *par Mika Waltari*
R134. La Rencontre des hommes, *par Benigno Cacérès*
R135. Le Petit Monde de Don Camillo
*par Giovanni Guareschi*
R136. Le Masque de Dimitrios, *par Eric Ambler*
R137. L'Ami de Vincent, *par Jean-Marc Roberts*
R138. Un homme au singulier, *par Christopher Isherwood*
R139. La Maison du désir, *par France Huser*
R140. Moi et ma cheminée, *par Herman Melville*
R141. Les Fous de Bassan, *par Anne Hébert*
R142. Les Stigmates, *par Luc Estang*
R143. Le Chat et la Souris, *par Günter Grass*
R144. Loïca, *par Dorothée Letessier*
R145. Paradiso, *par José Lezama Lima*
R146. Passage de Milan, *par Michel Butor*
R147. Anonymus, *par Michèle Manceaux*
R148. La Femme du dimanche
*par Carlo Fruttero et Franco Lucentini*
R149. L'Amour monstre, *par Louis Pauwels*
R150. L'Arbre à soleils, *par Henri Gougaud*
R151. Traité du zen et de l'entretien des motocyclettes
*par Robert M. Pirsig*
R152. L'Enfant du cinquième Nord, *par Pierre Billon*
R153. N'envoyez plus de roses, *par Eric Ambler*
R154. Les Trois Vies de Babe Ozouf, *par Didier Decoin*
R155. Le Vert Paradis, *par André Brincourt*
R156. Varouna, *par Julien Green*
R157. L'Incendie de Los Angeles, *par Nathanaël West*
R158. Les Belles de Tunis, *par Nine Moati*
R159. Vertes Demeures, *par William Henry Hudson*
R160. Les Grandes Vacances, *par Francis Ambrière*
R161. Ceux de 14, *par Maurice Genevoix*
R162. Les Villes invisibles, *par Italo Calvino*
R163. L'Agent secret, *par Graham Greene*
R164. La Lézarde, *par Édouard Glissant*
R165. Le Grand Escroc, *par Herman Melville*
R166. Lettre à un ami perdu, *par Patrick Besson*
R167. Evaristo Carriego, *par Jorge Luis Borges*
R168. La Guitare, *par Michel del Castillo*
R169. Épitaphe pour un espion, *par Eric Ambler*
R170. Fin de saison au Palazzo Pedrotti, *par Frédéric Vitoux*
R171. Jeunes Années. Autobiographie 1, *par Julien Green*
R172. Jeunes Années. Autobiographie 2, *par Julien Green*
R173. Les Égarés, *par Frédérick Tristan*
R174. Une affaire de famille, *par Christian Giudicelli*
R175. Le Testament amoureux, *par Rezvani*
R176. C'était cela notre amour, *par Marie Susini*
R177. Souvenirs du triangle d'or, *par Alain Robbe-Grillet*
R178. Les Lauriers du lac de Constance, *par Marie Chaix*
R179. Plan B, *par Chester Himes*

R180. Le Sommeil agité, *par Jean-Marc Roberts*
R181. Roman Roi, *par Renaud Camus*
R182. Vingt Ans et des poussières
*par Didier van Cauwelaert*
R183. Le Château des destins croisés
*par Italo Calvino*
R184. Le Vent de la nuit, *par Michel del Castillo*
R185. Une curieuse solitude, *par Philippe Sollers*
R186. Les Trafiquants d'armes, *par Eric Ambler*
R187. Un printemps froid, *par Danièle Sallenave*
R188. Mickey l'Ange, *par Geneviève Dormann*
R189. Histoire de la mer, *par Jean Cayrol*
R190. Senso, *par Camillo Boito*
R191. Sous le soleil de Satan, *par Georges Bernanos*
R192. Niembsch ou l'immobilité, *par Peter Härtling*
R193. Prends garde à la douceur des choses
*par Raphaële Billetdoux*
R194. L'Agneau carnivore, *par Agustin Gomez-Arcos*
R195. L'Imposture, *par Georges Bernanos*
R196. Ararat, *par D. M. Thomas*
R197. La Croisière de l'angoisse, *par Eric Ambler*
R198. Léviathan, *par Julien Green*
R199. Sarnia, *par Gerald Basil Edwards*
R200. Le Colleur d'affiches, *par Michel del Castillo*
R201. Un mariage poids moyen, *par John Irving*
R202. John l'Enfer, *par Didier Decoin*
R203. Les Chambres de bois, *par Anne Hébert*
R204. Mémoires d'un jeune homme rangé
*par Tristan Bernard*
R205. Le Sourire du Chat, *par François Maspero*
R206. L'Inquisiteur, *par Henri Gougaud*
R207. La Nuit américaine, *par Christopher Frank*
R208. Jeunesse dans une ville normande
*par Jacques-Pierre Amette*
R209. Fantôme d'une puce, *par Michel Braudeau*
R210. L'Avenir radieux, *par Alexandre Zinoviev*
R211. Constance D., *par Christian Combaz*
R212. Épaves, *par Julien Green*
R213. La Leçon du maître, *par Henry James*
R214. Récit des temps perdus, *par Aris Fakinos*
R215. La Fosse aux chiens, *par John Cowper Powys*
R216. Les Portes de la forêt, *par Elie Wiesel*
R217. L'Affaire Deltchev, *par Eric Ambler*
R218. Les amandiers sont morts de leurs blessures
*par Tahar Ben Jelloun*
R219. L'Admiroir, *par Anny Duperey*
R220. Les Grands Cimetières sous la lune, *par Georges Bernanos*
R221. La Créature, *par Étienne Barilier*
R222. Un Anglais sous les tropiques, *par William Boyd*
R223. La Gloire de Dina, *par Michel del Castillo*

R224. Poisson d'amour, *par Didier van Cauwelaert*
R225. Les Yeux fermés, *par Marie Susini*
R226. Cobra, *par Severo Sarduy*
R227. Cavalerie rouge, *par Isaac Babel*
R228. Tous les soleils, *par Bertrand Visage*
R229. Pétersbourg, *par Andréi Biély*
R230. Récits d'un jeune médecin, *par Mikhaïl Boulgakov*
R231. La Maison des prophètes, *par Nicolas Saudray*
R232. Trois Heures du matin à New York
*par Herbert Lieberman*
R233. La Mère du printemps, *par Driss Chraïbi*
R234. Adrienne Mesurat, *par Julien Green*
R235. Jusqu'à la mort, *par Amos Oz*
R236. Les Envoûtés, *par Witold Gombrowicz*
R237. Frontière des ténèbres, *par Eric Ambler*
R238. Les Deux Sacrements, *par Heinrich Böll*
R239. Cherchant qui dévorer, *par Luc Estang*
R240. Le Tournant, histoire d'une vie, *par Klaus Mann*
R241. Aurélia, *par France Huser*
R242. Le Sixième Hiver, *par Douglas Orgill et John Gribbin*
R243. Naissance d'un spectre, *par Frédérick Tristan*
R244. Lorelei, *par Maurice Genevoix*
R245. Le Bois de la nuit, *par Djuna Barnes*
R246. La Caverne céleste, *par Patrick Grainville*
R247. L'Alliance, tome 1, *par James A. Michener*
R248. L'Alliance, tome 2, *par James A. Michener*
R249. Juliette, chemin des Cerisiers, *par Marie Chaix*
R250. Le Baiser de la femme-araignée, *par Manuel Puig*
R251. Le Vésuve, *par Emmanuel Roblès*
R252. Comme neige au soleil, *par William Boyd*
R253. Palomar, *par Italo Calvino*
R254. Le Visionnaire, *par Julien Green*
R255. La Revanche, *par Henry James*
R256. Les Années-lumière, *par Rezvani*
R257. La Crypte des capucins, *par Joseph Roth*
R258. La Femme publique, *par Dominique Garnier*
R259. Maggie Cassidy, *par Jack Kerouac*
R260. Mélancolie Nord, *par Michel Rio*
R261. Énergie du désespoir, *par Eric Ambler*
R262. L'Aube, *par Elie Wiesel*
R263. Le Paradis des orages, *par Patrick Grainville*
R264. L'Ouverture des bras de l'homme, *par Raphaële Billetdoux*
R265. Méchant, *par Jean-Marc Roberts*
R266. Un policeman, *par Didier Decoin*
R267. Les Corps étrangers, *par Jean Cayrol*
R268. Naissance d'une passion, *par Michel Braudeau*
R269. Dara, *par Patrick Besson*
R270. Parias, *par Pascal Bruckner*
R271. Le Soleil et la Roue, *par Rose Vincent*
R272. Le Malfaiteur, *par Julien Green*

R273. Scarlett, si possible, *par Katherine Pancol*
R274. Journal d'une fille de Harlem, *par Julius Horwitz*
R275. Le Nez de Mazarin, *par Anny Duperey*
R276. La Chasse à la licorne, *par Emmanuel Roblès*
R277. Red Fox, *par Anthony Hyde*
R278. Minuit, *par Julien Green*
R279. L'Enfer, *par René Belletto*
R280. Et si on parlait d'amour, *par Claire Gallois*
R281. Pologne, *par James A. Michener*
R282. Notre homme, *par Louis Gardel*
R283. La Nuit du solstice, *par Herbert Lieberman*
R284. Place de Sienne, côté ombre
*par Carlo Fruttero et Franco Lucentini*
R285. Meurtre au comité central
*par Manuel Vázquez Montalbán*
R286. L'Isolé-soleil, *par Daniel Maximin*
R287. Samedi soir, dimanche matin, *par Alan Sillitoe*
R288. Petit Louis, dit XIV, *par Claude Duneton*
R289. Le Perchoir du perroquet, *par Michel Rio*
R290. L'Enfant pain, *par Agustin Gomez-Arcos*
R291. Les Années Lula, *par Rezvani*
R292. Michael K, sa vie, son temps, *par J.M. Coetzee*
R293. La Connaissance de la douleur
*par Carlo Emilio Gadda*
R294. Complot à Genève, *par Eric Ambler*
R295. Serena, *par Giovanni Arpino*
R296. L'Enfant de sable, *par Tahar Ben Jelloun*
R297. Le Premier Regard, *par Marie Susini*
R298. Regardez-moi, *par Anita Brookner*
R299. La Vie fantôme, *par Danièle Sallenave*
R300. L'Enchanteur, *par Vladimir Nabokov*
R301. L'Ile atlantique, *par Tony Duvert*
R302. Le Grand Cahier, *par Agota Kristof*
R303. Le Manège espagnol, *par Michel del Castillo*
R304. Le Berceau du chat, *par Kurt Vonnegut*
R305. Une histoire américaine, *par Jacques Godbout*
R306. Les Fontaines du grand abîme, *par Luc Estang*
R307. Le Mauvais Lieu, *par Julien Green*
R308. Aventures dans le commerce des peaux en Alaska
*par John Hawkes*
R309. La Vie et demie, *par Sony Labou Tansi*
R310. Jeune Fille en silence, *par Raphaële Billetdoux*
R311. La Maison près du marais, *par Herbert Lieberman*
R312. Godelureaux, *par Éric Ollivier*
R313. La Chambre ouverte, *par France Huser*
R314. L'Œuvre de Dieu, la part du Diable, *par John Irving*
R315. Les Silences ou la vie d'une femme, *par Marie Chaix*
R316. Les Vacances du fantôme, *par Didier van Cauwelaert*
R317. Le Levantin, *par Éric Ambler*
R318. Béno s'en va-t-en guerre, *par Jean-Luc Benoziglio*

R319. Miss Lonelyhearts, *par Nathanaël West*
R320. Cosmicomics, *par Italo Calvino*
R321. Un été à Jérusalem, *par Chochana Boukhobza*
R322. Liaisons étrangères, *par Alison Lurie*
R323. L'Amazone, *par Michel Braudeau*
R324. Le Mystère de la crypte ensorcelée *par Eduardo Mendoza*
R325. Le Cri, *par Chochana Boukhobza*
R326. Femmes devant un paysage fluvial, *par Heinrich Böll*
R327. La Grotte, *par Georges Buis*
R328. Bar des flots noirs, *par Olivier Rolin*
R329. Le Stade de Wimbledon, *par Daniele Del Giudice*
R330. Le Bruit du temps, *par Ossip E. Mandelstam*
R331. La Diane rousse, *par Patrick Grainville*
R332. Les Éblouissements, *par Pierre Mertens*
R333. Talgo, *par Vassilis Alexakis*
R334. La Vie trop brève d'Edwin Mullhouse, *par Steven Millhauser*

# Collection Points

1. Histoire du surréalisme, *par Maurice Nadeau*
2. Une théorie scientifique de la culture *par Bronislaw Malinowski*
3. Malraux, Camus, Sartre, Bernanos, *par Emmanuel Mounier*
4. L'Homme unidimensionnel, *par Herbert Marcuse* (épuisé)
5. Écrits I, *par Jacques Lacan*
6. Le Phénomène humain, *par Pierre Teilhard de Chardin*
7. Les Cols blancs, *par C. Wright Mills*
8. Stendhal, Flaubert, *par Jean-Pierre Richard*
9. La Nature dé-naturée, *par Jean Dorst*
10. Mythologies, *par Roland Barthes*
11. Le Nouveau Théâtre américain, *par Franck Jotterand* (épuisé)
12. Morphologie du conte, *par Vladimir Propp*
13. L'Action sociale, *par Guy Rocher*
14. L'Organisation sociale, *par Guy Rocher*
15. Le Changement social, *par Guy Rocher*
16. Les Étapes de la croissance économique, *par W. W. Rostow*
17. Essais de linguistique générale *par Roman Jakobson* (épuisé)
18. La Philosophie critique de l'histoire, *par Raymond Aron*
19. Essais de sociologie, *par Marcel Mauss*
20. La Part maudite, *par Georges Bataille* (épuisé)
21. Écrits II, *par Jacques Lacan*
22. Éros et Civilisation, *par Herbert Marcuse* (épuisé)
23. Histoire du roman français depuis 1918 *par Claude-Edmonde Magny*
24. L'Écriture et l'Expérience des limites, *par Philippe Sollers*
25. La Charte d'Athènes, *par Le Corbusier*
26. Peau noire, Masques blancs, *par Frantz Fanon*
27. Anthropologie, *par Edward Sapir*
28. Le Phénomène bureaucratique, *par Michel Crozier*
29. Vers une civilisation du loisir ?, *par Joffre Dumazedier*
30. Pour une bibliothèque scientifique, *par François Russo* (épuisé)
31. Lecture de Brecht, *par Bernard Dort*
32. Ville et Révolution, *par Anatole Kopp*
33. Mise en scène de Phèdre, *par Jean-Louis Barrault*
34. Les Stars, *par Edgar Morin*
35. Le Degré zéro de l'écriture, *suivi de* Nouveaux Essais critiques *par Roland Barthes*
36. Libérer l'avenir, *par Ivan Illich*
37. Structure et Fonction dans la société primitive *par A. R. Radcliffe-Brown*
38. Les Droits de l'écrivain, *par Alexandre Soljénitsyne*
39. Le Retour du tragique, *par Jean-Marie Domenach*
41. La Concurrence capitaliste *par Jean Cartell et Pierre-Yves Cossé* (épuisé)
42. Mise en scène d'Othello, *par Constantin Stanislavski*

43. Le Hasard et la Nécessité, *par Jacques Monod*
44. Le Structuralisme en linguistique, *par Oswald Ducrot*
45. Le Structuralisme : Poétique, *par Tzvetan Todorov*
46. Le Structuralisme en anthropologie, *par Dan Sperber*
47. Le Structuralisme en psychanalyse, *par Moustafa Safouan*
48. Le Structuralisme : Philosophie, *par François Wahl*
49. Le Cas Dominique, *par Françoise Dolto*
51. Trois Essais sur le comportement animal et humain *par Konrad Lorenz*
52. Le Droit à la ville, *suivi de* Espace et Politique *par Henri Lefebvre*
53. Poèmes, *par Léopold Sédar Senghor*
54. Les Élégies de Duino, *suivi de* les Sonnets à Orphée *par Rainer Maria Rilke* (édition bilingue)
55. Pour la sociologie, *par Alain Touraine*
56. Traité du caractère, *par Emmanuel Mounier*
57. L'Enfant, sa « maladie » et les autres, *par Maud Mannoni*
58. Langage et Connaissance, *par Adam Schaff*
59. Une saison au Congo, *par Aimé Césaire*
61. Psychanalyser, *par Serge Leclaire*
63. Mort de la famille, *par David Cooper*
64. A quoi sert la Bourse ?, *par Jean-Claude Leconte* (épuisé)
65. La Convivialité, *par Ivan Illich*
66. L'Idéologie structuraliste, *par Henri Lefebvre*
67. La Vérité des prix, *par Hubert Lévy-Lambert* (épuisé)
68. Pour Gramsci, *par Maria-Antonietta Macciocchi*
69. Psychanalyse et Pédiatrie, *par Françoise Dolto*
70. S/Z, *par Roland Barthes*
71. Poésie et Profondeur, *par Jean-Pierre Richard*
72. Le Sauvage et l'Ordinateur, *par Jean-Marie Domenach*
73. Introduction à la littérature fantastique *par Tzvetan Todorov*
74. Figures I, *par Gérard Genette*
75. Dix Grandes Notions de la sociologie, *par Jean Cazeneuve*
76. Mary Barnes, un voyage à travers la folie *par Mary Barnes et Joseph Berke*
77. L'Homme et la Mort, *par Edgar Morin*
78. Poétique du récit, *par Roland Barthes, Wayne Booth Philippe Hamon et Wolfgang Kayser*
79. Les Libérateurs de l'amour, *par Alexandrian*
80. Le Macroscope, *par Joël de Rosnay*
81. Délivrance, *par Maurice Clavel et Philippe Sollers*
82. Système de la peinture, *par Marcelin Pleynet*
83. Pour comprendre les média, *par M. McLuhan*
84. L'Invasion pharmaceutique *par Jean-Pierre Dupuy et Serge Karsenty*
85. Huit Questions de poétique, *par Roman Jakobson*
86. Lectures du désir, *par Raymond Jean*
87. Le Traître, *par André Gorz*
88. Psychiatrie et Anti-Psychiatrie, *par David Cooper*

89. La Dimension cachée, *par Edward T. Hall*
90. Les Vivants et la Mort, *par Jean Ziegler*
91. L'Unité de l'homme, *par le Centre Royaumont*
1. Le primate et l'homme
*par E. Morin et M. Piattelli-Palmarini*
92. L'Unité de l'homme, *par le Centre Royaumont*
2. Le cerveau humain
*par E. Morin et M. Piattelli-Palmarini*
93. L'Unité de l'homme, *par le Centre Royaumont*
3. Pour une anthropologie fondamentale
*par E. Morin et M. Piattelli-Palmarini*
94. Pensées, *par Blaise Pascal*
95. L'Exil intérieur, *par Roland Jaccard*
96. Semeiotiké, recherches pour une sémanalyse
*par Julia Kristeva*
97. Sur Racine, *par Roland Barthes*
98. Structures syntaxiques, *par Noam Chomsky*
99. Le Psychiatre, son « fou » et la psychanalyse
*par Maud Mannoni*
100. L'Écriture et la Différence, *par Jacques Derrida*
101. Le Pouvoir africain, *par Jean Ziegler*
102. Une logique de la communication
*par P. Watzlawick, J. Helmick Beavin, Don D. Jackson*
103. Sémantique de la poésie, *par T. Todorov, W. Empson*
*J. Cohen, G. Hartman et F. Rigolot*
104. De la France, *par Maria-Antonietta Macciocchi*
105. Small is beautiful, *par E. F. Schumacher*
106. Figures II, *par Gérard Genette*
107. L'Œuvre ouverte, *par Umberto Eco*
108. L'Urbanisme, *par Françoise Choay*
109. Le Paradigme perdu, *par Edgar Morin*
110. Dictionnaire encyclopédique des sciences du langage
*par Oswald Ducrot et Tzvetan Todorov*
111. L'Évangile au risque de la psychanalyse (tome 1)
*par Françoise Dolto*
112. Un enfant dans l'asile, *par Jean Sandretto*
113. Recherche de Proust, *ouvrage collectif*
114. La Question homosexuelle, *par Marc Oraison*
115. De la psychose paranoïaque dans ses rapports
avec la personnalité, *par Jacques Lacan*
116. Sade, Fourier, Loyola, *par Roland Barthes*
117. Une société sans école, *par Ivan Illich*
118. Mauvaises Pensées d'un travailleur social
*par Jean Marie Geng*
120. Poétique de la prose, *par Tzvetan Todorov*
121. Théorie d'ensemble, *par Tel Quel*
122. Némésis médicale, *par Ivan Illich*
123. La Méthode
1. La Nature de la Nature, *par Edgar Morin*
124. Le Désir et la Perversion, *ouvrage collectif*

125. Le langage, cet inconnu, *par Julia Kristeva*
126. On tue un enfant, *par Serge Leclaire*
127. Essais critiques, *par Roland Barthes*
128. Le Je-ne-sais-quoi et le Presque-rien
1. La manière et l'occasion, *par Vladimir Jankélévitch*
129. L'Analyse structurale du récit, Communications 8
*ouvrage collectif*
130. Changements, Paradoxes et Psychothérapie
*par P. Watzlawick, J. Weakland et R. Fisch*
131. Onze Études sur la poésie moderne
*par Jean-Pierre Richard*
132. L'Enfant arriéré et sa mère, *par Maud Mannoni*
133. La Prairie perdue (Le roman américain)
*par Jacques Cabau*
134. Le Je-ne-sais-quoi et le Presque-rien
2. La méconnaissance, *par Vladimir Jankélévitch*
135. Le Plaisir du texte, *par Roland Barthes*
136. La Nouvelle Communication, *ouvrage collectif*
137. Le Vif du sujet, *par Edgar Morin*
138. Théories du langage, théories de l'apprentissage
*par le Centre Royaumont*
139. Baudelaire, la Femme et Dieu, *par Pierre Emmanuel*
140. Autisme et Psychose de l'enfant, *par Frances Tustin*
141. Le Harem et les Cousins, *par Germaine Tillion*
142. Littérature et Réalité, *ouvrage collectif*
143. La Rumeur d'Orléans, *par Edgar Morin*
144. Partage des femmes, *par Eugénie Lemoine-Luccioni*
145. L'Évangile au risque de la psychanalyse (tome 2)
*par Françoise Dolto*
146. Rhétorique générale, *par le Groupe m*
147. Système de la Mode, *par Roland Barthes*
148. Démasquer le réel, *par Serge Leclaire*
149. Le Juif imaginaire, *par Alain Finkielkraut*
150. Travail de Flaubert, *ouvrage collectif*
151. Journal de Californie, *par Edgar Morin*
152. Pouvoirs de l'horreur, *par Julia Kristeva*
153. Introduction à la philosophie de l'histoire de Hegel
*par Jean Hyppolite*
154. La Foi au risque de la psychanalyse
*par Françoise Dolto et Gérard Sévérin*
155. Un lieu pour vivre, *par Maud Mannoni*
156. Scandale de la vérité, *suivi de*
Nous autres, Français, *par Georges Bernanos*
157. Enquête sur les idées contemporaines
*par Jean-Marie Domenach*
158. L'Affaire Jésus, *par Henri Guillemin*
159. Paroles d'étranger, *par Elie Wiesel*
160. Le Langage silencieux, *par Edward T. Hall*
161. La Rive gauche, *par Herbert R. Lottman*
162. La Réalité de la réalité, *par Paul Watzlawick*

163. Les Chemins de la vie, *par Joël de Rosnay*
164. Dandies, *par Roger Kempf*
165. Histoire personnelle de la France
*par François George*
166. La Puissance et la Fragilité, *par Jean Hamburger*
167. Le Traité du sablier, *par Ernst Jünger*
168. Pensée de Rousseau, *ouvrage collectif*
169. La Violence du calme, *par Viviane Forrester*
170. Pour sortir du XXe siècle, *par Edgar Morin*
171. La Communication, Hermès 1, *par Michel Serres*
172. Sexualités occidentales, Communications 35
*ouvrage collectif*
173. Lettre aux Anglais, *par Georges Bernanos*
174. La Révolution du langage poétique
*par Julia Kristeva*
175. La Méthode
2. La Vie de la Vie, *par Edgar Morin*
176. Théories du symbole, *par Tzvetan Todorov*
177. Mémoires d'un névropathe, *par Daniel Paul Schreber*
178. Les Indes, *par Édouard Glissant*
179. Clefs pour l'Imaginaire ou l'Autre Scène
*par Octave Mannoni*
180. La Sociologie des organisations, *par Philippe Bernoux*
181. Théorie des genres, *ouvrage collectif*
182. Le Je-ne-sais-quoi et le Presque-rien
3. La volonté de vouloir, *par Vladimir Jankélévitch*
183. Traité du rebelle, *par Ernst Jünger*
184. Un homme en trop, *par Claude Lefort*
185. Théâtres, *par Bernard Dort*
186. Le Langage du changement, *par Paul Watzlawick*
187. Lettre ouverte à Freud, *par Lou-Andréas Salomé*
188. La Notion de littérature, *par Tzvetan Todorov*
189. Choix de poèmes, *par Jean-Claude Renard*
190. Le Langage et son double, *par Julien Green*
191. Au-delà de la culture, *par Edward T. Hall*
192. Au jeu du désir, *par Françoise Dolto*
193. Le Cerveau planétaire, *par Joël de Rosnay*
194. Suite anglaise, *par Julien Green*
195. Michelet, *par Roland Barthes*
196. Hugo, *par Henri Guillemin*
197. Zola, *par Marc Bernard*
198. Apollinaire, *par Pascal Pia*

# Collection Points

## SÉRIE ACTUELS

A1. Lettres de prison, *par Gabrielle Russier* (épuisé)
A2. J'étais un drogué, *par Guy Champagne*
A3. Les Dossiers noirs de la police française, *par Denis Langlois*
A4. Do It, *par Jerry Rubin*
A5. Les Industriels de la fraude fiscale, *par Jean Cosson*
A6. Entretiens avec Allende, *par Régis Debray* (épuisé)
A7. De la Chine, *par Maria-Antonietta Macciocchi*
A8. Après la drogue, *par Guy Champagne*
A9. Les Grandes Manœuvres de l'opium *par Catherine Lamour et Michel Lamberti*
A10. Les Dossiers noirs de la justice française, *par Denis Langlois*
A11. Le Dossier confidentiel de l'euthanasie *par Igor Barrère et Étienne Lalou*
A12. Discours américains, *par Alexandre Soljénitsyne*
A13. Les Exclus, *par René Lenoir* (épuisé)
A14. Souvenirs obscurs d'un Juif polonais né en France *par Pierre Goldman*
A15. Le Mandarin aux pieds nus, *par Alexandre Minkowski*
A16. Une Suisse au-dessus de tout soupçon, *par Jean Ziegler*
A17. La Fabrication des mâles *par Georges Falconnet et Nadine Lefaucheur*
A18. Rock babies, *par Raoul Hoffmann et Jean-Marie Leduc*
A19. La nostalgie n'est plus ce qu'elle était, *par Simone Signoret*
A20. L'Allergie au travail, *par Jean Rousselet*
A21. Deuxième Retour de Chine *par Claudie et Jacques Broyelle et Évelyne Tschirhart*
A22. Je suis comme une truie qui doute, *par Claude Duneton*
A23. Travailler deux heures par jour, *par Adret*
A24. Le rugby, c'est un monde, *par Jean Lacouture*
A25. La Plus Haute des solitudes, *par Tahar Ben Jelloun*
A26. Le Nouveau Désordre amoureux *par Pascal Bruckner et Alain Finkielkraut*
A27. Voyage inachevé, *par Yehudi Menuhin*
A28. Le communisme est-il soluble dans l'alcool ? *par Antoine et Philippe Meyer*
A29. Sciences de la vie et Société *par François Gros, François Jacob et Pierre Royer*
A30. Anti-manuel de français *par Claude Duneton et Jean-Pierre Pagliano*
A31. Cet enfant qui se drogue, c'est le mien, *par Jacques Guillon*
A32. Les Femmes, la Pornographie, l'Érotisme *par Marie-Françoise Hans et Gilles Lapouge*
A33. Parole d'homme, *par Roger Garaudy*
A34. Nouveau Guide des médicaments, *par le Dr Henri Pradal*
A35. Rue du Prolétaire rouge, *par Nina et Jean Kéhayan*

A36. Main basse sur l'Afrique, *par Jean Ziegler*
A37. Un voyage vers l'Asie, *par Jean-Claude Guillebaud*
A38. Appel aux vivants, *par Roger Garaudy*
A39. Quand vient le souvenir, *par Saul Friedländer*
A40. La Marijuana, *par Solomon H. Snyder*
A41. Un lit à soi, *par Évelyne Le Garrec*
A42. Le lendemain, elle était souriante...
*par Simone Signoret*
A43. La Volonté de guérir, *par Norman Cousins*
A44. Les Nouvelles Sectes, *par Alain Woodrow*
A45. Cent Ans de chanson française
*par Chantal Brunschwig, Louis-Jean Calvet et Jean-Claude Klein*
A46. La Malbouffe, *par Stella et Joël de Rosnay*
A47. Médecin de la liberté, *par Paul Milliez*
A48. Un Juif pas très catholique, *par Alexandre Minkowski*
A49. Un voyage en Océanie, *par Jean-Claude Guillebaud*
A50. Au coin de la rue, l'aventure
*par Pascal Bruckner et Alain Finkielkraut*
A51. John Reed, *par Robert Rosenstone*
A52. Le Tabouret de Piotr, *par Jean Kéhayan*
A53. Le temps qui tue, le temps qui guérit
*par le Dr Fernand Attali*
A54. La Lumière médicale, *par Norbert Bensaïd*
A55. Californie (Le nouvel âge)
*par Sylvie Crossman et Edouard Fenwick*
A56. La Politique du mâle, *par Kate Millett*
A57. Contraception, Grossesse, IVG
*par Pierrette Bello, Catherine Dolto, Aline Schiffmann*
A58. Marthe, *anonyme*
A59. Pour un nouveau-né sans risque
*par Alexandre Minkowski*
A60. La vie, tu parles, *par Libération*
A61. Les Bons Vins et les Autres
*par Pierre-Marie Doutrelant*
A62. Comment peut-on être breton ?
*par Morvan Lebesque*
A63. Les Français, *par Theodore Zeldin*
A64. La Naissance d'une famille, *par T. Berry Brazelton*
A65. Hospitalité française, *par Tahar Ben Jelloun*
A66. L'Enfant à tout prix
*par Geneviève Delaisi de Parseval et Alain Janaud*
A67. La Rouge Différence, *par F. Edmonde Morin*
A68. Regard sur les Françaises, *par Michèle Sarde*
A69. A hurler le soir au fond des collèges
*par Claude Duneton avec la collaboration de Frédéric Pagès*
A70. L'Avenir en face, *par Alain Minc*
A71. Je t'aime d'amitié, *par la revue « Autrement »*
A72. Couples !, *par la revue « Autrement »*
A73. Le Sanglot de l'homme blanc, *par Pascal Bruckner*

A74. BCBG, le guide du bon chic bon genre
*par Thierry Mantoux*
A75. Ils partiront dans l'ivresse, *par Lucie Aubrac*
A76. Tant qu'il y aura des profs
*par Hervé Hamon et Patrick Rotman*
A77. Femmes à 50 ans, *par Michèle Thiriet et Suzanne Képès*
A78. Sky my husband ! Ciel mon mari !, *par Jean-Loup Chiflet*
A79. Tous ensemble, *par François de Closets*
A80. Les Instits. Enquête sur l'école primaire
*par Nicole Gauthier, Catherine Guigon et Maurice A. Guillot*
A81. Objectif bébé. Une nouvelle science : la bébologie
*par la revue « Autrement »*
A82. Nous l'avons tant aimée, la Révolution
*par Daniel Cohn-Bendit*
A83. Enfances, *par Françoise Dolto*